Adrian Schommers

Elektronik – gar nicht schwer

entdecken
probieren
verstehen

Buch 4: Experimente mit Optoelektronik

ISBN 3-928051-03-2
Elektor-Verlag, 5100 Aachen

für Arnick

Die Informationen im vorliegenden Buch werden ohne Rücksicht auf einen eventuellen Patentschutz veröffentlicht. Bei der Zusammenstellung von Texten und Abbildungen wurde mit größter Sorgfalt vorgegangen. Trotzdem können Fehler nicht vollständig ausgeschlossen werden. Verlag, Herausgeber und Autoren können für fehlerhafte Angaben und deren Folgen weder eine juristische Verantwortung noch irgendeine Haftung übernehmen. Für die Mitteilung eventueller Fehler sind Verlag und Autor dankbar.

Umschlaggestaltung: Ton Gulikers
Grafische Gestaltung: Laurent Martin (Leitung), Rob Hoevenaars
Satz und Aufmachung: Raimund Krings, Elektor
Belichtung + Montage: GBS, Beek (L), Niederlande
Druck: Tulp B.V., Zwolle, Niederlande

Printed in the Netherlands

ISBN 3-928051-03-2
Elektor-Verlag, 5100 Aachen

Inhalt

Vorwort

Die Opto-Elektronik gehört zu den jüngsten Zweigen der Elektronik, obwohl sie — rechnet man die Glühlampe dazu — ihre Wurzeln in den Kindertagen der Elektrotechnik hat: Erfunden wurde die Glühbirne 1854 von Heinrich Goebel, und Thomas A. Edison entwickelte 1878 das erste kommerziell verwertbare Muster. Der erste optisch-elektrische Effekt, Leitfähigkeitsveränderung beim Selen, wurden 1873 vom Physiker Smith entdeckt.

Die ersten „echten" optoelektronischen Bauteile jedoch wurden erst durch die Entwicklung der Halbleitertechnik möglich. LEDs, die farbigen Halbleiter-Leuchten, begannen in den sechziger Jahren, die Optoelektronik bekannt zu machen.

Derzeit findet die schnellste Entwicklung jedoch nicht auf beleuchtungstechnischem Gebiet statt, sondern beim Einsatz in der elektronischen Informationsübertragung: CD, Glasfaserkabel, Infrarot-Technik . . . und vermutlich in nicht allzu ferner Zukunft der optische Computer, ein lichtgeschwindigkeits-schneller Rechner. Dieses Buch ist ein Streifzug durch all diese Themen, jedoch nicht theoretisch, sondern mit aussagereichen Experimenten sowie praktischen Schaltungen. Optische Abtastung, optische Signalübertragung durch eine Glasfaser oder durch den Raum . . . sogar ein bißchen optisches Rechnen, das alles kann man experimentell auf einfacher Ebene ausprobieren.

Viel Spaß beim Lesen und Experimentieren!

Einleitung

Experimentiersystem

Kenner der Buch-Reihe „Elektronik — gar nicht schwer" wissen: Das Experimentieren und Ausprobieren spielt hier eine wichtige Rolle. Zwar sind die Bände so abgefaßt, daß man auch ohne eigenes Ausprobieren zum Ziel kommt, Elektronik zu verstehen, aber Experimente machen den Text erst so richtig begreiflich — im doppeldeutigen Sinn.

Wir haben uns für diesen Band auf kein spezielles Experimentiersystem festgelegt, denn erstens haben unsere Erfahrungen gezeigt, daß die Ansprüche von Lesern unterschiedlicher Vorkenntnisse auch recht verschieden sind, und zweitens stellen die unterschiedlichen Schaltungen dieses Bandes auch unterschiedliche Anforderungen an den Aufbau. Mehrere Systeme kommen zum Ausführen der Experimente in Frage:

Meßschnüre mit Krokodilklemmen

Sie sind preiswert erhältlich und genau das richtige für einfachste Schaltungen, z. B. zum Ausmessen eines Bauelements. Verschiedentlich haben wir die Schaltpläne sogar dreidimensional mit solchen Strippen gezeichnet.

Steckbrett

Steckbretter sind mit zahlreichen Bohrungen versehen, unter denen sich Kontaktfedern befinden, die die Bauteile halten und zugleich mehrere Bohrungen miteinander verbinden. Man braucht die Bauteile, Drähte etc. nur einzustecken. Steckbretter sind relativ preiswert (derzeit ab DM 20,-, Sonderangebote ab DM 10,-), die Schaltungen sind schnell aufgebaut, man kann Steckbretter vielfach verwenden, und auch die Bauteile sind später weiterverwendbar. Für die komplizierteren Schaltungen sind sie jedoch zu klein.

Bild 1. Ein Steckbrett, die Elektor-Standard-Platine des Elektor-Verlags und eine gewöhnliche Lochraster-Platine.

Lochraster-Platinen und Elektor-Standard-Platinen

Die Elektor-Standard-Platine ist eine praxisgerecht entworfene Lochraster-Platine, die vom Elektronikhandel und Verlag angeboten wird. Lochrasterplatinen, also Platinen mit zahlreichen Bohrungen und Kupferbahnen, bieten die Vorteile von echten Elektronik-Platinen, nämlich einen platzsparenden, stabilen und ordentlichen Aufbau zu ermöglichen; sie sind andererseits variabler und nicht auf eine einzige Schaltung beschränkt. Freilich muß man vor dem Einlöten ein wenig planen, wo die einzelnen Bauteile einen günstigen Platz finden. Wir haben bei allen Schaltungen, die nicht zur Kategorie „ganz einfach" zählen, einen Layout-Vorschlag gemacht, der zeigt, wie man die Bauteile auf einer Elektor-Standard-Platine anordnet. (Das Layout dieser Standard-Platine befindet sich im Anhang.) Selbstverständlich kann man auch andere Lochraster-Platinen verwenden. Die Anordnungen der Bohrungen und Kupferbahnen sind sich recht ähnlich, so daß man die Entwürfe leicht übertragen kann. Ein bißchen überlegen muß man dazu freilich schon, also bitte nicht blind drauflos löten.

Apropos Löten: Wer noch nie gelötet hat, findet im Anhang eine kleine Einführung in den Umgang mit Lötkolben und Lötzinn.

Platinen

Schließlich haben wir eine Reihe von richtigen, für die Praxis entworfenen Schaltungen in dieses Buch mit aufgenommen, die exemplarisch die Anwendung der Opto-Elektronik darstellen. Für diese Schaltungen geben wir eigene Platinen-Layouts an. Mit deren Hilfe kann man sich die Platinen selber anfertigen oder von einem Platinen-Service anfertigen lassen. Auskünfte dazu geben die örtlichen Elektronik-Händler.

Der Igel

Die exotischste Aufbauvariante zeigt das Foto in Bild 2: einen Igel. Igeln (und ähnliche Begriffe) stammt aus dem Labor-Jargon und benennt das „Freistil-Löten" zur

Schaltungsentwicklung. Es sieht nicht eben vorbildhaft aus, wer jedoch glaubt, es handele sich hier um die hirnrissige Idee des Verfassers, der irrt: Nicht nur bei Hobby-Elektronikern, sondern auch in semi- und selbst vollprofessionellen Entwicklungslabors wird diese Methode praktiziert, und ihre Verfechter behaupten, daß die Schaltungen so am besten funktionierten... Das Foto beweist immerhin, daß ein Teil der Schaltungen zu diesem Buch als Igel enstanden sind.

Bild 2. Ein „Igel", vieler Schaltungen Anfang.

Meßgerät

Ein Vielfachmeßinstrument (Multimeter) ist für viele Versuche unerläßlich. Die Genauigkeitsanforderungen sind meist nicht allzu hoch; wer nur über ein kleines

Budget verfügt, kommt (bei Einschränkungen in puncto Genauigkeit) mit einem preiswerten Zeigerinstrument, das gelegentlich schon für DM 30,- und weniger zu bekommen ist, hin. Empfehlenswert ist jedoch ein besseres Gerät, z. B. ein Zeigerinstrument oder Digital-Voltmeter in der Preisklasse 70,- . . . 100,- DM, the limit is the sky . . . Für welchen Gerätetyp man sich entscheidet, hängt natürlich auch von den persönlichen Ambitionen ab: Wer sicher ist, sich später weiter mit Elektronik zu befassen, sollte auch in ein gutes Gerät investieren, er braucht es früher oder später mit Sicherheit.

Stromversorgung

Die Versuche und Schaltungen sind so gestaltet, daß sie mit 4,5 V oder 9 V arbeiten. Sie eignen sich also für eine oder zwei in Serie geschaltete Flachbatterien. Dauerbetrieb mit Batterien ist jedoch kostspielig, besondern bei den Schaltungen mit Lichtsendern (Kapitel 6 und 7), die ziemlich viel Strom verbrauchen. Als kostengünstigere Variante bieten sich Akkus an, z. B. NiCd-Akkus, die derzeit preiswert sind. Man sollte in diesem Fall mit Serien-Schaltungen von vier (4,8 V) bzw. acht Zellen (9,6 V) arbeiten. Zweifellos am besten eignet sich ein kleines Labornetzgerät für die Stromversorgung. Da meist Spannungen von 10 V und weniger benötigt werden und die Ströme unter 1 A liegen, sind die Anforderungen nicht allzu hoch. Jedoch kostet ein solches Netzgerät einige Taschengelder. Auch hier gilt, was bereits zum Thema Meßinstrument gesagt wurde: Auf Dauer kommt man um ein gutes Netzgerät nicht herum.

Bauteile

Wer diese Buchserie oder andere Bücher und Zeitschriften des Elektor-Verlags kennt, weiß schon: Elektor hat eine eigene Schreibweise für Komponentenwerte. Dabei steht der Kennbuchstabe der Zehnerpotenz anstelle des Kommas. Das sieht beispielsweise so aus:

4k7	→	4,7 kΩ
1M5	→	1,5 MΩ
2p7	→	2,7 pF
8n2	→	8,2 nF

$4\mu7 \rightarrow 4{,}7\ \mu F$

aber auch:

$33\ k \rightarrow 33\ k\Omega$

$22\ \mu \rightarrow 22\ \mu F$

Diese Schweibweise hat zwei Hintergründe: Erstens paßt sie besser in die Schaltpläne, z. B. in Widerstandssymbole, und zweitens umschifft sie die Entscheidung zwischen Dezimalpunkt oder -komma; wichtig in einem Verlag, der seine Bücher und Zeitschriften international publiziert.

Bei Auswahl und Entwicklung der Schaltungen zu diesem Buch wurde darauf geachtet, leicht erhältliche Komponenten einzusetzen. Das ist nicht immer ganz einfach, denn einige optoelektronische Bauteile sind recht jung und haben sich auf dem Hobby-Elektronik-Markt noch nicht durchgesetzt. Bis auf wenige Ausnahmen, dazu zählen die Opto-Halbleiter der SF-Serie und das Infrarot-Empfänger-IC SL 486, sind alle Komponenten in jedem einigermaßen gut sortierten Elektronik-Geschäft zu günstigen Preisen erhältlich. Die genannten spezielleren Bauteile kann der Elektronik-Versandhandel anbieten. Aktuelle Adressen findet man im Anzeigenteil der Elektronik-Zeitschrift Elektor.

1. LEDs

LEDs haben die Opto-Elektronik populär gemacht. Die „Light Emitting Diodes", also die kleinen, grünes, rotes oder gelbes „Licht abstrahlenden Dioden", wirken freilich nicht nur modern, sie sind auch technisch leicht zu handhaben, denn sie verhalten sich fast wie normale Dioden. Ihr Schaltsymbol unterscheidet sich ja auch nur durch die beiden Pfeile, die das abgestrahlte Licht kennzeichnen.

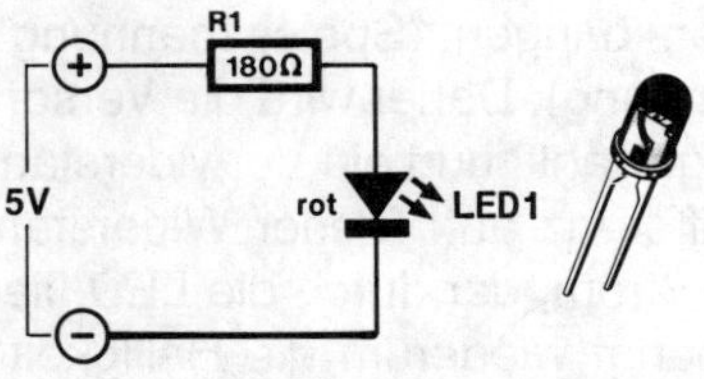

Bild 1. In einem Stromkreis mit fester Spannung benötigt eine LED einen Vorwiderstand.

In Bild 1 ist eine LED bereits in einen einfachen Stromkreis mit 5-V-Spannungsquelle und einem Vorwiderstand eingebaut. Der Vorwiderstand ist unverzichtbar, da LEDs immer in Durchlaßrichtung betrieben werden. Polt man sie in Sperr-Richtung, fließt kein Strom, und sie leuchten nicht (sondern laufen Gefahr, zerstört zu werden). In Durchlaßrichtung fällt eine Spannung von 1,2 V bis 2,8 V je nach Lichtfarbe und LED-Typ ab. Diese Durchlaßspannung ist also erheblich höher als bei Gleichrichterdioden (Silizium-Dioden: 0,7 V; Germanium-Dioden: 0,4 V). Die Lichtfarbe hängt vom

Halbleitermaterial und von dessen Verarbeitung (Dotierung) ab, jedoch nicht von der Farbe den Kunststoffs, in den der Halbleiter eingegossen ist.

Farbe	U_D [V]	Typ
IR	1,2 ... 1,5	GaAs
Rot	1,4 ... 1,8	GaAsP
Gelb	2,0 ... 2,5	GaAsP
Grün	2,0 ... 2,8	GaP

Tabelle 1. Durchlaßspannung einiger LEDs abhängig vom Halbleiter-Material bzw. von der Lichtfarbe.

Bild 1 zeigt außerdem, wie man Anode (Plus-Pol der LED in Durchlaßrichtung; Trichter im Symbol) und Kathode (Minus; Balken) erkennt: Die Kathode ist durch eine Gehäuse-Abflachung und durch ein kürzeres Beinchen gekennzeichnet. Zur Sicherheit sollte man eine LED vor dem Einlöten gegen das Licht halten, dann erkennt man die Kathode als breiten Teller.

Da die Durchlaßspannung ein individueller Kennwert jedes LED-Exemplars ist, kann man LEDs nicht mit einer festen Speise-Spannung versorgen. Eine geringe Differenz zwischen Speise- und Durchlaßspannung würde die LED entweder völlig überlasten (Speisespannung größer als Durchlaßspannung) oder nicht zum Leuchten bringen (Speisespannung kleiner als Durchlaßspannung). Daher wird die Versorgungsspannung größer gewählt, und ein Vorwiderstand nimmt die Spannungsdifferenz auf. Dieser Widerstand bestimmt zugleich den Strom, der durch die LED fließt. Von diesem Strom hängt wiederum die Helligkeit ab, die die LED abgibt. Die LED im Bild z. B. soll an 5 V mit 20 mA betrieben werden. 20 mA ist ein guter Durchschnittswert für Anzeige-LEDs, bei dem die LED bereits recht hell leuchtet. Verwendet man eine rote LED, kann man von ca. 1,6 V Durchlaßspannung ausgehen. Somit fällt am Widerstand die Differenzspannung zwischen Speisespannung und den 1,6 V ab:

$$5\ \text{V} - 1{,}6\ \text{V} = 3{,}4\ \text{V}$$

Dieser Spannungsabfall am Widerstand wird durch den LED-Strom — gewünscht: 20 mA — hervorgerufen. Der Wert des dazu notwendigen Widerstands berechnet sich nach den Ohmschen Gesetz zu:

$$\frac{3{,}4\ \text{V}}{20\ \text{mA}} = 170\ \Omega$$

Im Schaltplan ist 180 Ω angegeben, der nächstliegende Normwert. Zum Ausprobieren kann man anstelle der 5-V-Spannungsquelle eine 4,5-V-Batterie einsetzen.

Dieses einfache Rechenbeispiel zeigt anschaulich, wie einfach LED-Schaltungen zu dimensionieren sind. Es wurde bereits gesagt, daß der LED-Strom durch den Vorwiderstand bestimmt wird, so stimmt das nicht ganz: Die Durchlaßspannung bestimmt die Spannung über dem Widerstand und damit den Strom im Kreis. (Außerdem spielt natürlich die Speisespannung eine Rolle.) Die verschiedenen Spannungen und Ströme bei LEDs mit unterschiedlichen Farben werden in folgendem Experiment ermittelt.

Der Stromkreis entspricht dem in Bild 1 gezeigten, es sind lediglich ein Amperemeter in Serie und ein Voltmeter parallel zur LED geschaltet. (Steht nur ein Instrument zur Verfügung, kann auch abwechselnd gemessen werden.) Es werden eine rote, eine gelbe und eine grüne LED nacheinander in den Kreis eingebaut. Dabei stellt man erwartungsgemäß fest, daß der LED-Strom um so kleiner ausfällt, je größer die Durchlaßspannung ist.

Unterschiede in der Lichtintensität kann man jedoch nicht auf die unterschiedlichen Ströme zurückführen, denn erstens weisen die verschiedenen Halbleitermaterialien eine unterschiedliche Lichtausbeute auf (Wirkungsgrad), und zweitens nimmt das menschliche Auge die verschiedenen Lichtfarben unterschiedlich stark wahr.

Beim Entwerfen von LED-Schaltungen sind ein paar Dinge zu beachten. LEDs kann man in Reihe schalten, nicht jedoch parallel. In einer Reihenschaltung werden alle LEDs vom gleichen Strom durchflossen, dabei summieren sich die Durchlaßspannungen. Diese Schaltung kommt in Frage, wenn man LEDs zu „Beleuchtungszwecken", z. B. zum Erhellen einer Skala, einsetzen will. Die Lichtausbeute einer einzelnen LED ist ja doch — außer bei speziellen, sogenannten High-efficiency-LEDs — recht schwach.

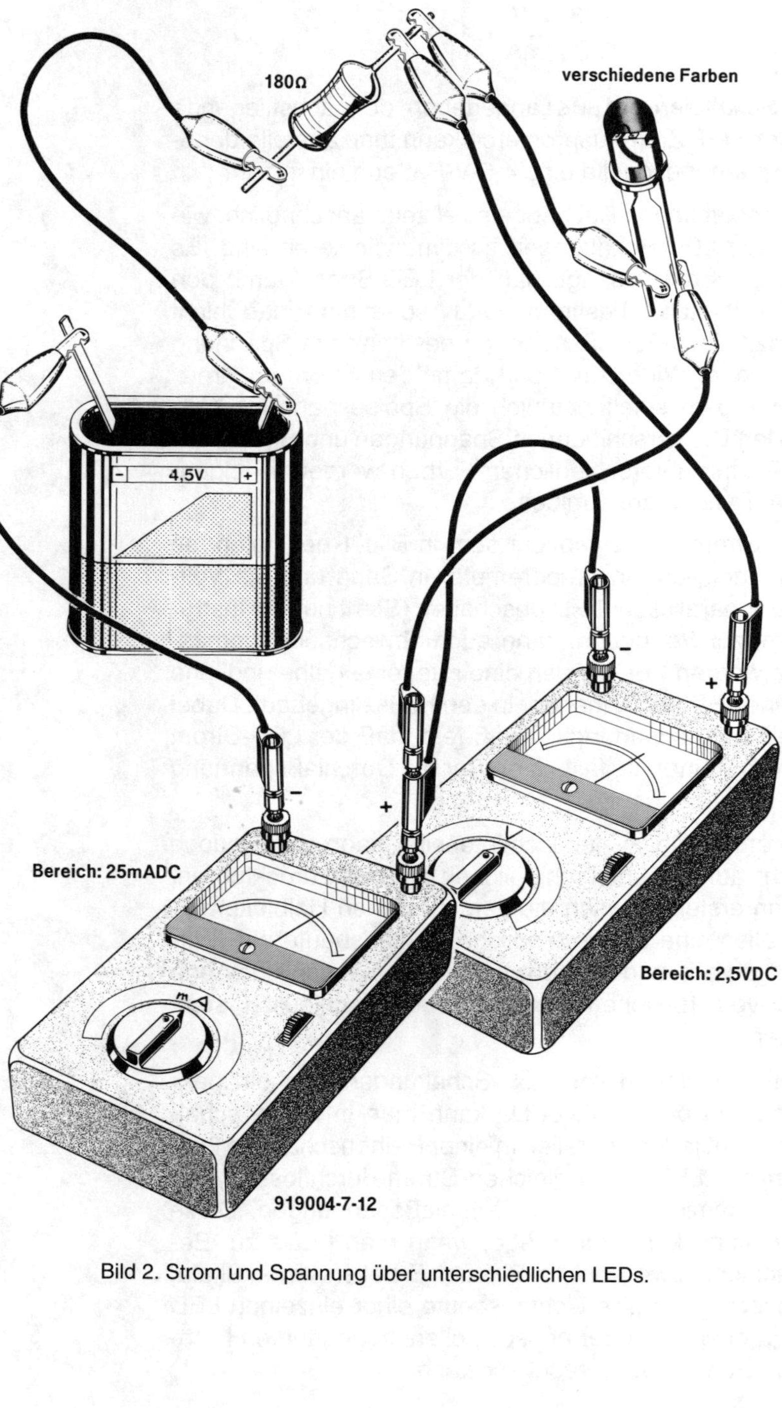

Bild 2. Strom und Spannung über unterschiedlichen LEDs.

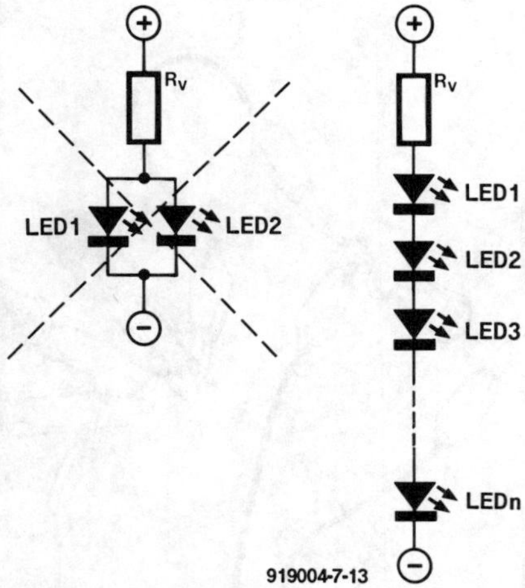

Bild 3. Die Reihenschaltung ist erlaubt; die Parallelschaltung führt zu Problemen.

Daß alle LEDs einer Serienschaltung in die gleiche Richtung geschaltet werden, wie in Bild 3, versteht sich von selbst. Bild 4 zeigt eine einfache Experimentierschaltung zur Reihenschaltung. Weil sich zwar die Durchlaßspannungen hier summieren, der Strom durch alle beteiligten LEDs jedoch gleich ist, können auch LEDs unterschiedlicher Farben in Reihe geschaltet werden. Man mißt die Spannung über den einzelnen LEDs sowie über der Serienschaltung, letztere ist die Summe der Teilspannungen.

Zur Dimensionierung einer Reihenschaltung benutzt man die bereits erläuterten Formeln, jedoch setzt man anstelle der Durchlaßspannung der einzelnen LED die Summe der Durchlaßspannung aller eingesetzten LEDs ein. Ein Beispiel: Es sollen acht gelbleuchtende LEDs in Reihe gelegt werden. Bei einer angenommenen Durchlaßspannung von 2,4 V ergibt das eine Spannung von:

$$8 \cdot 2{,}4\ \text{V} = 19{,}2\ \text{V}$$

über der LED-Reihenschaltung. Wenn eine 24-V-Gleichspannungsquelle zur Verfügung steht, nimmt der Vorwiderstand 4,8 V auf. Möchte man beispielsweise 30 mA LED-Strom einstellen, errechnet sich der nötige Widerstandswert zu:

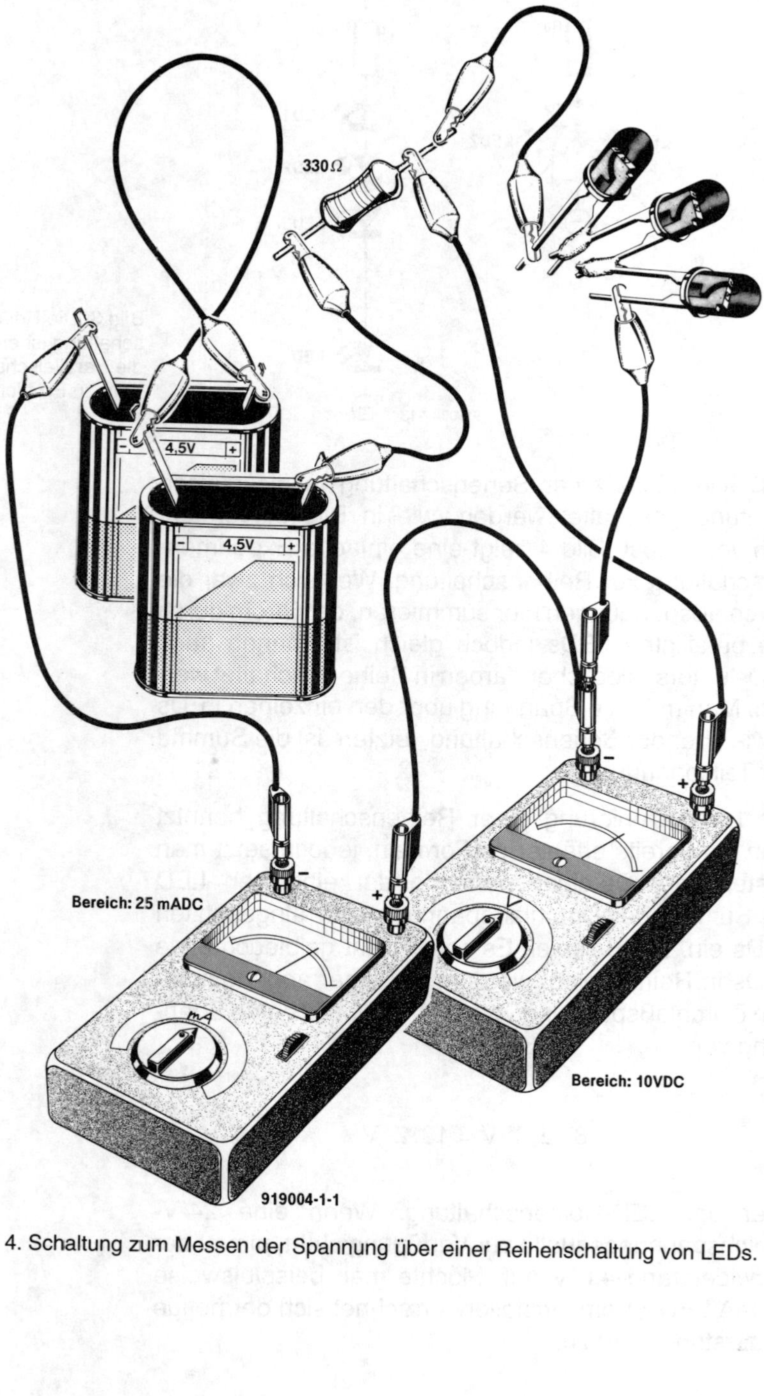

Bild 4. Schaltung zum Messen der Spannung über einer Reihenschaltung von LEDs.

$$\frac{4,8\ \text{V}}{30\ \text{mA}} = 160\ \Omega$$

(Nächster Normwert: 150 Ω)

Bei einer Parallelschaltung teilt sich der Strom sehr ungleichmäßig auf, denn die Durchlaßspannung der LEDs unterliegt Exemplarstreuungen (technische Unterschiede zwischen Exemplaren eines Typs). Die LED mit der geringsten Durchlaßspannung übernimmt den höchsten Strom. Sie leuchtet am hellsten auf, ist aber überlastet, wenn der Vorwiderstand für mehrere LED-Ströme dimensioniert ist. (Die Ströme einer Parallelschaltung summieren sich.) Die anderen LEDs ziehen zu wenig Strom. Man kann diesen Effekt besonders deutlich nachvollziehen, wenn man in die Experimentierschaltung Bild 3 drei verschiedenfarbige LEDs parallel statt in Reihe einsetzt. Die Betriebsspannung wird auf 4,5 V verringert. Es leuchtet nur die rote LED auf, da ihre Durchlaßspannung erheblich geringer ist als die der anderen. Entfernt man die rote LED, leuchten die grüne und die gelbe höchstwahrscheinlich beide auf, jedoch ist deutlich ein Helligkeitsunterschied zu beobachten, der auf unterschiedlich starke LED-Ströme zurückzuführen ist. Hier spielen jedoch wie erläutert die Exemplarstreuungen eine wesentliche Rolle (ggf. den Vorwiderstand vergrößern).

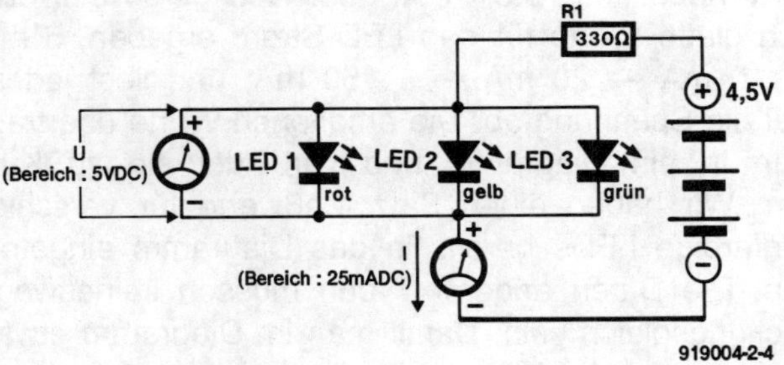

Bild 5. In dieser Parallelschaltung leuchtet nur die rote LED auf.

Ermitteln einer Kennlinie

Wer das Strom-Spannungs-Verhalten einer LED genau kennen möchte, der muß ihre Kennlinie aufnehmen. Dies ist mit einer einfachen Versuchsschaltung möglich.

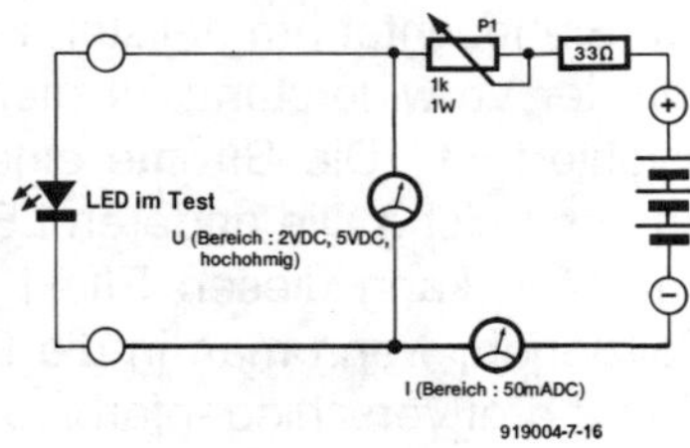

Meßschaltung zum Aufnehmen von LED-Kennlinien.

Man benötigt zwei Meßinstrumente zum Aufnehmen von Spannung und Strom. Das bessere Gerät benutzt man als Voltmeter direkt parallel zur LED. Verfügt man über nur ein Instrument, muß man dies zum Aufnehmen von Strom und Spannung umklemmen. Statt Batterie und Potentiometer kann man auch ein regelbares Netzteil und einen Vorwiderstand von 100 Ω verwenden. Man stellt Poti oder Netzteil so ein, daß sich glatte Werte für den LED-Strom ergeben, 5 mA — 10 mA — 20 mA — ...50 mA, und liest jedesmal die Spannung ab. Die erhaltenen Werte überträgt man in ein Diagramm und verbindet sie zu Kurven. Wir haben einen Satz Meßwerte für verschiedenfarbige LEDs bereits in das Diagramm eingetragen. Die Daten anderer Typen müssen keineswegs deckungsgleich sein. Damit man im Diagramm etwas erkennt und die Kennlinien nicht senkrecht hochgehen, ist die waagerechte Achse gestreckt dargestellt, der Bereich von 0 V bis 0,9 V wird „übersprungen".
Mit der aufgebauten Meßschaltung kann man ein weiteres Phänomen nachweisen: daß Strom und Lichtstärke bei der LED proportional sind. Dazu benötigt man einen Foto-Belichtungsmesser, evtl. tut's auch eine

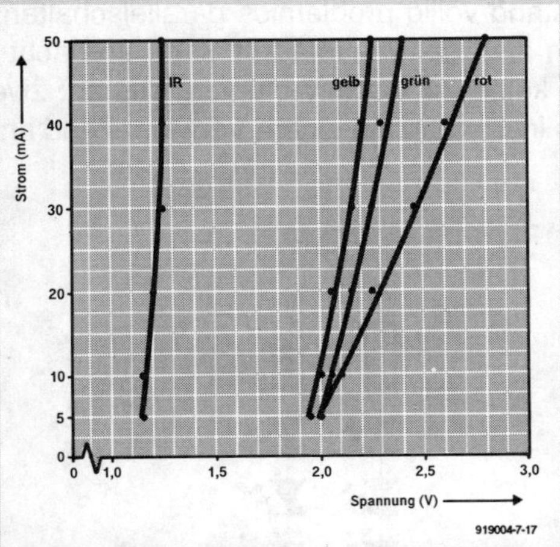

Strom-Spannungs-Kennlinien verschiedenfarbiger LEDs; bei der roten LED handelt es sich um eine High-Efficiency-LED.

(Spiegelreflex-) Kamera mit eingebautem Belichtungsmesser. Der Belichtungsmesser (bzw. das Kamera-Objektiv) werden in kurzem Abstand und direkt auf die LED gerichtet. Am besten, man dunkelt den Raum ab, um Meßfehler durch die Umgebungshelligkeit zu verhindern.

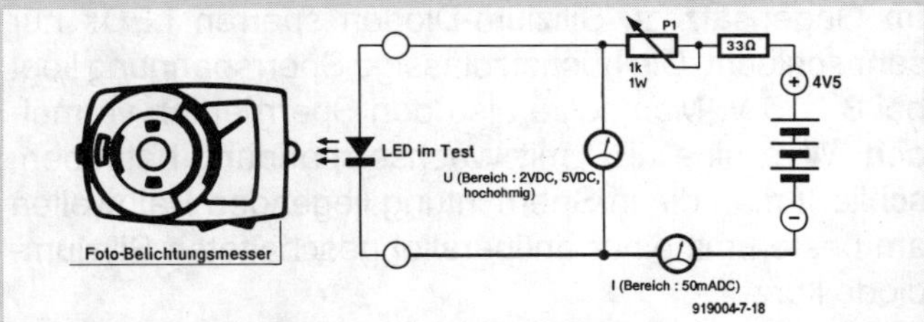

Messung der Lichtstärke mit Hilfe eines Belichtungsmessers.

Es werden die Lichtwerte (bzw. Blendenzahlen oder Zeitstufen) bei unterschiedlichen Stromwerten abgelesen. Dazu stellt man die Ströme so ein, daß sie sich von Messung zu Messung verdoppeln. Die Beispiel-Tabelle mit unseren Meßwerten zeigt, daß der Lichtwert bei jeder Stromverdopplung um eine Stufe ansteigt. (Angezeigte Blenden- oder Zeitwerte steigen/sinken ebenfalls um eine Stufe.) Eine Lichtwert-(Blenden-, Zeit-) -Stufe entspricht der Verdopplung des gemessenen Lichts — was zu beweisen war.

LED-Strom I [mA]	5	10	20	40
Lichtwert	5	6	7	8

Übrigens kann man mehrere Reihenschaltungen inkl. Vorwiderstand völlig problemlos parallelschalten. Dies bietet sich z. B. als Variante zur Serie aus acht LEDs an, wenn keine 24 V zur Verfügung stehen: zwei Mal vier LEDs in Serie mit je einem Vorwiderstand an 12 V.

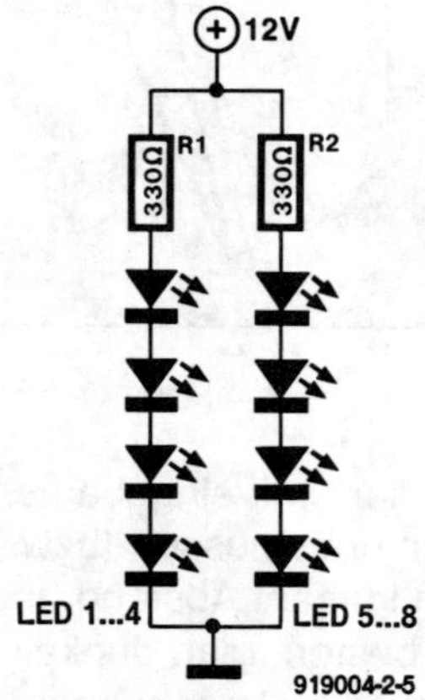

Bild 6. Zusammen mit je einem Vorwiderstand kann man LEDs oder LED-Serien parallel schalten.

Im Gegensatz zu Silizium-Dioden sperren LEDs nur sehr schlecht. Die höchstzulässige Sperrspannung liegt bei 3 . . . 5 V. Man sollte also den Sperrbetrieb vermeiden. Wird eine LED mit Wechselspannung betrieben, schließt man die in Sperrichtung liegenden Halbwellen am besten mit einer antiparallel geschalteten Siliziumdiode kurz.

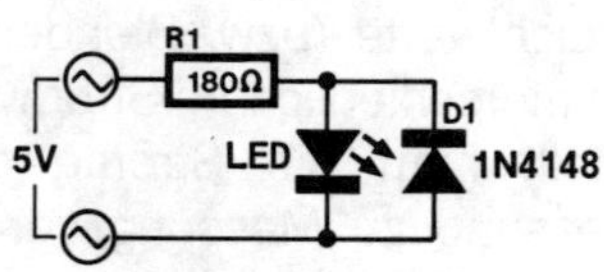

Bild 7. Eine LED an Wechselspannung; die Si-Diode schließt die negativen Halbwellen kurz.

Zwar bleiben über der leitenden Si-Diode noch ca. 0,7 V stehen, sie schaden jedoch der LED trotz Sperr-Richtung nicht. Der obligatorische Vorwiderstand begrenzt auch den Durchlaß-Strom der Diode. Mit einer zweiten LED anstelle der Si-Diode kann man beide Halbwellen zur Lichterzeugung nutzen.

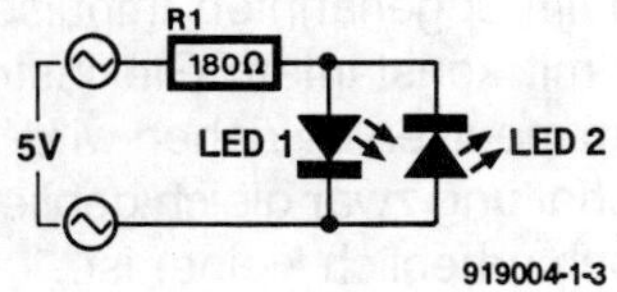

Bild 8. Zwei antiparallele LEDs erzeugen abwechselnd Licht bei jeder Halbwelle.

LEDs haben eine enorm hohe Lebensdauer, viel länger als vergleichbare Glühlämpchen. Betreibt man eine LED mit 40 % ihres Maximalstroms, beträgt ihre Lebensdauer ca. 1 Million Stunden, umgerechnet 114 Jahre durchgehend. Danach ist sie keineswegs kaputt, sondern ihre Lichtausbeute ist um die Hälfte gesunken. Die LED-Lebensdauer hängt sehr stark vom Betriebsstrom ab: Je höher der Strom, desto mehr Leistung wird in der LED in Wärme umgesetzt und desto schneller verschleißt sie.

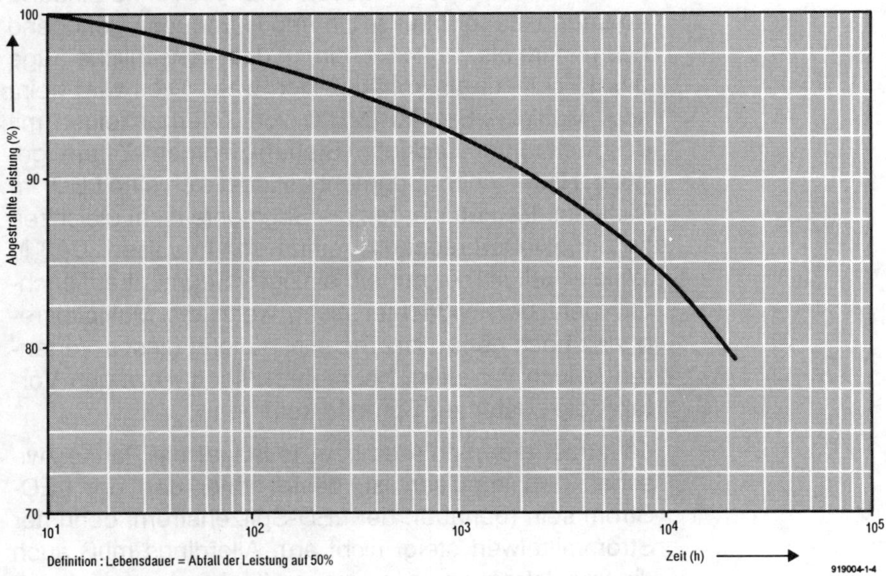

Bild 9. Die Lichtausbeute einer LED nimmt im Laufe der Zeit langsam ab.

Das Diagamm in Bild 9 zeigt das Nachlassen der Lichtausbeute einer voll belasteten LED. Bei geringeren Belastungen sinkt die Kurve langsamer. Man stellt also den LED-Strom so ein, daß bei guter Heligkeit die gewünschte Lebensdauer gewährleistet ist.

Anders ist es beim sogenannten Impulsbetrieb, wenn eine LED nicht mit konstantem Gleichstrom, sondern mit kurzen Stromimpulsen betrieben wird. Bild 10 zeigt, daß die LED-Schaltung zwar gleich geblieben, der Vorwiderstand jedoch erheblich kleiner ist.

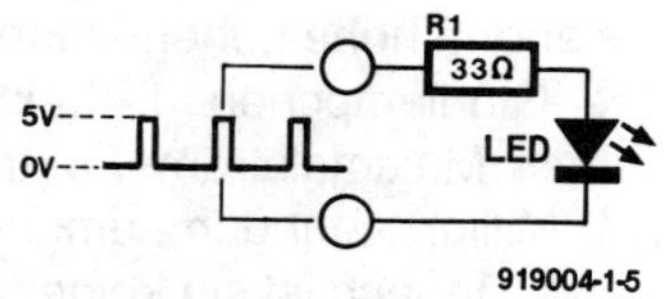

Bild 10. Eine LED in Impulsbetrieb.

Die Speisespannung (hier 5 V) liegt nur ca. ein Viertel der Zeit an, daher darf der LED-Strom das Vierfache des Normalen betragen, z. B. 80 mA statt 20 mA. Weil die gesamte Verlustwärme dabei nicht höher wird, nimmt die LED diese Betiebsart praktisch ohne Einbuße an Lebensdauer hin. Ist die Impulsfrequenz genügend hoch, mehr als ca. 24 Hz, nimmt das menschliche Auge das LED-Licht als kontinuierlich wahr. Dies wird beim sog. Multiplex-Betrieb (MUX) von Ziffernanzeigen mit den bekannten, eckigen Sieben-Segment-Ziffern genutzt. Hinter jedem Segment befindet sich eine LED. Im Multiplex-Betrieb werden die Segmente nicht gleichzeitig angesteuert, sondern reihum mit Impulsen. Daß in Wirklichkeit immer nur ein einziges Segment aufleuchtet, sieht der Betrachter nicht, wenn die Multiplexfrequenz hoch genug ist. Technisch bietet dieses Verfahren jedoch vor allem bei mehrstelligen Anzeigen Vorteile, die später zur Sprache kommen.

Je kürzer die Impulszeit bzw. je länger die Pause zwischen den Impulsen ist, desto höher darf der LED-Strom sein (genauer: der LED-Spitzenstrom, denn der Strommittelwert steigt nicht an). Allerdings muß auch die Impulsfrequenz ausreichend hoch sein, sonst heizt sich der winzige Halbleiter der LED zu stark auf. Welche Ströme in Abhängikeit von Impulszeit und -frequenz zulässig sind, zeigt das Diagramm in Bild 11.

Optische Eigenschaften von LEDs

LEDs sind nur in den Farben Rot, Gelb und Grün sowie in unsichtbarem Infrarot handelsüblich. Blaue LEDs

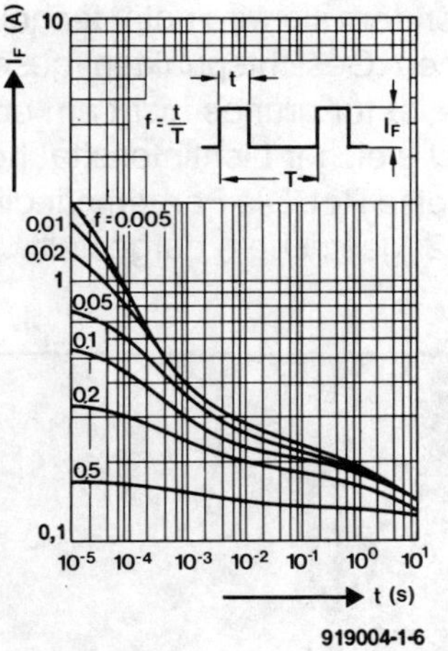

Bild 11. Der Impulsstrom (senkrechte Achse) in Abhängigkeit von der Impulsdauer (t; waagerechte Achse) und der Impulsfrequenz f (diverse Kurven).

können schon lange unter Laborbedingungen hergestellt werden, die Verfahren sind jedoch bislang noch nicht großserienreif. LEDs sind wie Dioden Halbleiter mit PN-Übergang, jedoch bestehen sie aus Gallium in Verbindung mit Phosphor, Arsen oder anderen Stoffen aus der fünften Gruppe des Periodensystems der chemischen Elemente. Die Lichtfarbe hängt von der Mischung dieser Stoffe und von der Dotierung (d. i. der Prozeß zum Erzielen der Halbleiter-Eigenschaft) ab. Rote und gelbe LEDs basieren auf Gallium, Arsen und Phosphor, grüne auf Gallium und Phosphor, infrarote meist auf Gallium und Arsen. Die folgende Tabelle ordnet — ähnlich wie Tabelle 1 — einige Materialien und Lichtfarben (bzw. Wellenlängen) einander zu.

Material	Wellenlänge mm	Farbe	Stahlungs-leistung μW	Wirkungs-grad %
GaAs:Si	950	IR	400	4,00
GaAs:Zn	900	IR	50	0,50
GaP	690	rot	180	1,00
GaAsP	660	rot	15	0,10
GaP	590	gelb	4	0,02
GaP	565	grün	8	0,04

Tabelle 2. Farben und Wellenlängen in Abhängigkeit vom Halbleitermaterial (hinter Doppelpunkt: Dotierung).

In der Optoelektronik ist die Lichtfarbe keine Geschmacksfrage, sondern sie wird unter technischen und ggf. physiologischen Gesichtspunkten gesehen. Das menschliche Auge ist für grünes Licht am empfindlichsten, Grün wird bei gleicher Lichtintensität heller gesehen als beispielsweise Rot. Die Farbempfindlichkeit des Auges ist in Bild 12 (gestrichelt) dargestellt.

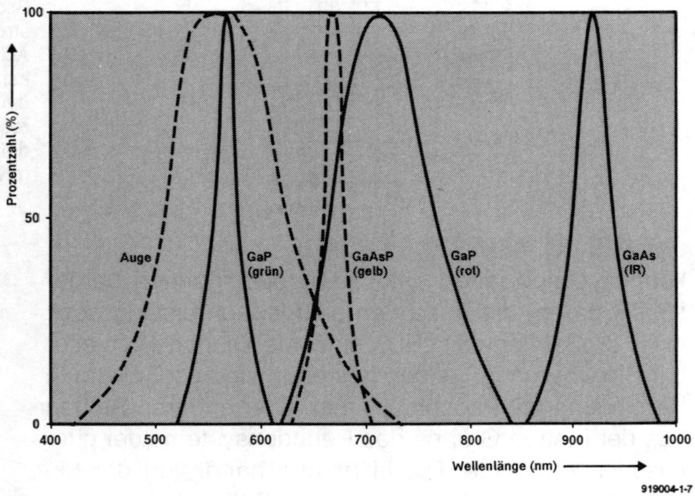

Bild 12. Die spektrale Empfindlichkeit des Auges und die spektralen Intensitätsverteilungen diverser LEDs.

Das Diagramm zeigt außerdem die Intensitätsverteilungen verschiedener LEDs über der Wellenlänge, d. h., welche Lichtfarben wie stark von den LEDs produziert werden. (Die Wellenlänge des Lichts ist das physikalische Maß für die Farbe: Rotes Licht hat mit 600 . . . 750 nm lange Wellenlängen, gelbes und grünes Licht mit 500 . . . 600 nm mittlere, blaues und violettes Licht mit 370 . . . 500 nm kurze. Infrarot-Wellenlängen liegen über 750 nm.) Man erkennt im Diagramm, daß die Farbkurve der grünen LED mit der höchsten Empfindlichkeit des Auges zusammenfällt. Gelbes und noch mehr rotes Licht werden erheblich schwächer wahrgenommen, ihre Kurven liegen am Rand der Augenempfindlichkeits-Kurve. In der Praxis gleichen sich diese starken Unterschiede teilweise wieder aus, da z. B. rote LEDs einen erheblich höheren Wirkungsgrad aufweisen, d. h. sie strahlen bei gleicher elektrischer Eingangsleistung mit höherer Intensität. Tabelle 2 zeigt, daß Infrarot-LEDs sehr effektiv arbeiten, jedoch ist Infrarotlicht für uns unsichtbar. (Was man bei sog. Infrarotlicht-Lampen sieht, sind Lichtanteile in sichtbarem Rot.) IR-LEDs eignen sich besonders für Fernsteuerzwecke.

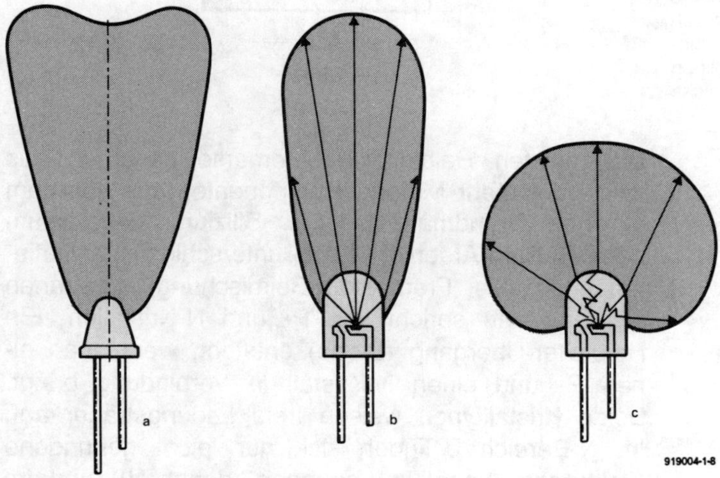

Bild 13. Die Strahlungscharakteristik wird durch die Gehäuseform und den Kunststoff bestimmt.

Übrigens ist die Lichtstärke einer LED proportional zum Strom, doppelter Strom — doppelte Lichtstärke usw. Dieses lineare Verhältnis macht eine analoge Lichtübertragung möglich, davon später mehr.

Nicht zuletzt unterscheiden sich LEDs in der Breite ihres Lichtkegels. Die handelsüblichen LEDs mit zylindrischem, vorne halbkugelförmig abgerundetem Gehäuse aus transparentem oder trübem Kunststoff haben eine relativ breite Strahlungscharakteristik. Parabolisch geformte Gehäuse erzeugen engere Strahlenbündel, und für gerichtete Lichtstrahlen montiert man eine Linse an die Gehäuse-Stirnseite.

Wie entsteht LED-Licht?

Dazu muß man sich kurz in Erinnerung rufen, was sich im Innern des Halbleiterkristalls abspielt.

In der Grenzzone eines Halbleiters neutralisieren sich die freien Ladungen und bilden eine Isolierschicht.

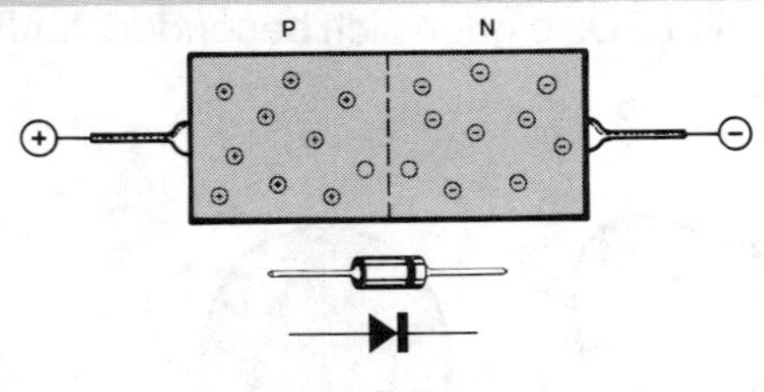

Die meisten Halbleiter-Bauelemente bestehen aus zwei oder mehr Material-Komponenten, die aus dem gleichen Grundmaterial (z. B. Silizium, Germanium oder Gallium-Arsenid) durch unterschiedliche Dotierung (gezielte Fremdatom-Beimischung) gewonnen werden. Man spricht von P- und N-Kristallen. Ein Halbleiter-Übergang (Diode) entsteht, wenn man einen P- und einen N-Kristall in Verbindung bringt. Beide Kristalltypen weisen freie Ladungsträger auf: Im N-Bereich befinden sich nur leicht gebundene Elektronen (negative Ladungen, daher N), und im P-Bereich sind freie Plätze für Elektronen vorhanden, die sich ebenfalls bewegen können und daher wie bewegliche positive Ladungen betrachtet werden. In der Grenzzone besetzen die freien Elektronen des N-Bereichs die freien Plätze des P-Bereichs, so daß hier keine Ladungsträger mehr vorhanden sind.

Legt man Spannung in „Durchlaß-Richtung" an, Plus an P und Minus an N, werden zusätzlich Ladungen in den Übergangsbereich „gedrückt". In diesem Bereich kommt es vermehrt zum Ladungsausgleich: Freie Elektronen besetzen freie Elektronen-Plätze, oder anders gesagt: negative Ladungen neutralisieren positive.

Bei einem solchen Ladungsausgleich — im Fachjargon Rekombination — wird eine kleine Energiemenge frei. Normalerweise verläßt diese Energie den Halbleiter in Form von Wärme. Wärme ist — physikalisch gesehen — eine langwellige elektromagnetische Strahlung.

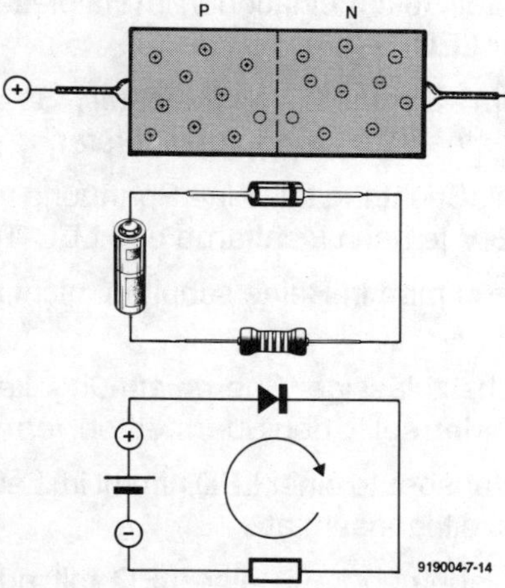

Durch Anlegen einer Spannung in Durchlaßrichtung kommt es zu vermehrten Rekombinationen im Grenzbereich zwischen N und P; folglich fließt Strom durch den Übergang.

Durch geschickte Dotierung kann man dafür sorgen, daß beim Rekombinieren etwas kurzwelligere Strahlung frei wird: Licht. Ein so dotierter Halbleiterübergang nennt sich LED. Der Rekombinations-Prozeß findet laufend statt, weil die Spannungsquelle immer wieder Elektronen in den N-Kristall speist bzw. aus dem P-Kristall abzieht. Folglich gibt die LED Dauerlicht ab, solange Strom fließt. Zwei weitere Tatsachen erklären sich aus diesem Modell: Erstens, daß die Lichtfarbe einer LED von Grundmaterial und Dotierung abhängt. Es ist praktisch nur eine einzige Lichtfarbe, weil der Rekombinations-Vorgang (der Licht erzeugt) immer der gleiche ist und daher jedesmal das gleiche Energiequantum frei wird. Von diesem Energiequantum hängt die Lichtfarbe (bzw. Wellenlänge) ab. Zweitens wird deutlich, warum die Lichtstärke einer LED proportional zum Strom ist. Je mehr Strom fließt, desto mehr Elektronen rekombinieren und desto häufiger wird das erwähnte Energiequantum frei. Der Energiefluß steigt also, und das entspricht einem steigenden Lichtstrom.

Zusammenfassung

- ❐ LED-Leuchten ist ein Freiwerden von Energie bestimmter Rekombinationen im Halbleiterübergang der LED.
- ❐ In einem Stromkreis mit fester Spannung benötigt eine LED einen Vorwiderstand.
- ❐ In Durchlaßrichtung fällt eine Spannung von 1,2 V bis 2,8 V je nach Lichtfarbe und LED-Typ ab.
- ❐ LEDs kann man in Reihe schalten, nicht jedoch parallel.
- ❐ Die höchstzulässige Sperrspannung liegt bei 3 . . . 5 V. Man sollte den Sperrbetrieb vermeiden.
- ❐ Die Lichtausbeute einer LED nimmt im Laufe der Betriebszeit langsam ab.
- ❐ Im Impulsbetrieb kann eine LED mit erhöhten Spitzenströmen betrieben werden.

2. Schaltungen mit LEDs

LED-Schaltungen sind, wie oben erläutert, denkbar einfach: Man muß lediglich dafür sorgen, daß der Strom begrenzt wird und daß sie möglichst nicht in den Sperrbetrieb gehen, also daß die Polarität sich nicht umkehrt.

Diese beiden Anforderungen bestimmen auch den Bauteileaufwand beim folgenden, als Dimensionierungsbeispiel gedachten Teststecker für die Anhänger-Steckdose eines Autos mit Anhängerkupplung. Diese Dose versorgt Brems-, Rück- und Blinklicht sowie die Kennzeichenbeleuchtung des gekuppelten Anhängers mit Strom. Ein längeres Kabel verbindet die Schaltung mit dem siebenpoligen Stecker, so daß die Anschlußdose vom Fahrersitz aus getestet werden kann.

Zwischen jedem der sechs stromführenden Kontakte und dem Minusanschluß 31 befindet sich die gleiche Schaltung: eine LED, ein Vorwiderstand, der den LED-Strom auf 30 mA einstellt, und eine Silizium-Diode 1N4148. Sollte beispielsweise durch einen Verkabelungsfehler die Minusleitung mit einer anderen vertauscht sein, wäre die jeweilige LED mit 12 V in Sperr-Richtung gepolt. Dies verhindert die in Reihe geschaltete Si-Diode. Sie ist hier ausnahmsweise nicht antiparallel geschaltet, um bei einem Verkabelungsfehler den Rückstrom über die antiparallele Diode zu verhindern. Im Sperrbetrieb kommt es zwischen LED und Diode zu einer Aufteilung der 12 V, wobei die Si-Diode

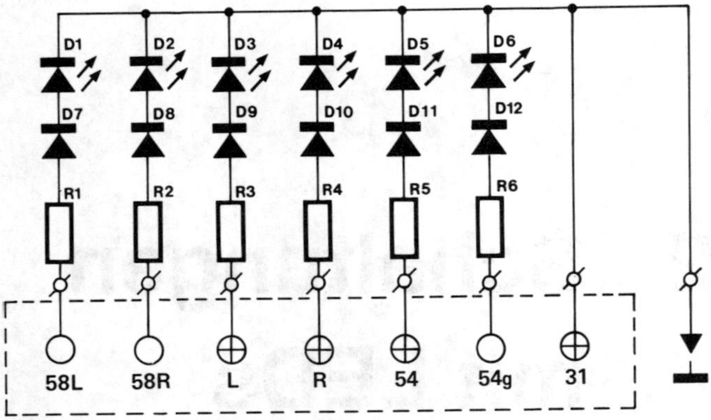

Bild 1. Vorwiderstände und Schutzdioden enthält diese Testschaltung für Anhänger-Steckdosen.

D1 . . . D6 = LED rot
D7 . . . D12 = 1N4148
R1 . . . R6 = 390 Ω (siehe Text)

919004-1-9

wegen ihres erheblich höheren Sperr-Widerstands den Löwenanteil übernimmt und so die LED schützt. Da in dieser Schaltungsart die LED doch einen Anteil der Sperrspannung übernimmt, ist generell die Antiparallelschaltung vorzuziehen.

Für eine 6-V- oder 24-V-Anlage sollte der Vorwiderstand verkleinert bzw. vergrößert werden. Die zusätzliche Krokodilklemme ist für Anlagen vorgesehen, die Minus nicht über Kontakt 31, sondern über die Metallummantelung von Stecker und Dose übertragen. Die Widerstände und Halbleiter lötet man einfach in eine kleine Lochraster-Platine. Zur Beschriftung der LEDs können der Tabelle 1 die Zuordnungen der Klemmen und Funktionen entnommen werden.

DIN	Funktion
58L	Rücklicht links
58R	Rücklicht rechts, Kennzeichenleuchte
L	Blinklicht links
R	Blinklicht rechts
54	Bremslicht
54g	Magnetventil für Dauerbremse oder hänger-Innenbeleuchtung
31	Masse

Tabelle 1. Die Funktionen der einzelnen Kontakte.

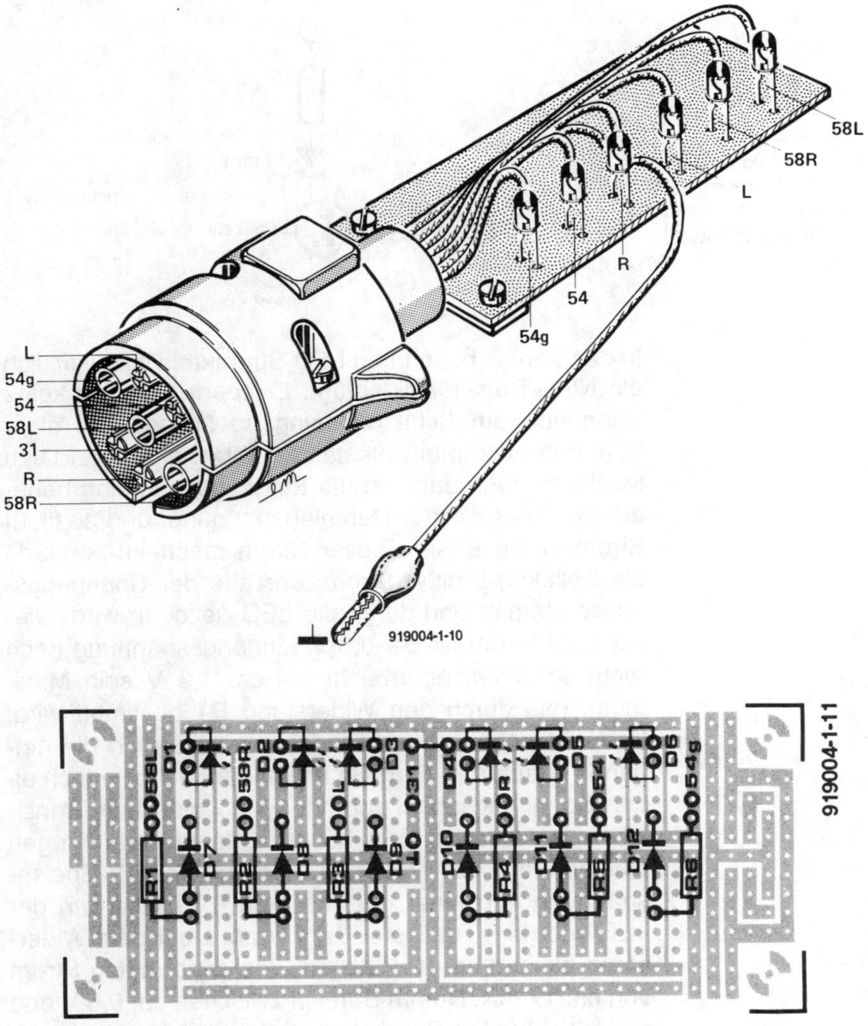

Bild 2. Zur Belegung des Normsteckers. Es ist praktischer, Stecker und Platine zu trennen und über ein ausreichend langes Kabel zu verbinden.

Steuern von LEDs

Beim Einsatz von LEDs als Signalanzeigen steht eher selten ein geeignetes Signal mit einigen -zig mA Strom zur Verfügung, man muß meist eine kleine Treiberschaltung zwischenschalten. Bild 3 zeigt eine solche Schaltung.

Bild 3. LED-Ansteuerung mit einem Transistor in Emitterschaltung.

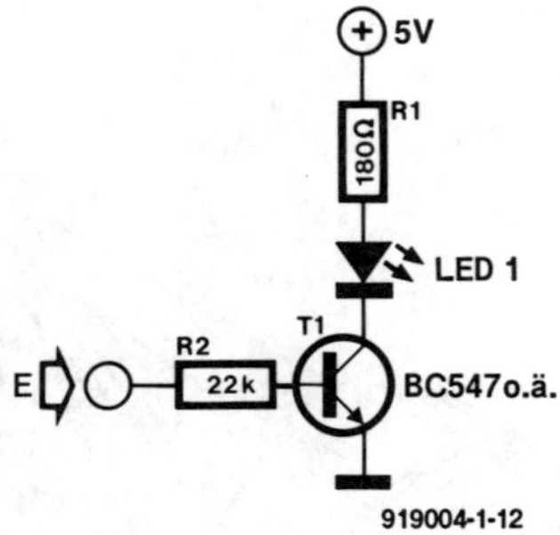

In den bereits bekannten LED-Stromkreis ist zusätzlich ein NPN-Transitor eingefügt. Er sperrt, solange keine Spannung am Schaltungseingang anliegt. Bei einer Spannung von mehr als ca. 0,8 V beginnt die LED zu leuchten, denn dann ist die Eingangsspannung höher als die Basis-Emitter-Durchlaßspannung, und es fließt Strom in die Basis. Dieser Strom erscheint verstärkt als Kollektor-Emitter-Strom, der aus der Spannungsquelle stammt und durch die LED gezogen wird. Dieser LED-Strom ist bei 0,8 V Eingangsspannung noch recht schwach, er erreicht bei ca. 1,3 V sein Maximum, das durch den Widerstand R1 bestimmt wird. Beim Berechnen des LED-Stroms muß man die eingangs erläuterten Formeln anwenden, dabei jedoch einen Spannungsabfall von ca. 0,4 V über dem Transistor einkalkulieren. Noch höhere Eingangsspannungen bleiben ohne Auswirkungen. Konkret: Bei 5 V Speisespannung und einer roten LED (1,6 V) fallen an der LED und dem Transistor ca. 2 V ab. Über dem Widerstand bleiben ca. 3 V stehen, das ergibt einen Strom von ca. 17 mA. Nur im Bereich zwischen ca. 0,6 V und ca. 1,3 V breiten Band steuert die Eingangsspannung den LED-Strom. Will man diesen Bereich noch kleiner machen, z. B. wenn die LED übergangslos ein- und ausschalten soll, verringert man R2. Dann erreicht die LED bereits bei geringerer Eingangsspannung ihre maximale Leuchtstärke. Allerdings fließt auch mehr Eingangsstrom, wenn die Eingangsspannung über die zum vollen Aufleuchten der LED nötige Spannung steigt. Ein höherer Eingangswiderstand hingegen vergrößert also die Schwelle zwischen vollem Ein- und Ausschalten der LED, dafür ist der Eingang hochohmiger.

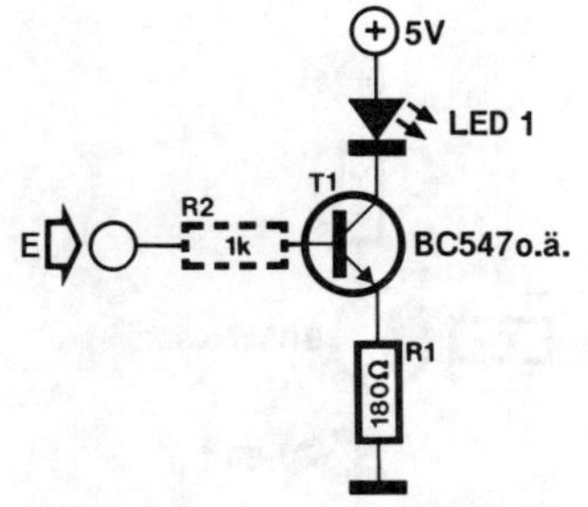

Bild 4. Die Kollektorschaltung des Transistors erlaubt es, den LED-Strom zu steuern.

Will man den LED-Strom nicht ein- und ausschalten, sondern kontinuierlich steuern, ist die Schaltung nach Bild 4 besser.

Da die Spannung zwischen Basis und Emitter eines Transistor im leitenden Betrieb stets ca. 0,7 V beträgt, ist die Spannung an Widerstand R1 immer gleich der Eingangsspannung abzüglich dieser 0,7 V. Die Spannung an R1 wird also vom Eingang gesteuert. Das gilt auch für den Strom durch diesen Widerstand, denn der muß laut Ohmschem Gesetz der Spannung folgen. Der Strom durch R1 ist jedoch zugleich der Strom durch den Transistor und damit auch der LED-Strom. Ergo: Die Eingangsspannung steuert den LED-Strom bzw. die Helligkeit. Die Eingangsspannung darf nicht niedriger als 0,7 V sein — sonst schließt die Basis-Emitter-Diode — und nicht höher als die Betriebsspannung abzüglich der LED-Durchlaßspannung, in unserem Beispiel also ca. 3 V. Dann nämlich ist die Basisspannung höher als die Kollektorspannung, und es fließt kein Kollektorstrom. Um dieses Verlöschen des LED-Stroms zu verhindern, schaltet man einen Widerstand in die Basisleitung. Damit verträgt die Schaltung Eingangsspannungen bis zur Betriebsspannung und sogar noch etwas höher.

Durch Variation der zwei Widerstände und der LED lassen sich weitere Schaltungen mit anderen Eigenschaften aufbauen. Die Anordnung in Bild 5 ähnelt der Kollektorschaltung aus Bild 3.

Prinzipiell funktionieren beide Schaltungen gleich, jedoch liegt hier die Einschaltschwelle erheblich höher: Erst wenn die Eingangsspannung höher ist als die Schwellspannungen von Basis-Emitter und LED, also

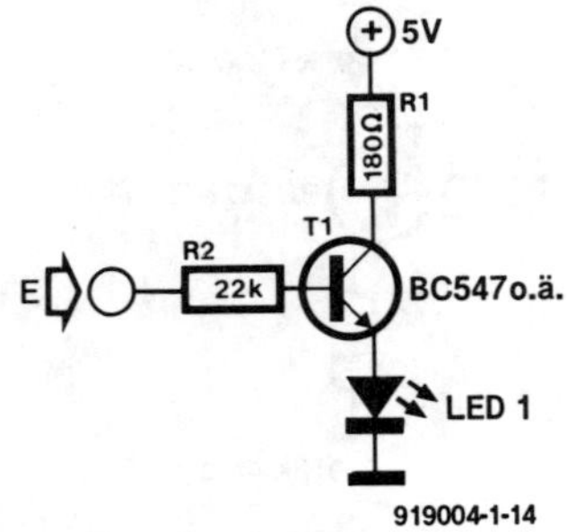

Bild 5. Liegt die LED im Emitterkreis, steigt die Schwellspannung der Ansteuerung.

bei einer gelbleuchtenden LED knapp 3 V, schaltet der Transistor die LED ein. Auch bei dieser Schaltung ist der Übergang zwischen Ein und Aus gering, so daß sie sich gut als Schalter eignet.

Bei der Kollektorschaltung aus Bild 4 kann die LED ebenfalls in den Emitterkreis gelegt werden.

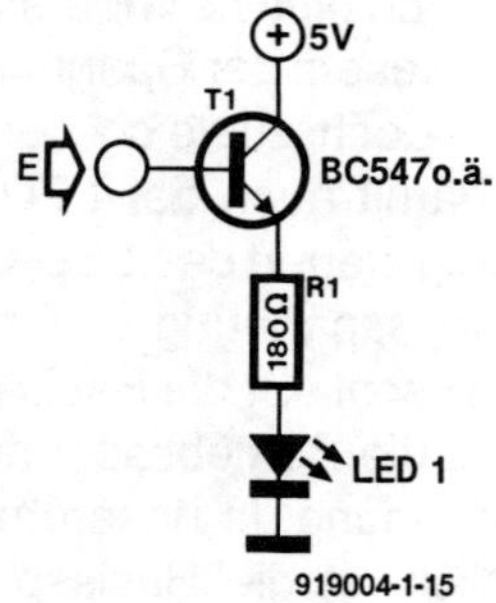

Bild 6. Auch hier liegt die Einschaltschwelle höher als bei der einfachen Kollektorschaltung.

Die Einschaltschwelle liegt in Bild 6 ebenfalls um die LED-Schwellspannung höher, beim Beispiel mit einer gelben LED also wieder ca. 3 V. Hat die Eingangsspannung diese Schwelle überschritten, steuert sie den LED-Strom wiederum kontinuierlich. In dieser Anordnung darf sie die Betriebsspannung auch ohne Basisvorwiderstand erreichen, jedoch nicht überschreiten.

Bei der folgenden Schaltung in Bild 7 ist die Funktion genau umgekehrt: Liegt keine Spannung am Eingang, leuchtet die LED, steigt die Eingangsspannung über 0,6 V, verlischt sie. Im ersten Fall fließt kein Strom zwischen Kollektor und Emitter des Transistors, man kann ihn sich „wegdenken", und übrig bleibt nur eine LED mit Vorwiderstand R1. Steht hingegen ein Eingangssignal an, fließt Strom durch den Transistor. Er nimmt der LED gewissermaßen den Strom weg, daher verlischt sie. Und zwar vollständig, denn die Kollektor-Emitter-Spannung eines voll durchgesteuerten Transistors liegt deutlich unter der LED-Schwellspannung von wenigsten 1,6 V (rote LED).

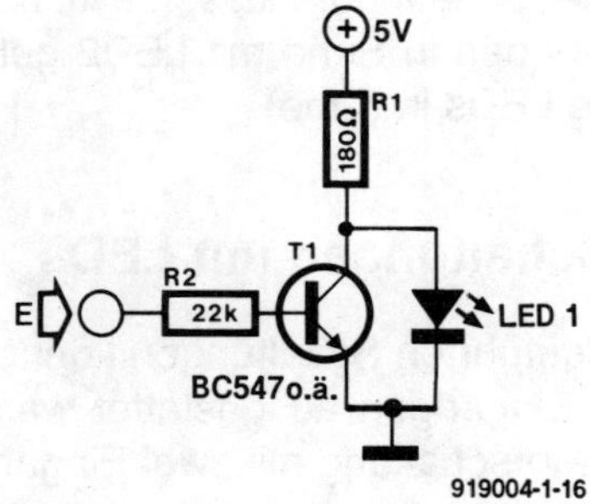

Bild 7. Mit dieser Emitterschaltung wird die LED ausgeschaltet.

Ähnlich der in Bild 3 erläuterten Emitterschaltung weist diese Schaltung eine ausgeprägte Ein-/Ausschaltcharakteristik auf. Der Übergang läßt sich wie bereits erläutert mit R2 verändern.

Kombiniert man die Schaltungen aus den Bildern 6 und 7, erhält man einen LED-Umschalter.

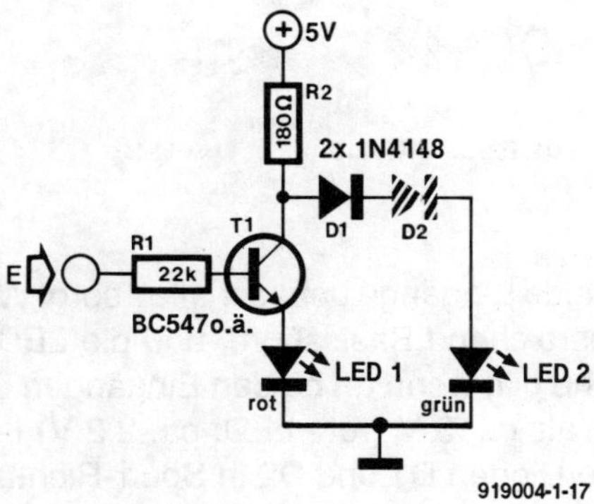

Bild 8. Durch Kombination der Schaltungen 6 und 7 kann man zwei LEDs umschalten.

Ohne Eingangsspannung leuchtet LED2 wie zuvor erläutert auf, mit Eingangsspannung verlischt sie, und LED1 leuchtet auf, weil Strom durch den Transistor fließt. Am Kollektor des Transistors liegen jetzt die Summe aus der Schwellspannung von LED1, hier ca.

1,6 V, und der Kollektor-Emitterspannung von 0,4 V. Diese Summe beträgt ca. 2 V und könnte eventuell ausreichen, LED2 schwach aufleuchten zu lassen. Um dies zu verhindern, ist eine Silizium-Diode in Serie zu LED2 geschaltet. Damit fließt in diesem Zweig der Schaltung erst dann Strom, wenn LED-Schwellspannung und Dioden-Schwellspannung überschritten ist, also mit einer grünen LED ca. 3 V. Vertauscht man die LED-Farben in dieser Schaltung, müssen evtl. noch ein oder zwei weitere Dioden in Serie mit LED2 gelegt werden (oder zwei rote LEDs in Serie).

Logische Schaltungen mit LEDs

Die bisher aufgeführten Schaltungen können weiterhin mit mehreren Eingängen ausgestattet werden. Bild 9 zeigt die Kollektorschaltung mit zwei Eingängen.

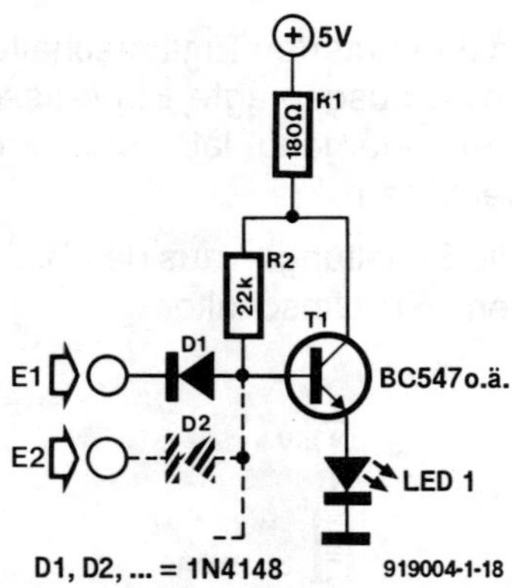

Bild 9. Diese Variante der Kollektorschaltung realisiert eine UND-Verknüpfung.

Bleiben beide Eingänge unbeschaltet, sorgt Widerstand R2 für ausreichend Basisstrom, und die LED leuchtet. Das gleiche gilt, wenn an beiden Eingängen Spannung von mehr als ca. 3 V (rote LED: ca. 2,2 V) liegt. Dann sind beide Dioden D1 und D2 in Sperr-Richtung gepolt und die Eingänge gewissermaßen abgekoppelt. Legt man einen oder beide Eingänge auf Minus (Masse), fließt der Strom von R2 nicht mehr in die Basis, sondern nach Minus ab. Daher versiegt der Emitterstrom, und die LED verlischt. Schließt man den sinnlosen Zustand aus, daß die Eingänge unbeschaltet sind, läßt sich die Funktion dieser Schaltung folgendermaßen zusammenfassen: Nur wenn an E1 UND an E2 Spannung liegt, leuchtet die LED.

Das „UND" wurde groß geschrieben, weil es eine der Grundverknüpfungen in der logischen Schaltungstechnik ist. Unter logischen (oder Digital-) Schaltungen versteht man Schaltkreise, in denen nur zwei Spannungen vorkommen, oft 0 V und 5 V. (Diese beiden Spannungen repräsentieren die Zahlen Null und Eins, mit diesen Zahlen kann man rechnen und logische Schlüsse ausführen, was z. B. in Computern der Fall ist.)

In der Digitaltechnik wird man die Schaltung aus Bild 9 selten gebrauchen, denn hier werden fertige ICs mit Logik-Bausteinen (z. B. Gattern) eingesetzt. Die genannte UND-Schaltung könnte man mit einem UND-Gatter (bzw. AND-Gatter) z. B. vom Typ 7408 realisieren.

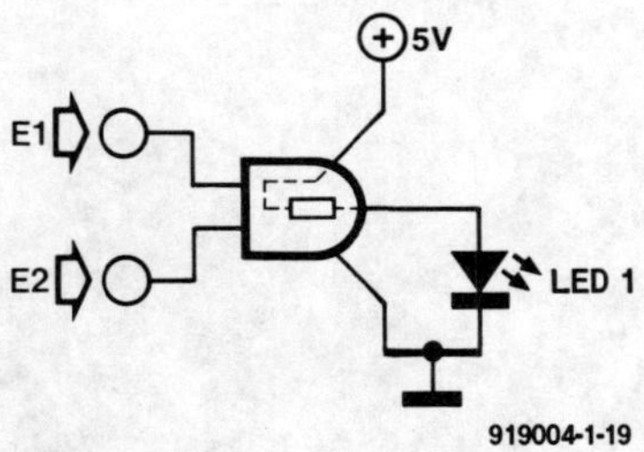

Bild 10. Mit den handelsüblichen TTL-Gattern kann man LEDs auch direkt treiben.

Beim Verwenden der sogenannten TTL-Gatter kann man eine LED direkt an den Ausgang legen, denn ein interner Widerstand (gestrichelt eingezeichnet; gehört nicht zum Symbol) sorgt für die Strombegrenzung. Sehr elegant ist diese Methode freilich nicht, deshalb wird man häufiger die Schaltung aus Bild 11 mit einem sogenannten NAND-Gatter z. B. vom Typ 7400 finden.

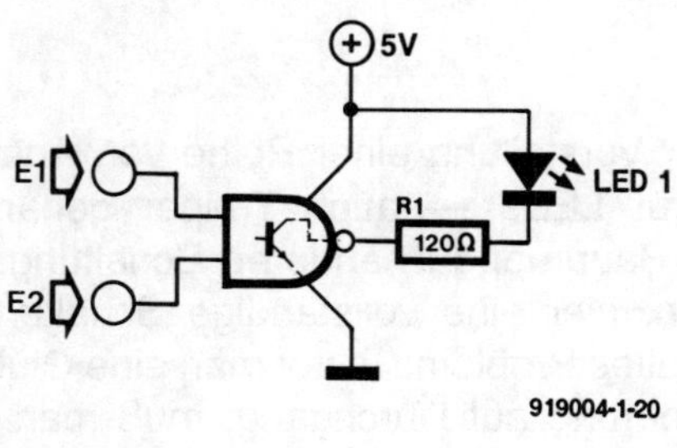

Bild 11. Liegt die LED an Plus, wird ein Vorwiderstand eingebaut.

Das IC schaltet den Ausgang mit Hilfe eines internen Transistors auf Minus. Daher ist ein Vorwiderstand nötig. Der Vorteil liegt darin, daß sich der externe Widerstand erwärmt und nicht der integrierte Widerstand des Chips. Weil die Funktion der LED in dieser Anordnung verkehrt ist — sie leuchtet, wenn am Ausgang keine Spannung liegt —, wurde ein NAND- anstelle des UND-Gatters eingesetzt. Dieses Gatter weist am Ausgang bereits eine umgekehrte Funktion auf, die die verkehrte Funktion der LED-Schaltung ausgleicht. Die Bausteinfamilie der TTL-Gatter hält einige spezielle Typen zum Treiben von LEDs (und LED-Anzeigen) bereit.

Ein Lampen- und Sicherungentester

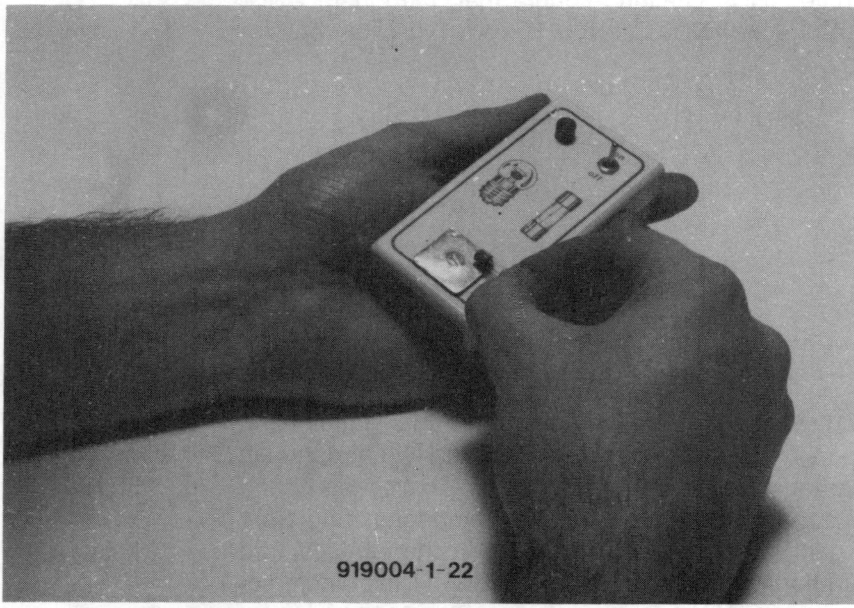

Bild 12. Die linke Hand berührt die seitlichen Kontaktflächen des Testers, die rechte eine Hülse der zu überprüfenden Sicherung.

Nach der Vorstellung einer Reihe von Ansteuerschaltungen für LEDs — auch Treiber genannt —, die man als Baupruppe in anderen Schaltungen verwenden kann, hier eine vollständige Schaltung. Sie behebt ein altes Problem: Testet man eine Glühbirne oder eine Sicherung auf Durchgang, muß man die beiden

Meßspitzen sowie das Meßgerät und das Meßobjekt halten, wozu man rechnerisch mindestens drei Hände braucht. Das hier vorgestellte Testgerät ist zweihändig zu bedienen, denn es hat keine Teststrippen, sondern zwei Kontaktflächen. Man muß das Testobjekt nicht zwischen die beiden Flächen legen, was bei kleinen Birnchen gar nicht geht, sondern es reicht, mit einem seiner Anschlüsse eine Fläche zu berühren. Die zweite Verbindung führt über die Hände des Testers: In einer Hand hält er das Gerätchen so, daß sie die zweite Kontaktfläche berührt, mit der anderen hält er das Testobjekt so, daß sie dessen zweiten Anschluß berührt.

Dabei fließt ein winziger, völlig ungefährlicher Strom durch den Hautwiderstand. Die Schaltung des Testgeräts ist eine besonders empfindliche Steuerschaltung, die auf diese winzigen Ströme reagiert.

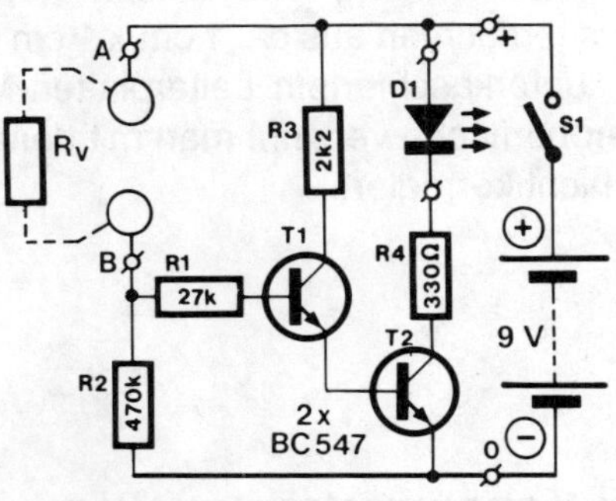

Bild 13. Die Schaltung des Testers ist eine modifizierte Emitterschaltung.

Der Schaltung in Bild 13 liegt die Kollektorschaltung aus Bild 5 zugrunde. Den Basisstrom für T2 liefert eine weitere Transistorstufe mit T1. In T1 fließt normalerweise kein Basisstrom, denn die Basis ist über R1 und R2 auf Minus gelegt. R2 ist jedoch sehr groß, so daß ein winziger Strom über einen sehr hohen Widerstand R_V bereits Basisstrom für T1 erzeugt. Mit R_V ist der Hautwiderstand zwischen den beiden Händen gemeint. Der Basisstrom wird von T1 verstärkt und steht als Emitterstrom der Basis von T2 zur Verfügung. Dank der Verstärkung von T1 reicht er zum Durchsteuern von T2 aus.

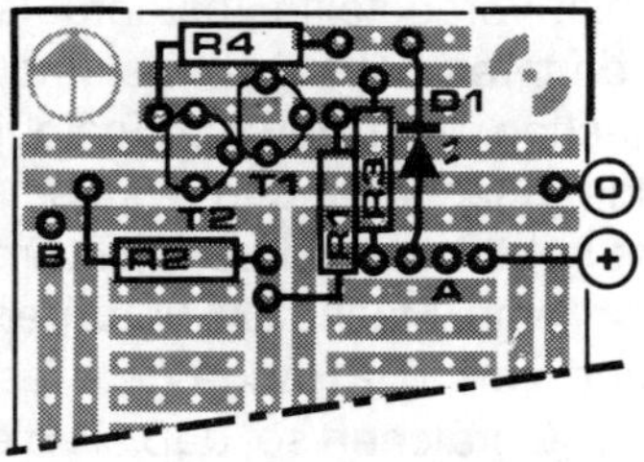

Bild 14. Die Bauteile benötigen nur ein kleines Stück einer Standard-Platine.

Zum Aufbau der Schaltung reicht ein kleines Stück Lochraster-Platine aus, Bild 14 zeigt eine mögliche Komponentenanordnung. Die beiden Kontaktflächen des Testers fertigt man aus ca. 1 cm x 1 cm großen Resten aus kupferkaschiertem Leiterplatten-Material an. Die Kupferoberfläche verzinnt man mit dem Lötkolben, damit sie nicht korrodiert.

LEDs an Konstantstromquellen

Theoretisch kann man eine LED direkt an eine Spannungsquelle legen. Diese muß dann präzise die Durchlaßspannung der LED erzeugen. Kleine Änderungen dieser Spannung oder der (temperaturabhängigen) LED-Durchlaßspannung würden jedoch zu einem starken Ansteigen oder Abfallen des LED-Stroms führen. Der Vorwiderstand, der diese starken Reaktionen des Stroms verhindern soll, hat folglich eine stromstabilisierende Funktion. Bei größeren Speisespannungsänderungen schwankt freilich auch der LED-Strom und damit die Lichtintensität. Dem kann man mit einer elektronischen Stromquelle abhelfen.

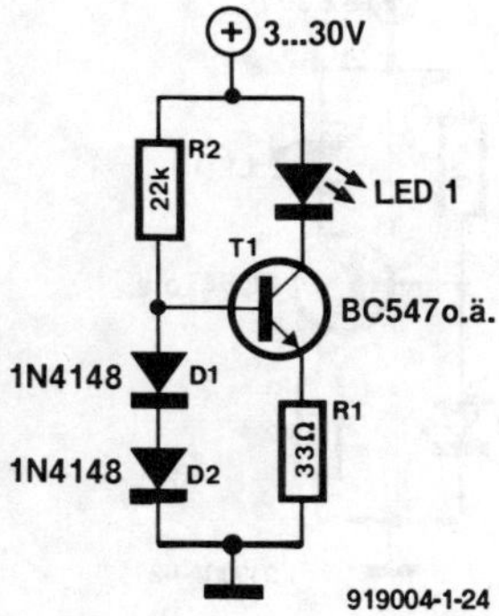

Bild 15. Dank der Konstantstromquelle mit T1 kann die LED über einen sehr weiten Eingangsspannungsbereich betrieben werden.

Der konstante Strom fließt sowohl durch die LED als auch durch den Emitterwiderstand R1. An ihm muß gemäß Ohmschem Gesetz eine konstante Spannung liegen. Tatsächlich stabilisiert der Transistor die Spannung über R1 und darüber indirekt den Strom. An der Basis herrscht eine stabile Spannung von ca. 1,2 V, weil die Schwellspannungen der beiden Dioden D1 und D2 konstant sind. Über der Basis-Emitter-Diode fallen ca. 0,6 V ab — ebenfalls stabil —, so daß für den Widerstand stabile 0,6 V übrigbleiben. Damit ist auch der Strom durch R1 bzw. durch den Transistor bzw. durch die LED konstant.

Ganz konstant bzw. stabil sind die Größen dieser einfachen Schaltung freilich nicht, aber ihre Abhängigkeit von der Speisespannung ist recht gering. Der LED-Strom kann mittels R1 gemäß der Formel

$$I = \frac{0{,}6\ V}{R1}$$

errechnet werden, zum Ermitteln eines passenden Widerstands bei gewünschtem LED-Strom stellt man sie um zu:

$$R1 = \frac{0{,}6\ V}{I}$$

(R in Ω, I in A)

Die Serienschaltung von D1 und D2 kann man durch eine LED ersetzen. Deren Schwellspannung liegt mit

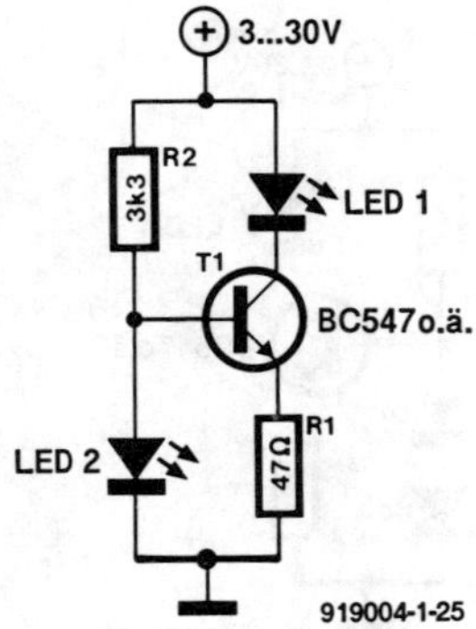

Bild 16. Zum Gewinnen der Konstantspannung kann eine LED eingesetzt werden.

1,6 V (rot) etwas höher, zum Ausgleich kann man den Widerstand R1 jedoch erhöhen.

Widerstand R2 ist niedriger dimensioniert, so daß LED2 auch sichtbar aufleuchtet. Ihre Helligkeit hängt übrigens von der Betriebsspannung ab, während LED1 gleichbleibend hell strahlt.

Es gibt einfachere Stromquellen-Schaltungen, die wohl einfachste zeigt Bild 17: lediglich ein FET.

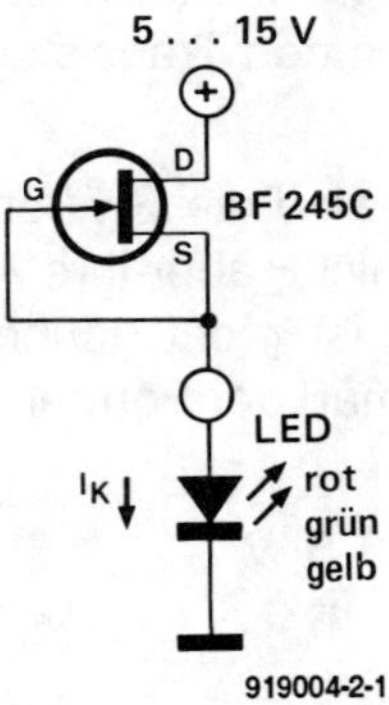

Bild 17. Ein FET als Konstantstromquelle für eine LED.

Die Funktion dieser Schaltung kann man sich anhand der Kennlinie eines FETs erklären. Bild 18 zeigt den Zusammenhang zwischen Source-Drain-Strom und Gate-Source-Spannung am FET: Je tiefer die Gate-Spannung in den negativen Bereich gerät, desto geringer wird der Drain-Strom.

In unserer Schaltung ist die Gatespannung Null, denn Gate und Source sind verbunden. Der Strom läßt sich am Schnittpunkt der Kurve mit der senkrechten Achse

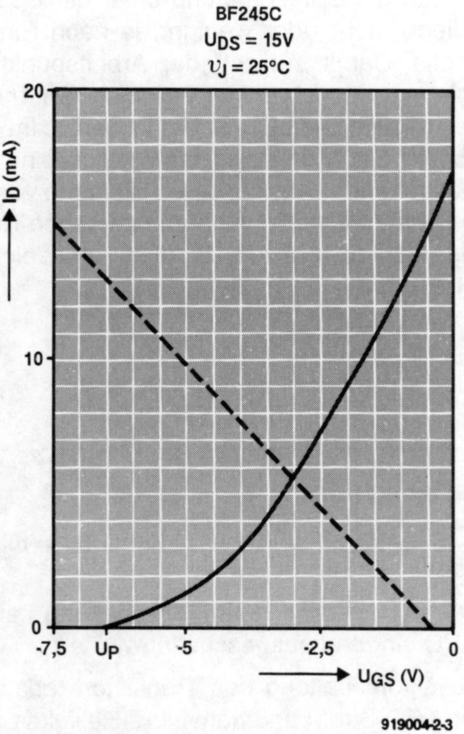

Bild 18. Kennlinie eines FETs.

ablesen, hier ca. 17 mA. Nachteil der Schaltung ist, daß dieser Schnittpunkt typ- und exemplarabhängig ist. Benötigt man einen bestimmten Strom, muß man eine Reihe von FETs durchtesten.

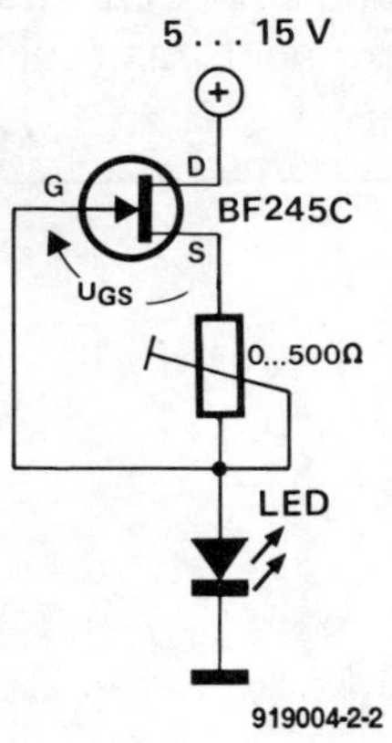

Bild 19. Eine einstellbare FET-Konstantstromquelle.

Statt dessen kann man ein Trimmpoti einbauen. Es sorgt dafür, daß die Gatespannung unter der Source-Spannung liegt, mehr oder weniger, je nach Einstellung des Potis. Damit „rutscht" der Arbeitspunkt auf der Kennlinie mehr oder weniger herunter. Am Trimmpoti läßt sich folglich der LED-Strom justieren. Im Diagramm erscheint der Widerstand des Potis als eine vom Nullpunkt ausgehende Gerade, deren Steigung von der Einstellung abhängt. Der Schnittpunkt zwischen Kurve und aktueller Gerade, der Arbeitspunkt, kennzeichnet den LED-Strom.

Zusammenfassung

- ❐ In LED-Schaltungen muß man für eine Begrenzung des LED-Stroms sorgen.
- ❐ Mit einem Transistor in Emitterschaltung kann eine LED ein- und ausgeschaltet werden.
- ❐ Die Kollektorschaltung des Transistors erlaubt es, den LED-Strom und damit ihre Helligkeit zu steuern.
- ❐ Man kann LEDs mit den Logik-Bausteinen (z. B. 74er-Familie) direkt steuern, besser ist es jedoch, spezielle Treiber-ICs oder Bausteine mit Treiber-Ausgang zu wählen.
- ❐ Zur Anpassung einer LED an variierende Spannungen verwendet man eine Stromquellenschaltung.

3. Fotodioden und Foto-transistoren

Fotoempfindliche Halbleiter gehören heute zu den meistverwendeten Fotosensoren. Im Gegensatz zu den meisten anderen lichtempfindlichen Bauelementen haben sie sehr kurze Anstiegs- und Abfallzeiten. Fotodioden sind prinzipell wie normale Dioden mit PN-Übergang aufgebaut. Sie sperren oder leiten Strom, je nachdem in welche Richtung Spannung angelegt wird — allerdings nur im Dunkeln, denn der Halbleiter und das Gehäuse sind so aufgebaut, daß Licht von außen in die Sperrschicht zwischen P- und N-Schicht gelangen kann. Hier verursacht der Lichteinfall zwei Wirkungen: Arbeitet die Fotodiode im Sperrbetrieb (Plus an Kathode (N), Minus an (P) Anode), hängt der Sperrstrom von der Lichtintensität ab. Eigentlich dürfte in der Sperr-Richtung einer Diode gar kein Strom fließen, aber in der Realität fließen hier trotzdem winzige Ströme, die man normalerweise vernachlässigt. Bei der Fotodiode steigt der Sperrstrom mit zunehmender Helligkeit und kann daher als Meßwert dienen. Für den Sperr-Betrieb ist immer eine (negative) Vorspannung vonnöten.

Legt man hingegen keine Vorspannung an die Diode, wirkt sie bei Lichteinfall wie eine Stromquelle (genauer: wie ein Energiewandler, der aus Lichtenergie elektrische Energie macht). Diese freilich winzige Energie kann man (als Spannung) zum Ansteuern von Meßverstärkern beispielsweise nutzen. Häufig nennt man diese Betriebsart Leerlaufbetrieb, denn ohne Belastung sind die Spannungsänderungen in Bezug zu den Lichtänderungen maximal. Im Gegensatz dazu wird der Betrieb im Sperrzustand auch Kurzschlußbetrieb genannt. Dieser Kurzschluß ist jedoch nur theoretisch möglich. In der Praxis kann man eine Diode weder absolut leerlaufen lassen, noch absolut kurzschließen, sondern man koppelt eine Schaltung mit sehr hochohmigem bzw. sehr niederohmigem Eingang an.

Zum Verdeutlichen der unterschiedlichen Funktionsprinzipien ist in Bild 1 gezeigt, wie die beiden Konfigurationen an eine Verstärkerstufe gekoppelt werden.

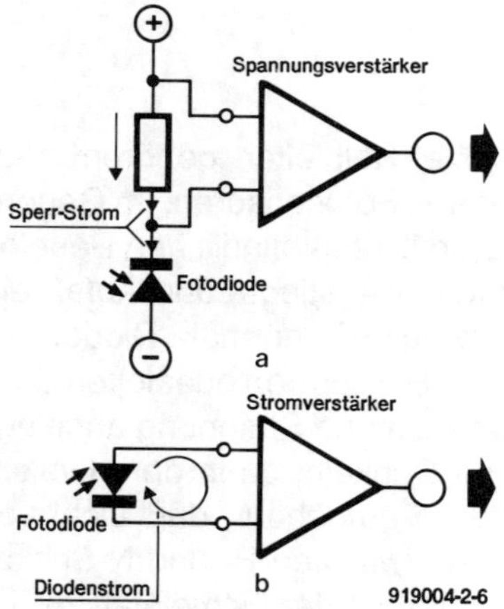

Bild 1. Eine Fotodiode im Kurzschlußbetrieb (a) und im Leerlaufbetrieb (b).

In Bild 1a ist die Kurzschluß-Konfiguration skizziert. Eine Reihenschaltung aus Fotodiode in Sperr-Richtung und einem Widerstand liegen zwischen den beiden Polen der Spannungsversorgung. Der Strom in dieser Reihenschaltung hängt von der Beleuchtung der Fotodiode ab (die „Prinzip-Verstärkerstufe" zieht keinen Speisestrom). Dieser Strom verursacht einen Spannungsabfall über dem Widerstand. Diese Spannung hängt folglich auch von der Beleuchtung ab. Die Verstärkerstufe verstärkt den Spannungsabfall.

Im Teil b von Bild 1 wirkt die Fotodiode wie eine Spannungsquelle, die einen Strom durch den Verstärkereingang (hier handelt es sich im Gegensatz zu a um einen Stromverstärker) verursacht. Dieser Strom als Maß der Beleuchtung wird verstärkt.

Übrigens sprach man in der Vergangenheit von Fotoelement, wenn eine Fotodiode (früher aus Selen statt heute Silizium) im Leerlaufbetrieb arbeitete.

Wenden wir uns der Praxis der Fotodioden zu. Bild 2 veranschaulicht die beiden Betriebsarten anhand der Diodenkennlinie (Diodenstrom über -spannung). Die oberste Kurve (I_d) ist die klassische Sperrkennlinie, die hier den abgedunkelten Zustand charakterisiert. Mit Erhöhung der Beleuchtungsstärke B sackt die Kennlinie immer weiter ab. Die flachen Kurventeile im Quadranten links unten sinken, d. h., der Sperrstrom in negativer Richtung wird immer größer. Der Sperrstrom ist dabei von der Sperrspannung (nahezu) unabhängig. Die Kurven durchstoßen die senkrechte Stromachse um so tiefer, je stärker die Beleuchtung ist. Weil auf dieser Achse die Spannung immer Null ist, herrschen hier Kurzschlußbedingungen, der Kurzschlußstrom ist proportional zum einfallenden Licht.

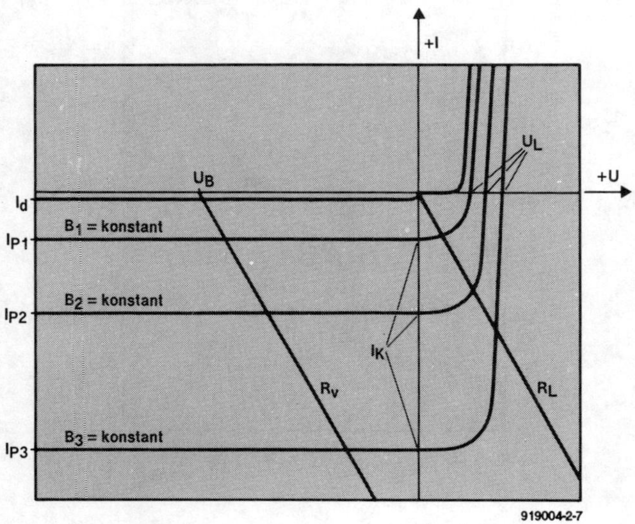

Bild 2. Strom-Spannungs-Kennlinien für eine Fotodiode bei unterschiedlicher Beleuchtung. Bei zunehmendem Lichteinfall fällt die Kennlinie, Sperr- bzw. Kurzschlußstrom sinken im negativen Bereich, werden also betragsmäßig größer.

Die Durchstoßpunkte auf der waagerechten Achse machen den Leerlaufbetrieb deutlich: Hier ist der Strom Null, und die (Schwell-)Spannung ändert sich bei Lichteinfall.

In der Praxis liegen die Arbeitspunkte nicht auf den Achsen, denn, wie erwähnt, ist reiner Leerlauf bzw. Kurzschluß nicht realisierbar. Die realen Kurzschlußarbeitspunkte liegen auf den waagerechten Kurvenästen im Quadranten unten links, die realen Leerlauf-Arbeitspunkte auf den Krümmungen unten rechts. Die Lage der Arbeitspunkte in unterschiedlichen Quadranten macht auch deutlich, daß die Fotodiode im Kurzschlußbetrieb ein passives Bauelement ist — sie verbraucht elektrische Energie (die aus der Versorgungsquelle stammt) —, während sie sich im Leerlaufbetrieb aktiv verhält, nämlich elektrische Energie abgibt.

Während der Kurzschlußstrom proportional zur Beleuchtung ist, steht die Leerlaufspannung in logarithmischem Verhältnis. Bild 3 zeigt die unterschiedlichen Charakteristiken.

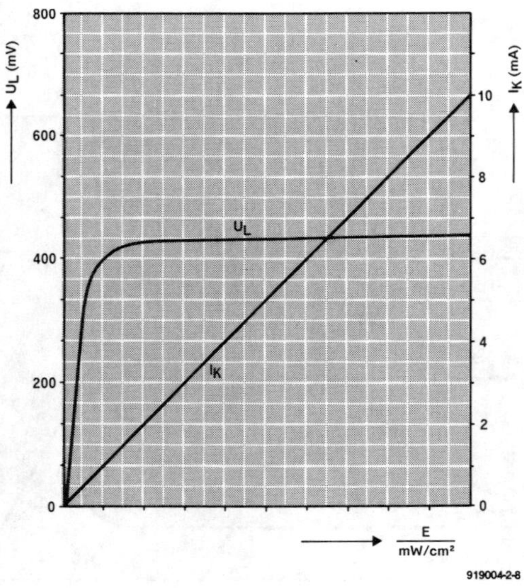

Bild 3. Der Kurzschlußstrom einer Fotodiode im Sperrbetrieb ist proportional zur Beleuchtungsstärke, die Leerlaufspannung im Fotoelement-Betrieb logarithmisch.

Ermitteln der Kennlinie

Mit dem folgenden Versuch sollen die Kurzschluß-Kennlinienäste einer Fotodiode ermittelt werden. Die Kurzschluß-Betriebsart ist wegen des oben erwähnten linearen Zusammenhangs mit der Beleuchtung die häufiger angewandte.

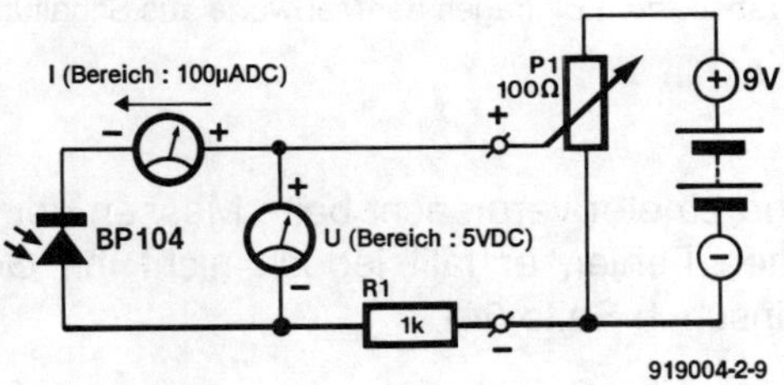

Bild 4. Strom und Spannung an einer Fotodiode werden gemessen.

Die Versorgungs-Spannung von 9 V wird über einen Widerstand an die Fotodiode gelegt. Im Kreis befindet sich ein empfindliches (Mikro-)Amperemeter. Die Spannung wird über Diode und Amperemeter gemessen. Die Diode wird einer konstanten, nicht zu schwachen Beleuchtung ausgesetzt, z. B. einer 60-W-Birne in 0,3 . . . 1 m Abstand. Wer ein Netzgerät verwendet, kann auch höhere Spannungen (bis 20 V) einbeziehen. Man nimmt mehrere Meßreihen bei unterschiedlichen Abständen zur Lichtquelle. Bei jeder Meßreihe wird die Spannung auf mehrere Werte eingestellt. Die Ströme sind nur einzelne Mikroampere groß, deshalb muß man sie möglichst genau ablesen. Zeichnet man die Wertereihen in ein Diagramm (ähnlich Bild 2), so erhält man für jede Reihe eine leicht nach oben gebogene Kurve.

Lichtquelle									
Abstand									
Spannung	Fotodiodenstrom								
0 V									
5 V									
10 V									
15 V									
20 V									

Tabelle 1. Tabelle zum Eintragen der Meßwerte aus Schaltung 4.

Das Amperemeter verursacht beim Messen der Spannung einen Fehler, er fällt jedoch nicht ins Gewicht (siehe Einschub Seite 54).

Zum Messen der Beziehung zwischen Lichteinfall und Sperrstrom einer Fotodiode muß man eine variable Lichtquelle auf die Diode richten, am besten eine LED, deren Strom man einstellen kann. Wie im letzten Kapitel erläutert, ist die Lichtabgabe einer LED linear abhängig vom LED-Strom. Man kann zu diesem Zweck LED und Fotodiode in ein ansonsten lichtdichtes Gehäuse einbauen. Einfacher jedoch ist die folgende Lösung: Man verwendet einen sogenannten Gabelkoppler, der aus einer LED und einem Fototransistor besteht, die aufeinander ausgerichtet sind. Gabelkoppler (Gabel-Lichtschranke) sowie Fototransistor werden erst später behandelt, wir können sie hier einfach als Ersatz von LED und Fotodiode verwenden. Bild 5 zeigt, wie LED und Transistor angeschlossen werden.

Statt eines selbstgebauten Kopplers oder der angegebenen Type CNY 37 (bzw. CNY 17; siehe Seite 111) kann auch ein anderer Koppler verwendet werden. Beim Experimentieren schützt man den Koppler gegen Fremdlicht. Man mißt bei geringen LED-Strömen (1 . . . 5 mA), da der Fototransistor erheblich höhere Ströme

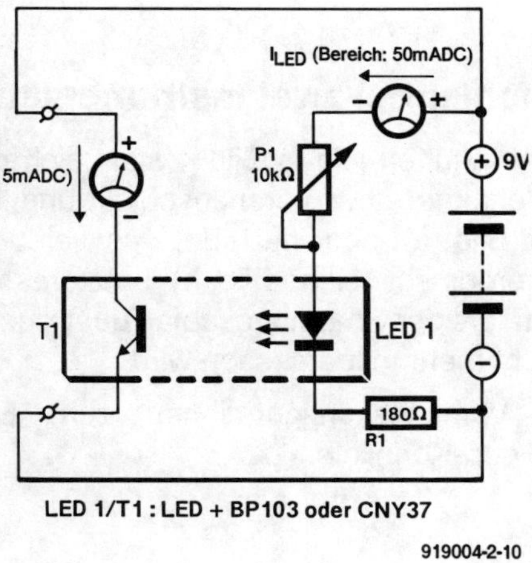

Bild 5. Schaltung zum Ermitteln der Kennlinie einer LED.

als die Fotodiode liefert (sich aber ansonsten gleich verhält). Diese lassen sich erheblich leichter messen, aber der Transistor geht schnell in die Sättigung (Ende der Stromverstärkung), und dann erhöht sich der Transistorstrom nicht mehr, unabhängig von der Beleuchtung. (Dieser Effekt hängt auch von der Qualität des Amperemeters ab: Je geringer sein Innenwiderstand, desto mehr Strom kann man dem Transistor entlocken.) Zum Eintragen der Meßergebnisse folgende Tabelle (evtl. andere Meßwerte einstellen).

Fotostrom	0,5 mA	1,0 mA	1,5 mA	2,0 mA	2,5 mA
LED-Strom					

Tabelle 2. Zum Eintragen der Meßwerte LED-Strom — Fotodioden (bzw. -transistoren)-Strom.

Meßfehler bei zwei Instrumenten

Bei Messungen wie in Bild 4 stellt sich die Frage, ob das Voltmeter über Versuchsobjekt und Amperemeter (siehe Bild: a), oder nur über das Versuchsobjekt gelegt werden soll (siehe Bild: b). Letzteres wäre insofern besser, als der Spannungsabfall über dem Amperemeter nicht mehr mitgemessen wird.

Zwei Versuchskonfigurationen zum Ermitteln der Fotodiden-Kennlinie.

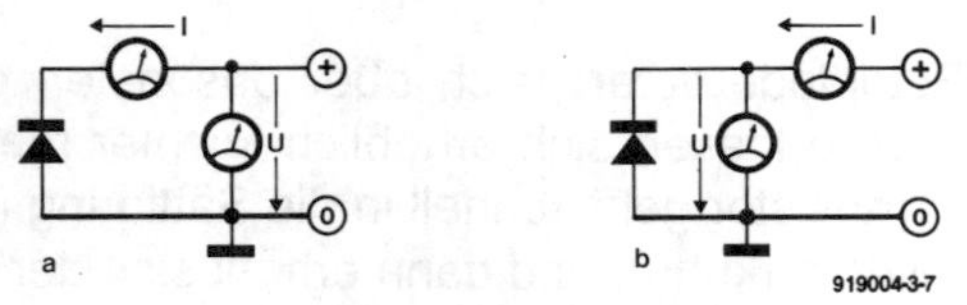

Zwei Versuchskonfigurationen zum Ermitteln der Fotodiden-Kennlinie.

Dann entsteht jedoch ein Meßfehler beim Strom: Das Amperemeter mißt den Strom des Versuchsobjekts und des Voltmeters. Man muß nämlich berücksichtigen, daß ein Voltmeter einen gewissen, wenn auch geringen Strom verbraucht, während an einem Amperemeter eine gewisse, wenn auch geringe Spannung abfällt. Welche Konfiguration die richtige ist, muß man von Fall zu Fall feststellen. Warum es diesmal die Konfiguration a war, läßt sich nachrechnen.

Verwendet man ein gutes Zeiger-Instrument (50 μA), muß man mit einem Innenwiderstand des Meßwerks von 2 kΩ rechnen. Bei einem Strom von beispielsweise 10 μA fallen etwa

$$U = 2\ \text{k}\Omega \cdot 10\ \mu\text{A} = 20\ \text{mV}$$

ab. Dies ist vernachlässigbar gegenüber den mehrere Volt starken Spannungen über der Fotodiode. Im umgekehrten Fall (b) hätte sich der Strom des Voltmeters, einige -zig μA, zum Meßstrom von wenigen μA addiert und das Ergebnis gravierend verfälscht.

Die Meßwerte kann man ferner in das Diagramm Bild 6 eintragen. Dort ist bereits eine Meßkurve eingezeichnet, die von unserem Labormuster stammt. Die Kurve ist eine gerade Linie, die zeigt, daß der Fotodiodenstrom linear von der Beleuchtung abhängt.

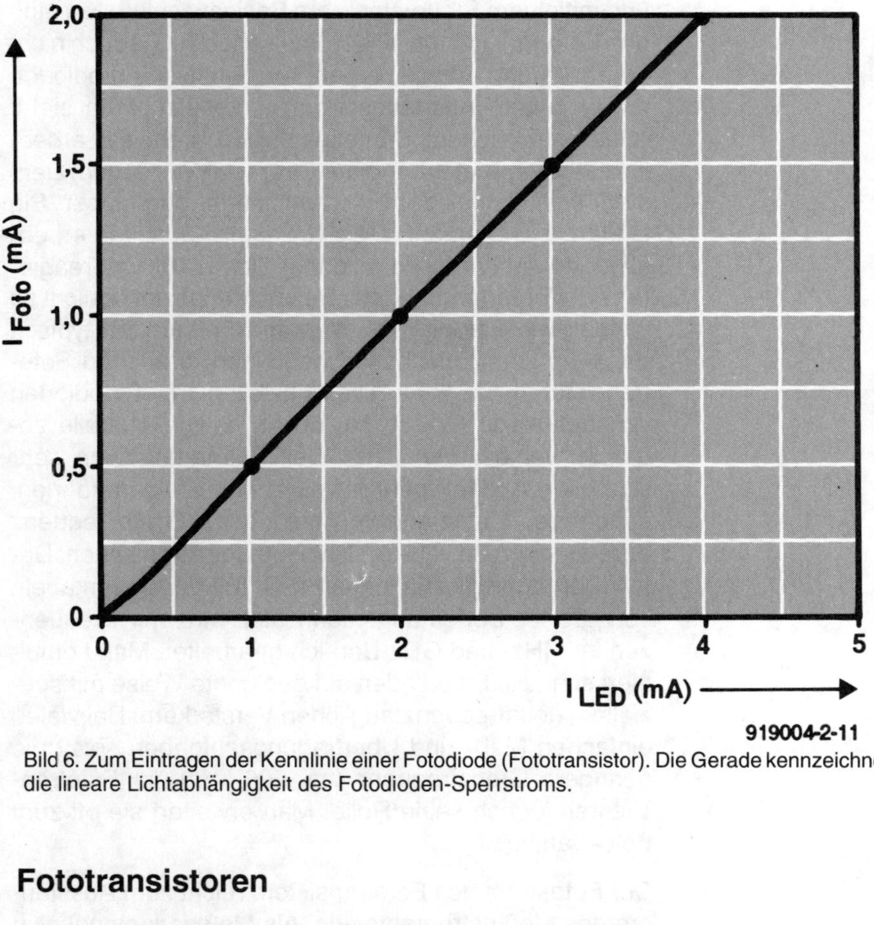

Bild 6. Zum Eintragen der Kennlinie einer Fotodiode (Fototransistor). Die Gerade kennzeichnet die lineare Lichtabhängigkeit des Fotodioden-Sperrstroms.

Fototransistoren

Die Signalausbeute einer Fotodiode ist sehr gering, und so liegt es nahe, Fotodioden direkt mit einem Verstärkungselement zu vereinigen. Die einfachste Konstruktion ist der Fototransistor. Er entspricht normalen Silizium-Transistoren, jedoch ist seine Basis-Kollektor-Diode als Fotodiode ausgebildet, sie kann also durch das Gehäuse beleuchtet werden. Da die Basis-Kollektor-Diode üblicherweise in Sperr-Richtung liegt, arbeitet sie beim Fototransistor ebenfalls im Sperrbetrieb. Der Sperrstrom fließt durch die Basis-Emitter-Diode zum Emitter ab, er wirkt also wie ein an der Basis zugeführter Steuerstrom. Dieser Steuerstrom wird um den Stromverstärkungsfaktor des Transistors verstärkt und steht als Kollektorstrom zur Verfügung. Folglich läßt sich der Fototransistor doppelt steuern: per Licht und mit einem Steuerstrom am Basisanschluß. Bei einigen Fototransistoren ist der Basisanschluß jedoch nicht herausgeführt; diese Typen werden wie Fotodioden mit erhöhtem Ausgangsstrom eingesetzt. Man sieht: ohne zusätzlichem Bauteileaufwand steht ein erheblich höherer, lichtabhängiger Strom zur Verfügung. Dem steht ein Nachteil der Fototransistoren gegenüber: Sie sind (u. a. wegen der Basis-Kollektor-Kapazität) erheblich langsamer als Fotodioden. Das heißt, sie reagieren auf Veränderungen der Beleuchtungsstärke nicht so schnell wie Fotodioden. Während Fotodioden typisch ca. 1 μs zum Einschalten benötigen, brauchen Fototransistoren ca. 5 μs. Die speziellen PIN-Fotodioden schaffen es in typisch ca. 50 ns, einige Modelle sogar in weniger als 1 ns. Weil Fototransistoren sehr schnellen Änderungen gar nicht mehr folgen können, spricht der Fachmann von niedrigerer Grenzfrequenz bzw. Bandbreite. Dies ist bei optoelektronischen Datenübertragungsschaltungen z. B. mit Glasfaserkabeln von großer Bedeutung, denn hier wird mit Frequenzen im MHz- und GHz-Bereich gearbeitet. Man kombiniert schnelle Fotodioden auf geeignete Weise mit speziellen, hochfrequenztauglichen Verstärkern. Bei vielen einfachen Meß- und Übertragungsaufgaben spielt die geringere Grenzfrequenz (ca. 200 kHz) der Fototransistoren jedoch keine Rolle. Man erweitert sie oft zum Foto-Darlington.

Der Fotostrom des Fototransistors reicht zum Aussteuern des Meßinstruments aus. Als Meßwerk eignet sich ein einfaches, preiswertes Drehspulinstrument. An den Potis wird der gewünschte Anzeigebereich justiert, zum Beschriften der Skala in Lux braucht man freilich ein geeichtes Luxmeter (oder einen Belichtungsmesser) zum Vergleichen.

Fototransistoren und Fotodioden (im Kurzschlußbetrieb) verhalten sich wie Stromquellen: Ihr Strom hängt

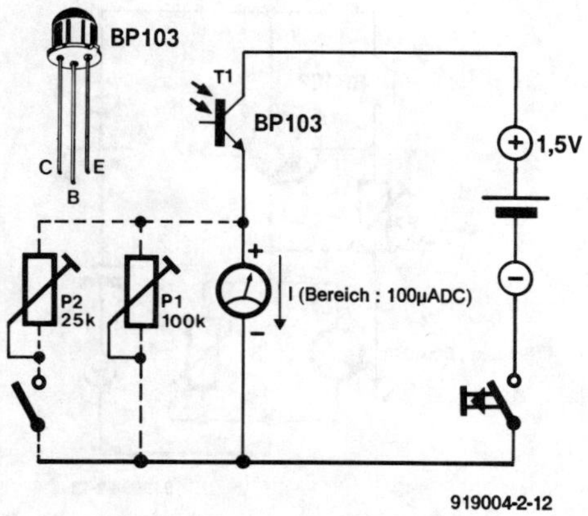

Bild 7. Ein einfacher Belichtungsmesser mit Fototransistor.

(praktisch) nicht von der angelegten Spannung ab, wie man es von Widerständen gewohnt ist, sondern nur von der einfallenden Beleuchtungsstärke (und bei Fototransistoren mit herausgeführtem Basisanschluß zusätzlich vom Basisstrom). Es gibt also keine nutzbare Ausgangsspannung an diesen Bauelementen. Man nutzt entweder den Strom direkt als Ausgangsgröße, oder man läßt ihn durch einen Widerstand fließen, an dem man dann eine Meßspannung abgreift.

Vorweg sei erwähnt, daß sich auch andere klassische Halbleiter in Foto-Versionen fertigen lassen, z. B. Thyristoren und FETs. Auch komplette ICs mit Fotofunktionen werden gefertigt. Interessant sind ferner die Avanlanche-Fotodioden, die aufgrund von Lawineneffekten im Halbleiterkristall interne Verstärkereigenschaften aufweisen. Die maximalen Verstärkungsfaktoren liegen bei 200, und es werden Bandbreiten bis zu 200 GHz realisiert.

Selbstverständlich kann man auch „stärkere" Verbraucher als ein empfindliches Meßwerk mit einem Fototransistor treiben — wenn man einen weiteren Transistor dazuschaltet.

Die Experimentierschaltung Bild 8 zeigt als Variante zu Bild 7 eine Fotodarlington-Schaltung. Zur Erinnerung: Von einer Darlington-Schaltung spricht man, wenn der Emitterstrom eines Transistors in die Basis eines nachgeschalteten Transistors fließt und dort verstärkt wird. Diese Schaltung hat einen Strom-Verstärkungsfaktor,

Bild 8. Für Verbaucher mit höherem Stromverbauch — hier testweise ein unempfindliches Meßinstrument — wird der Fotostrom verstärkt.

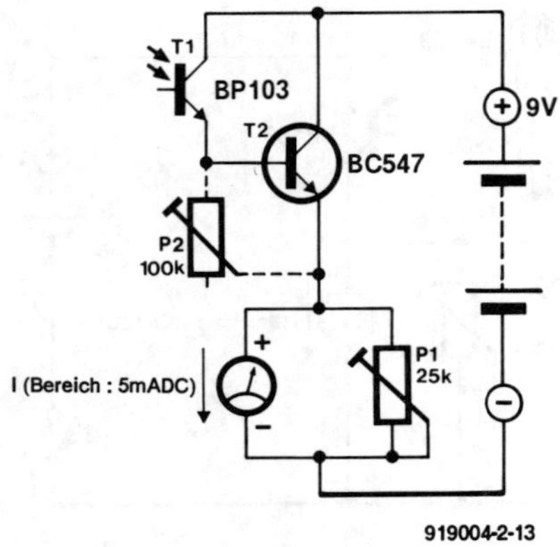

der das Produkt aus den Strom-Verstärkungsfaktoren der beiden Transistoren ist, also sehr hoch. In unserer Experimentierschaltung fließen mehrere Milliampere Strom durch das Meßinstrument. Diese Schaltung ist so empfindlich, daß man einen Teil des Fotostroms an der Basis-Emitterstrecke des zweiten Transistors mit einem Poti (P2) vorbeiführen muß. Denn auch in völliger Dunkelheit fließt ein winziger Sperr-Strom in der Fotodiode (u. a. durch Wärme verursacht). Dieser „Dunkelstrom" wird ebenfalls verstärkt, wenn man ihn nicht, wie hier, abführt. Man kann statt dieses Potis auch ein Poti zwischen Basis und Emitter des Fototransistors ausprobieren, es sollte so hochohmig wie möglich sein. Mit Hilfe von Poti P1 kann man das Meßwerk eichen.

Der Sinn dieser Schaltung ist jedoch nicht, ein zufällig vorhandenes 5-mA-Meßwerk zur Verwendung zu bringen, sondern sie stellt den Übergang zu den folgenden Schaltungen dar, deren Verbraucher relativ viel Strom benötigen. In Bild 9 ist es eine LED, die leuchtet, wenn Licht auf den Fototranistor fällt. Das Licht der LED ist proportional dem Licht auf den Fototransitor, weil zwischen allen Strömen dieser Schaltung Proportionalität herrscht. Wegen der hohen Verstärkung hat diese Schaltung bereits einen spürbaren Ein/Ausschalt-Charakter. Das gilt insbesondere, wenn Licht der LED auf den Fototransistor fallen kann. (Mit einem Widerstand in der Emitterleitung von T2, oberhalb vom Potianschluß, kann man diesen Effekt zurücknehmen: Gegenkopplung!)

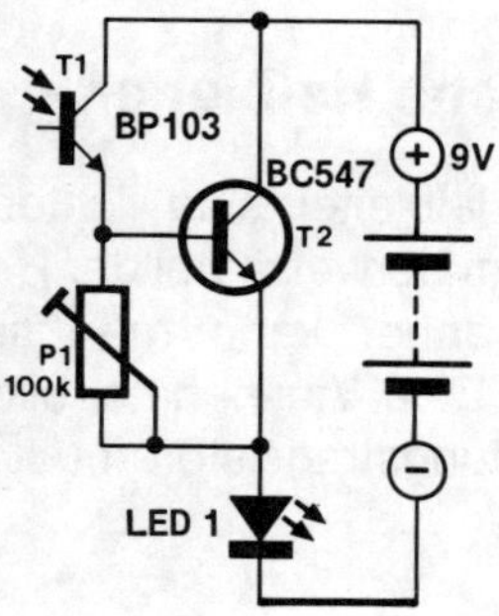

Bild 9. Hier wird eine LED per Helligkeit gesteuert.

In Bild 10 schließlich ist ein Relais anstelle der LED eingebaut. Das Relais führt eine Schwellwertfunktion in die Schaltung ein: Wenn ein bestimmter Strom fließt, zieht es an, endet der Strom wieder, fällt es ab. In dieser Schaltung ist „ein bestimmter Strom" gleichbedeutend mit „eine bestimmte Hellgkeit auf den Fototransistor". Man könnte diese Anordnung einen Fotoschalter nennen.

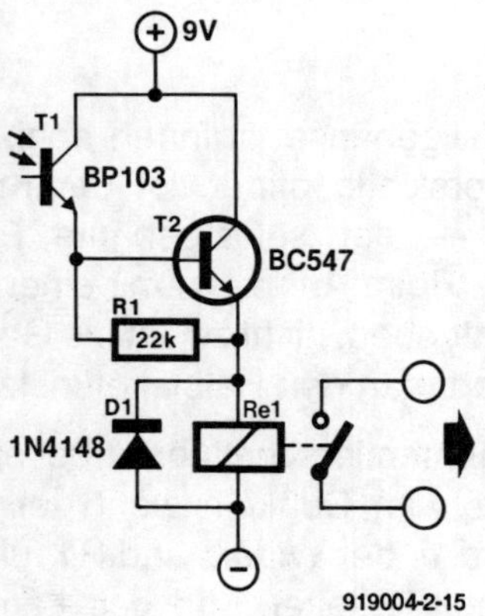

Bild 10. Relais-Ansteuerung mit Foto-Darlington in Emitterfolger-Anordnung.

Bei Beleuchtung des Fototransistors fließt Strom von Plus zur Basis des zweiten Transistors. T2 wird leitend, und es kann Strom durch die Relaisspule fließen. Die in Sperrichtung gepolte Diode schließt den Spannungsimpuls kurz, der beim Abschalten des Relais aufgrund der Selbstinduktion an der Wicklung entsteht. Dieser Spannungsimpuls könnte die Transistoren zerstören.

Lichtempfindliche Halbleiter

Die allermeisten Halbleiter sind lichtempfindlich. Sie werden jedoch normalerweise bei der Herstellung lichtdicht vergossen, daher kann man sich dies nicht zunutze machen. Eine Ausnahme bildet das TO-3-Gehäuse von Leistungstransistoren (ältere Typen) wie dem 2N3055.

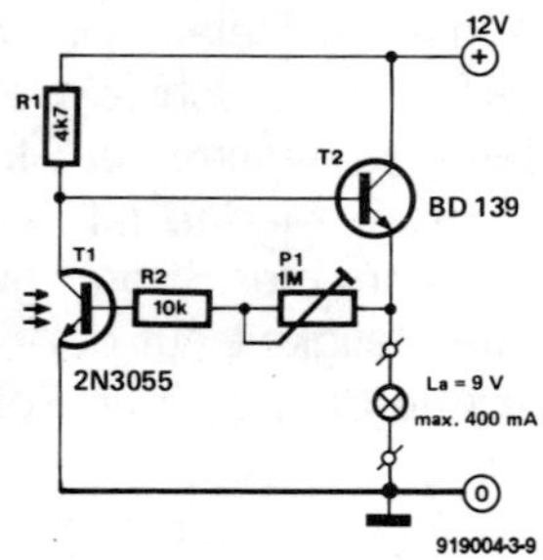

Ein geöffneter 2N3055 als Fotosensor.

Dieses Metallgehäuse ist innen hohl. Wenn man das Gehäuse vorsichtig öffnet, ist der Kristall dem Licht zugänglich — der selbstgebaute Fototransistor ist schon fertig. Beim Aufsägen mit einer Bügelsäge muß man gut achtgeben, nicht zu tief ins Gehäuse zu sägen, sonst zerstört man den Halbleiterkristall.

In der Experimentierschaltung arbeitet er als Dämmerungsschalter. Im Dunkeln zieht der Fotosensor keinen Strom, d. h. der Widerstand R1 führt der Basis von T2 Strom zu. T2 leitet, und das Lämpchen leuchtet. Fällt Licht auf den geköpften Transistor, fließt der Strom durch R1 als Fotostrom zur Masse. T2 wird stromlos, und das Lämpchen erlischt. Die Beschaltung der Basis von T1 ist nicht notwendig, an P1 kann man das Schaltverhalten justieren.

Freilich ist der offenliegende Kristall nicht sonderlich witterungsfest, weshalb sich für ernsthafte Anwendungen ein echter Fotosensor empfiehlt.

Ein anderer, dem Licht zugänglicher Halbleiter ist die LED. Tatsächlich kann man LEDs auch als Fotodioden einsetzen, allerdings ist ihre Empfindlichkeit relativ gering.

Warum ist ein Halbleiter überhaupt lichtempfindlich? Dazu muß man sich nochmals kurz in Erinnerung rufen, was sich im Innern des Halbleiterkristalls abspielt (siehe auch Einschub in Kapitel 1).

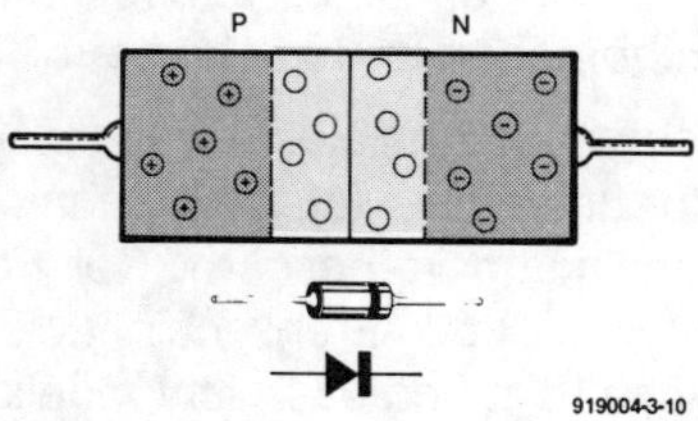

In der Grenzzone eines Halbleiters neutralisieren sich die freien Ladungen.

In der P-N-Grenzzone eines Halbleiter-Übergangs besetzen die freien Elektronen des N-Bereichs die freien Plätze des P-Bereichs, so daß hier keine Ladungsträger mehr vorhanden sind. Legt man Spannung in Sperr-Richtung an, werden zusätzlich Ladungen aus den Bereichen abgezogen. Die Grenzzone vergrößert sich und wirkt wie ein Isolator.

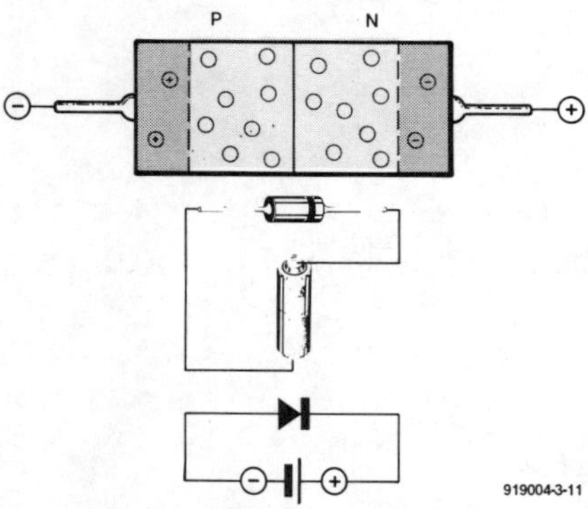

Durch Anlegen einer Spannung in Sperr-Richtung vergrößert sich die Grenzzone.

Nun sind die beweglichen Ladungen nur sehr schwach gebunden. Fällt Lichtenergie auf den Übergang, werden die negativen Ladungen aus den (positiven) Plätzen gelöst und wandern zum Pluspol der angelegten Spannungsquelle. Umgekehrt werden die freigewordenen Plätze mit Elektronen vom Minuspol erneut belegt. Wenn Elektronen vom Minuspol in den Halbleiter und vom Halbleiter zum Pluspol fließen, dann ist das Strom. Die Energie der Lichtstrahlen setzt also geringfügig die Isolierwirkung des sperrenden Halbleiters außer Kraft. Je mehr Licht eindringt, desto zahlreicher wird diese Isolierung durchbrochen und desto mehr Strom fließt.

Was einen echten Fotohalbleiter von unserem Pseudofototransistor unterscheidet, sind technische Details, die die Sensorwirkung verbessern. Der Fotohalbleiter wird so gestaltet, daß die Grenzschicht dicht unter der Kristalloberfläche liegt und das Licht möglichst geringe Verluste auf seinem Weg bis dahin erleidet. Auch die Dotierung (der Einbau beweglicher Ladungen in den Kristall) ist zweckentsprechend. Hohe Lichtempfindlichkeit steht dabei vor hoher Sperrspannung und hohem Durchlaßstrom im Vordergrund. Beim 2N3055 ist das nicht der Fall, und deshalb eignet sich dieser Transistor allenfalls beim Experimentieren als Fototransistor.

Wenn man den Fototransistor lieber an Masse legen möchte, ist folgende, gleichwertige Schaltung richtig.

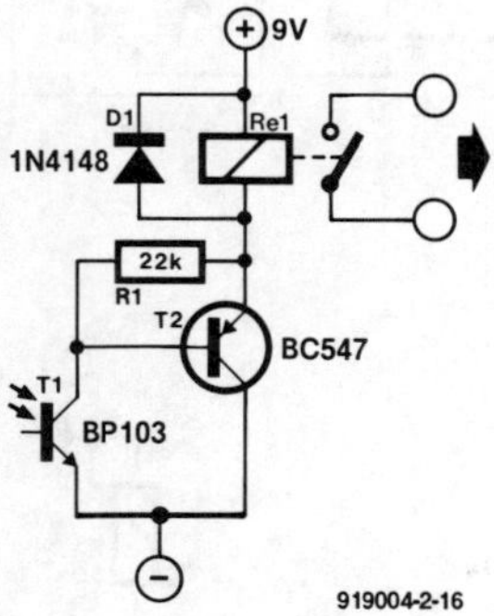

Bild 11. Darlington-Schaltung aus einem Fototransistor und einem PNP-Transistor.

Mit einem einfachen Kniff kann man Fototransistoren und Fotodioden (im Sperrbetrieb) sogar wechselstromtauglich machen: Die vier Dioden in Brückenschaltung sorgen dafür, daß der Transistor bei jeder Halbwelle korrekt gepolt ist.

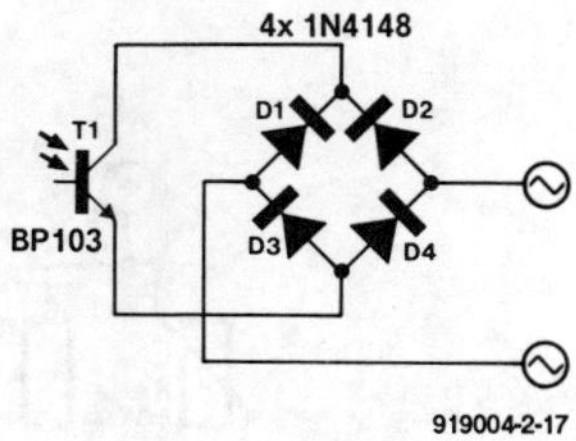

Bild 12. Eingebaut in einer Diodenbrücke eignet sich der Fototransistor auch für Wechselspannung.

Eine derartige Schaltung ist nützlich, wenn Wechselströme mit einer Steuerelektronik geschaltet werden sollen, ohne daß beide Schaltungseinheiten elektrisch gekoppelt sind. Die Steuerschaltung betreibt eine LED, deren Lichtimpulse von einem Fototransistor aufgefangen und zum Schalten des Wechselstroms verwendet werden. Diese Anordnung nennt man Optokoppler. (Ihr ist ein eigener Abschnitt gewidmet.)

Ähnlich wie bei den LEDs gibt es vier Schaltungsvarianten zum Ansteuern einer Transistorstufe mit einem Fototransistor.

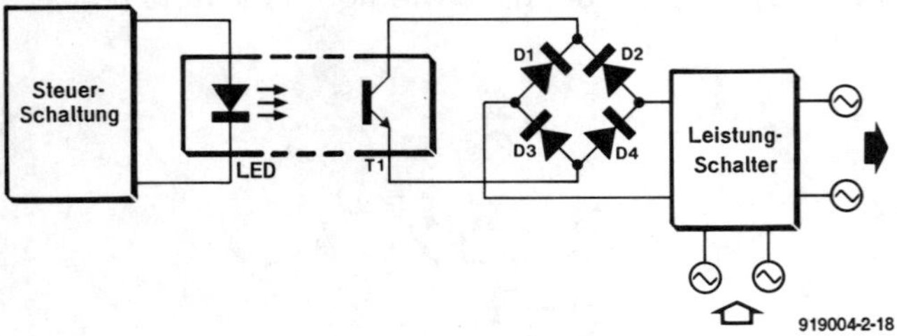

Bild 13. Eine Optokoppler-Anordnung zum Schalten von Wechselströmen: Es herrscht keine direkte Verbindung zwischen Steuerelektronik und Wechselstromkreis.

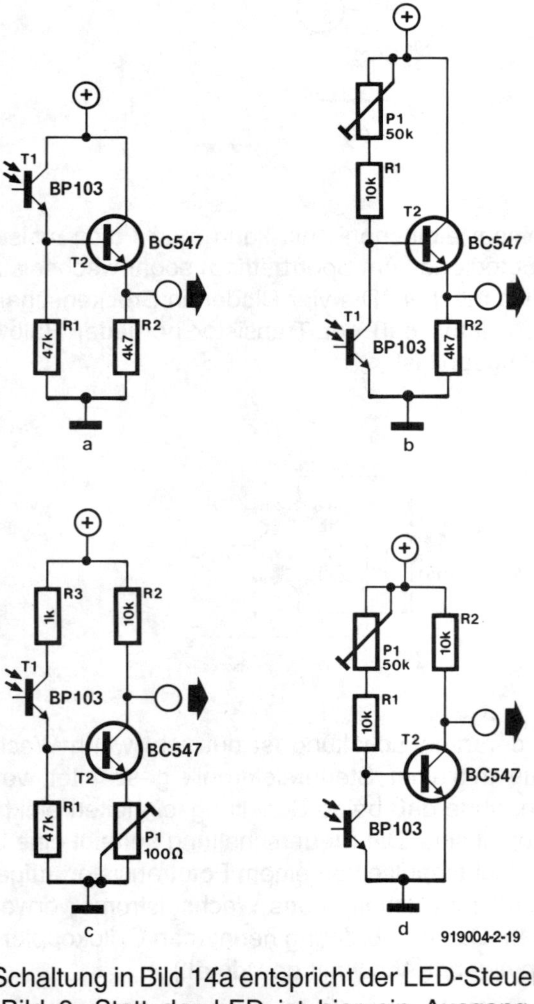

Bild 14. Vier Varianten zum Ankoppeln eines Fototransistors an einen Transistor.

Die Schaltung in Bild 14a entspricht der LED-Steuerung aus Bild 9. Statt der LED ist hier ein Ausgang eingezeichnet, der durch die angeschlossene Schaltung belastet wird. Es handelt sich um einen Emitterfolger, dessen Ausgangsspannung hier von der Höhe des Fotostroms abhängt, d. h. proportional zur Beleuchtungsstärke ist. Die Ausgangsspannung ist jedoch Null, solange der Strom des Fototransistors so gering ist, daß am Widerstand R1 weniger als 0,6 V abfallen. Schaltung 14b verhält sich genau umgekehrt: Ohne Beleuchtung sperrt der Fototransistor, und die Basis von T2 wird über die Basiswiderstände voll durchgesteuert. Am Emitterausgang liegt eine hohe Spannung. Sie nimmt ab, wenn Licht auf den Fototransistor fällt, der einen Teil des Stroms der Basiswiderstände nach Masse ableitet. Ist der Fototransistor gesättigt, also vollständig leitend, liegt an der Basis von T2 weniger als 0,6 V und daher Null am Ausgang. Diese Schaltungsvariante könnte eine automatische Beleuchtungs-Anlage steuern, die trotz wechselndem Tageslicht eine konstante Helligkeit bewirkt: Je mehr Tageslicht der Fototransistor mißt, desto geringer ist die Ausgangsspannung. Sie wird als Stellgröße für elektrisches Zusatzlicht verwendet.

In den beiden letzten Schaltungsvarianten liegt der Ausgang am Kollektor, dessen Spannung sich bekanntlich umgekehrt wie die Emitterspannung verhält. In Variante 14c steuert Lichteinfall beide Transistoren durch, so daß die Spannung über dem *Kollektorwiderstand steigt. Folglich sinkt die Ausgangsspannung; diese Variante entspricht logisch der Variante 14b. In Schaltung 14d schließlich vermindert Lichteinfall den Basisstrom von T2, seine Kollektorspannung steigt. Die Beleuchtungsstärke wirkt gleichsinnig auf die Ausgangsspannung.

Bei Fotodioden und -transistoren spielen die Gehäuse eine sehr wichtige Rolle, denn sie bestimmen das Verhalten der Bauteile entscheidend. Die Front der klarsichtigen Plastik-Gehäuse ist vielfach wie eine Linse geformt. Abhängig von dieser Form und von der Plazierung des Halbleiters selbst in der Kuppel erfassen die Elemente Licht aus einer mehr oder weniger breiten, kegelförmigen Zone vor dem Bauteil. Bei erhöhten Anforderungen an die optische Präzision werden die Foto-Halbleiter in kleine Metallgehäuse gekapselt und mit einer Glaslinse versehen, so auch der BP 103, den wir für viele unserer Schaltungen einsetzen.

Das Material der Gehäuse bzw. Linsen weist bei einigen Typen Filtercharakteristiken auf, z. B. wird nur IR-Licht durchgelassen — dann sind die Gehäuse (für das menschliche Auge) dunkelgrau oder undurchsichtig (BPW 41) — oder sie filtern das Licht nach Art des menschlichen Auges (BP 104). Ferner werden immer mehr Optobauelemente mit besonderen Gehäuseformen gefertigt, die sich zum Anschluß an Glasfasern eignen. Dabei kommt es darauf an, möglichst viel Licht (vom Sender) in die Faser ein- bzw. aus der Faser in den Fotohalbleiter auszukoppeln.

Zusammenfassung

- ❒ Fotodioden haben sehr kurze Anstiegs- und Abfallzeiten.
- ❒ Im Sperr-Betrieb fließt durch die Fotodiode ein lichtabhängiger Sperr-Strom (Kurzschluß-Betrieb).
- ❒ In Durchlaßrichtung (ohne äußere Spannung) erzeugt die Fotodiode eine lichabhängige Spannung (Leerlaufbetrieb).
- ❒ Im Kurzschlußbetrieb ist die Fotodiode ein passives Bauelement, d. h. sie verbraucht elektrische Energie, im Leerlauf wandelt sie Lichtenergie in elektrische Energie.
- ❒ Die Fotodiode arbeitet im Kurzschlußbetrieb linear (Fotostrom ist direkt proportional zum Licheinfall).
- ❒ Beim Fototransistor arbeitet die Fotodioden-Strecke (Kollektor-Basis) im Kurzschlußbetrieb.
- ❒ Fototransistoren verhalten sich erheblich träger als Fotodioden.
- ❒ Die Gehäusematerialien von Fotohalbleitern bestimmen entscheidend ihre Farbempfindlichkeiten (Filterwirkung).

4. Schaltungen mit Fotodioden und Fototransistoren

Fotodioden und Fototransistoren, gelegentlich kurz zu „Fotosensoren" zusammengefaßt, werden häufig zusammen mit LEDs zum Übertragen von Informationen benutzt, denn sie sind sehr schnell im Gegensatz zu den ebenfalls lichtempfindlichen LDRs. Die LED-Fotosensor-Kombinationen (sowie die LDRs) werden in späteren Kapiteln behandelt. Hier einige Schaltungen mit Fotosensoren „solo" zum Nachbauen.

Empfindlicher Belichtungsmesser

Wie einfach ein Luxmeter, also ein Helligkeitsmesser, aufgebaut sein kann, hatten wir bereits früher gesehen. Hier soll nun eine etwas aufwendigere, aber dafür empfindliche und universelle Schaltung mit verbesserter Ablesemöglichkeit gezeigt werden.

Ein Operationsverstärker, das ist ein hochwertiges Verstärker-IC, hebt das schwache Signal der Fotodiode an. Der Operationsverstärker, kurz Opamp (von engl.

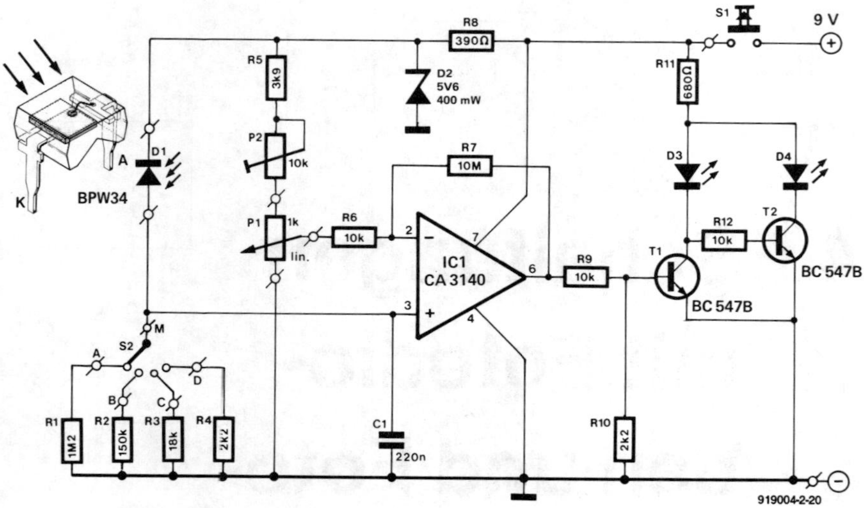

Bild 1. Ein empfindlicher Belichtungsmesser für 1 ... 10000 lx.

operational amplifier) genannt, steuert zwei Transistoren mit LEDs. Beim Messen richtet man die Fotodiode auf das Meßobjekt und dreht so lange am Poti P1, bis beide LEDs gleichzeitig leuchten. Das ist nur bei einem bestimmten Punkt des Potis der Fall, und an dieser Potistellung kann man der Luxwert ablesen. Die Skala befindet sich also am Potiknopf. Diese Ablesemethode ist zwar nicht ganz so komfortabel wie ein Zeigerinstrument, jedoch erheblich preiswerter und weit weniger erschütterungsempfindlich. Bei genauerer Betrachtung der Beschaltung des Opamps stellt man fest, daß dieser zwei Spannungen vergleicht: die Spannung am Poti mit der am eingeschalteten Widerstand R1 ... R4. Die Spannung am Poti läßt sich von Hand einstellen, die am Widerstand hängt vom Diodenstrom und somit direkt von der Beleuchtung ab. Die Fotodiode arbeitet im Kurzschlußbetrieb, was man daran erkennen kann, daß ihre Kathode (Balkenende) gegen Plus gerichtet ist und sie somit in Sperr-Richtung liegt. Da der Opamp-Eingang praktisch keinen Strom zieht, fließt der vom Licht verursachte Fotostrom vollständig durch den jeweiligen Widerstand, an dem er den erwähnten Spannungsabfall hervorruft.

Aufbau- und Eich-Hinweise

Zum Nachbau des Lichtmessers auf einer Standardplatine richtet man sich am besten nach dem Bestückungsplan. Schalter, Taster, LEDs, Batterie und die Fotodiode werden direkt ans Gehäuse montiert.

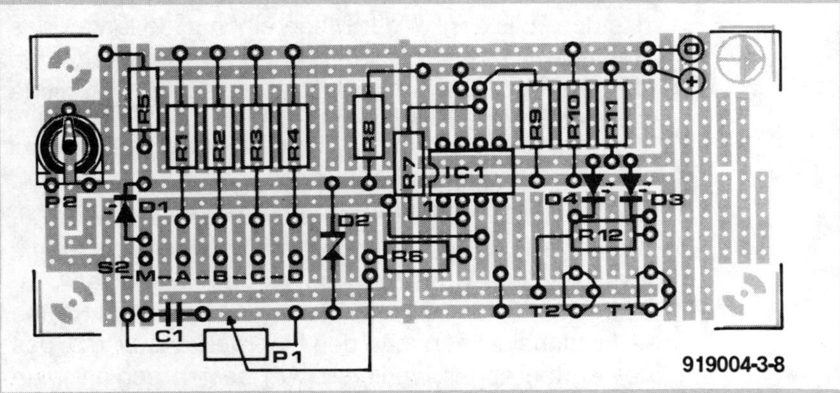

Bestückungsplan zum Belichtungsmesser aus Bild 1.

Stückliste zu Bild 1

Widerstände:
R1 = 1,2 MΩ
R2 = 150 kΩ
R3 = 18 kΩ
R4, R10 = 2,2 kΩ
R5 = 3,9 kΩ
R6, R9, R12 = 10 kΩ
R7 = 10 MΩ
R8 = 390 Ω
R11 = 680 Ω
P1 = 1 kΩ, linear
P2 = 10 kΩ, Trimmpoti

Kondensatoren:
C1 = 220 nF

Halbleiter:
D1 = BPW34, Fotodiode
D2 = 5,6 V/400 mW, Zenerdiode
D3, D4 = LED, rot
T1, T2 = BC547B
IC1 = CA3140, Opamp

außerdem:
S1 = Taster
S2 = 4 x UM, Umschalter
9-V-Blockbatterie
diverse Kleinteile

Die optimale Montage der Fotodiode hängt von der Verwendung der Schaltung ab: Möchte man weiträumig Beleuchtungsstärken messen, montiert man die Diode bündig in die Gehäuseoberfläche. Der Meßwinkel der Diode ist sehr groß. In der Fotografie entspricht dies einem sehr weitwinkligen Objektiv, wie man es eher selten verwendet. Hier ist es günstig, die Fotodiode an das Ende eines kleinen Röhrchens zu montieren, das den "Blickwinkel"der Diode einengt. Je länger das Röhrchen ist, desto mittenbetonter arbeitet das Gerät. Das Eichen muß bei endgültig montierter Fotodiode vorgenommen werden.

Zum Eichen richtet man den selbstgebauten Lichtmesser und den Belichtungsmesser oder die Kamera auf einen Bogen grauen Karton, der mit Sonnen- oder tageslichtähnlichem Kunstlicht (bevorzugt Halogenlampen) beleuchtet wird. Durch Variation des Abstands Karton — Lichtquelle kann man den Lichtwert des Lichts, das der Karton abgibt, variieren. Am besten beginnt man mit R3 und richtet den Lichtwert auf 6 ein. Eine Kamera zeigt dann z. B. in der Einstellung 21 DIN die Belichtungsdaten Blende 2,8 bei 1/60 sec. an. Poti P1 wird in die Anfangsstellung zurückgedreht und das Trimmpoti P2 so eingestellt, daß beide LEDs leuchten. Beim Eichen sollte der Abstand Fototransistor - Pappe nur wenige Zentimeter betragen, Schatten auf der Pappe sind jedoch zu vermeiden. Beim nächsten Eichschritt richtet man die Beleuchtung so ein, daß Lichtwert 7 herrscht (Kamera: 21 DIN, 1/60 sec., Blende 4). Poti P1 wird eingestellt, und der Punkt, auf den die Markierung des Drehknopfes zeigt, auf der Potiskala gekennzeichnet (als Lichtwert oder in lx). So fährt man mit den Lichtwerten 8, 9 usw. fort, bis P1 seine Endstellung erreicht hat. Auf die gleiche Weise kalibriert man die anderen Meßbereiche, wobei das Trimmpoti jedoch nicht mehr verändert wird. So entstehen vier Skalen an P1, für jede Stellung von S1 eine. Die Punktabstände sind dabei wegen der unvermeidlichen Bauteiletoleranzen nicht immer gleich. Gegebenenfalls kann man die Widerstände R1 ... R4 tauschen oder durch parallel- und in Serie schalten von anderen Widerständen oder Trimmern anpassen. Die Fotodiode BPW 34 ist breitbandig, d. h. sie registriert auch Infrarotlicht. Dies führt bei Licht mit starken Rot-Anteilen zu unrealistischen Ergebnissen: (normale) Fotomaterialien und das Auge sind infrarotunempfindlich. Mißt man beispielsweise kurz vor Sonnenuntergang, führt das zu Unterbelichtungen. Wer diese Einschränkung nicht in Kauf nehmen möchte, kann den farbkorrigierten Typ BPW 21 einsetzen. Jedoch auch dieser Typ weist Nachteile auf: Erstens kostet er das Dreifache, und zweitens ist seine Empfindlichkeit um den Faktor Zehn geringer. Dies kann man durch Verzehnfachen der Werte von R1...R4 kompensieren. Für R1 = 12 MΩ muß man mehrere Widerstände in Reihe legen. Da die Schaltung mit einem so hohen Widerstand instabil wird, sollte man ihn evtl. einfach fortlassen.

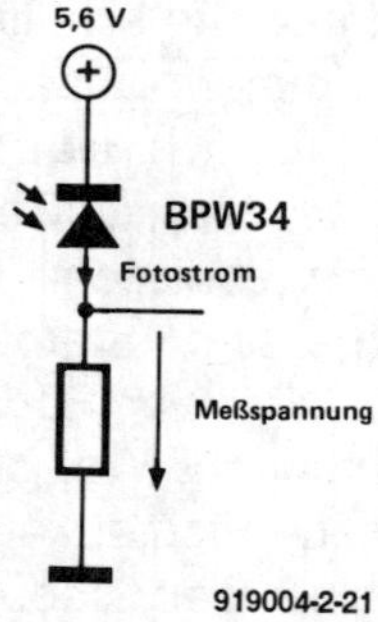

Bild 2. Bei Beleuchtung fließt durch die Fotodiode Strom in Sperr-Richtung; er verursacht am Widerstand einen Spannungsabfall.

Wie arbeitet nun der Opamp? Man muß ihn zusammen mit den Widerständen R6 und R7 betrachten. Die beiden Widerstände stellen die Verstärkung der Opamp-Schaltung auf 1000 ein: 10 MΩ : 10 kΩ.

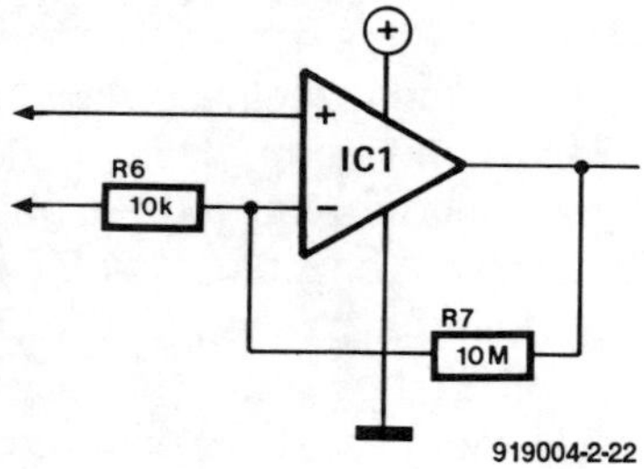

Bild 3. Die beiden Widerstände stellen die Verstärkung des Opamps auf 1000 ein.

Der Opamp zieht nun intern von der Spannung am nichtinvertierenden (mit + gekennzeichneten) Eingang die Spannung vor R6 ab und verstärkt diese Differenz 1000fach. Am Opamp-Ausgang liegt zunächst ein Spannungsteiler aus R9 und R10, der die Ausgangsspannung auf ca. 1/5 reduziert (2,2 kΩ zu 12,2 kΩ). Ist dieses Spannungsfünftel größer als ca. 0,7 V, der Schwellspannung des Transistors T1, wird dieser Transistor leitend, und sein Kollektorsstrom bringt die LED zum Leuchten. R11 ist der schon bekannte Vorwiderstand zur LED-Strombegrenzung. D4 leuchtet jetzt nicht auf, denn die Spannung zwischen Kollektor und Emitter von T1 beträgt nur wenige Zehntel Volt („Sättigungsspannung") und reicht nicht aus, T2 leitend zu machen.

Sinkt die Spannung am Opamp-Ausgang unter etwa 3 V, reicht das Spannungsfünftel hinter dem Teiler nicht

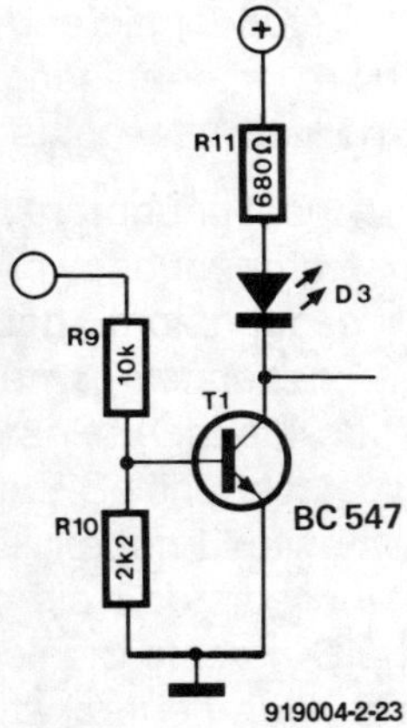

Bild 4. Ein Spannungsteiler sorgt dafür, daß T1 bei ca. 3 V Opamp-Ausgangsspannung leitend wird.

mehr zum Durchsteuern von T1. Dennoch fließt ein geringer Strom von Plus durch die LED D3 und R12 in die Basis von T2. Dieser Strom reicht zwar nicht aus, die LED D3 zum Leuchten zu bringen, jedoch schaltet er T2 ein, und LED D4 leuchtet auf. D3 und D4 leuchten also nur wechselweise, lediglich genau beim Übergang zwischen den beiden Betriebszuständen sind beide LEDs aktiv. Dieser Übergangspunkt kennzeichnet recht genau eine Opamp-Ausgangsspannung von 3 V, das entspricht wegen der Verstärkung einer Eingangsspannungsdifferenz von 3 mV. Das heißt, wenn beide LEDs leuchten, ist die Potispannung immer um die Winzigkeit von 3 mV größer als der vom Fotostrom verursachte Spannungsabfall. Das heißt weiter, daß die Potiskala auch mit Fotostromwerten bzw. gleich mit Luxwerten kalibriert werden kann. Die Tabellen 1 und 2 geben einen Eindruck von Luxwerten.

Außer vom Fotostrom hängt die Spannung am nichtinvertierenden Eingang auch vom eingeschalteten Widerstand R1 ... R4 ab: je höher der Widerstand, desto höher der Spannungsabfall bei einem bestimmten Strom — desto geringere Fotoströme reichen auch zum Ansteuern des Opamps aus. Der Widerstandswert bestimmt also die Empfindlichkeit der Schaltung. Die Widerstandswerte sind logarithmisch gestaffelt. Der Kondensator C1 parallel zu den Widerständen glättet schwankende Spannungsabfälle, die entstehen, wenn

Beispiele für Beleuchtungsstärken im Alltag

Sternenlicht (klare Neumondnacht)	0,1 lx
Vollmondnacht	0,3 lx
Kerzenlicht (1 m Abstand)	1 lx
Straßenbeleuchtung	20...40 lx
Küche	250 lx
Schularbeitsplatz	500 lx
Büroarbeitsplatz	750 lx
Technisches Zeichnen	1000 lx
Goldschmied	2000 lx
trüber Wintertag	3000 lx
Schatten an sonnigem Wintertag	10000 lx
trüber Sommertag	20000 lx
strahlende Sommersonne	100000 lx

Tabelle 1. Luxwerte im Alltag.

der Lichtmesser mit Wechselstrom betriebenes Kunstlicht mißt.

Ein letztes Schaltungsdetail: Damit der Fotostrom und die Potispannung unabhängig von der Batteriespannung, sprich: dem Zustand der Batterie, sind, stabilisiert eine Zenerdiode mit Vorwiderstand die Versorgungsspannung für diese beiden Schaltungsteile auf 5,6 V.

Zum Eichen des Belichtungsmessers braucht man eine geeignete Referenz. Am einfachsten ist wohl, einen möglichst genauen Foto-Belichtungsmesser, evtl. eine gute Spiegelreflexkamera mit Belichtungsmessung oder -automatik, zu beschaffen. Möchte man das Meßgerät mehr zur Helligkeitsbestimmung einsetzen, kalibriert man es in Lux (lx), als Belichtungsmesser in Lichtwerten. Tabelle 2 (Seite 77) zeigt die Zusammenhänge zwischen diesen beiden Einheiten und die Relation zu fotografischen Belichtungswerten.

Die Tabelle 2 gibt ferner exemplarische Kamera-Einstellungen an, denn Lichtwerte lassen sich durch unterschiedliche Blende-Verschlußzeit-Filmempfindlichkeits-Kombinationen realisieren (siehe Einschub Seite 75/76). Die Widerstände R1 ... R4 sind so gewählt, daß die Meßbereiche (Skala von P1) bei den Lichtwerten 3, 6, 9 und 12 beginnen.

Lux, Blenden und Lichtwerte

Ein Belichtungsmesser für die Fotografie — praktisch alle modernen Kameras sind damit ausgerüstet — ist das gleiche wie ein Beleuchtungsmesser, der beispielsweise zum Messen und Einrichten der optimalen Arbeitsplatzbeleuchtung verwendet wird. Beleuchtungsmesser sind in der lichttechnischen Einheit für die Beleuchtungsstärke Lux (lx) kalibriert. Es entspricht:

$$1\ \text{lx} = 1 \frac{\text{lm}}{\text{m}^2}$$

Lumen (lm) ist die Einheit für Lichtleistung; die Beleuchtungsstärke ist also die Lichtleistung bezogen auf die Fläche, auf die sie auftrifft. Man kann sich die Bedeutung dieses Zusammenhangs leicht anhand der seit einigen Jahren verbreiteten, kleinen Halogen-Spots zur Wohnraumbeleuchtung verdeutlichen. Die Helligkeit einer Fläche oder eines Objekts, das von einem Spot beleuchtet wird, ist einerseits abhängig von der Leistung des Birnchens: Je mehr Watt (elektrischer Leistung) das Birnchen umsetzt, desto heller wird sein Licht. Daraus folgt: Die Beleuchtungsstärke (lx) ist proportional zur Lichtleistung (lm). Vergleicht man einen Halogen-Spot von beispielsweise 25 W mit einer gleichstarken Normal-Glühbirne, schneidet das Glühlampenlicht schlecht ab. Das liegt (hauptsächlich) daran, daß die Kolbenbirne ihr Licht rundum in nahezu alle Richtungen verstrahlt. Sie beleuchtet eine relativ großen Fläche im Zimmer. Der Halogen-Spot hingegen ist gebündelt und bestrahlt nur eine begrenzte Fläche. Dieser Fläche kommt seine ganze Lichleistung zugute, bei der Normalbirne erhält sie nur einen Teil der Gesamtleistung. Fazit: Man muß die Lichtleistung im Verhältnis zu der Fläche beurteilen, auf die sie fällt. Daher steht in der oben aufgeführten Formel im Nenner die Fläche, die von der Lichtleistung im Zähler bestrahlt wird.

Warum verwendet der Fotograf nicht die gleiche, doch recht „einleuchtende" Definition? Sein Filmmaterial und übrigens auch das menschliche Auge reagieren nicht proporional auf die Beleuchtungsstärke. Zwei gleich starke Birnen, zusammen 50 W bei je 25 W, wirken keineswegs doppelt so hell wie eine einzige. Filmaterialien wie Auge reagieren logarithmisch, d. h.: Je heller es ist, desto mehr Leistung ist nötig, es noch heller scheinen zu lassen. In dunkler Nacht erscheint uns eine Taschenlampe hell, tagsüber kann man kaum erkennen, ob sie brennt oder nicht. Beim Fotoapparat drückt sich dieser logarithmische Zusammenhang in den ungleichmäßigen Abständen Verschlußzeit- und Blendenstufen aus: Die Zeiten halbieren sich von Sufe zu Stufe, die Blendenstufen verdoppeln sich alle zwei Stufen.

1/250 s – 1/125 s – 1/60 s – 1/30 s – 1/15 s . . .

2 – 2,8 – 4 – 5,6 – 8 – 11 – 16 – 22 – 32 . . .

Die Lichtwertskala verbindet diese beiden Skalen, denn wenn man Blende und Verschlußzeit um die gleiche Anzahl Stufen — jedoch gegensinnig — verstellt, ändert sich am Ergebnis nichts. Blende 8 bei 1/60 s und Blende 4 bei 1/250 s lassen die gleiche Lichtmenge auf den Film gelangen. Zu beiden Varianten gehört der gleiche Lichtwert, nämlich 12 (bei 21 DIN). Ein bestimmter Lichtwert repräsentiert alle gleichwertigen Blenden-Verschlußzeit-Kombinationen. Die Ziffern der Lichtwerte-Skala schreiten zwar stetig fort, dennoch repräsentiert jede Stufe die doppelte Lichtmenge der vorhergehenden. Zusätzlich geht beim Umsetzen eines Lichtwerts in eine Blenden-Zeit-Kombination die Filmempfindlichkeit mit ein: Das obige Beispiel entspricht einem Lichtwert von 13 für einen 17-DIN-Film. Eins mehr, denn wenn die gleiche Blende und Zeit zum korrekten Belichten des weniger empfindlichen Films ausreicht, muß das Licht heller geworden sein. Oder umgekehrt: Bei Lichtwert 12 muß der 17-DIN-Film mit Blende 5,6 bei 1/60 sec. belichtet werden. Auch die DIN-Stufen der Filmempfindlichkeit vertreten logarithmische Empfindlichkeiten: 3-DIN-Punkte mehr entsprechen einer Verdopplung der Empfindlichkeit. Die ebenfalls gebräuchliche ASA-Skala drückt dies auch in ihren Ziffern aus: 17 und 21 DIN entsprechen 50 und 100 ASA.

Lichtwert	Lux (lx)	Blende *	
9	1400	2,8	Wintertag im Dezember bei bedecktem Himmel (900 . . . 3000 lx)
10	2800	4	Wintertag im Dezember bei klarem Himmel (bis ca. 10000 lx)
12	11000	8	Sommertag im Juni bei bedecktem Himmel (4000 . . . 20000lx)
13	22000	11	
14	44000	16	Sommertag im Juni bei klarem Himmel und Sonnenschein (bis. ca. 100000 lx)
15	88000	22	

* bei Belichtungszeit 1/60 sec. und 21-DIN-Film

Tabelle 2. Die in der Fotografie gebräuchlichen Lichtwerte entsprechen bestimmten Luxwerten.

Elektronischer Verschlußzeitmesser

Eine weitere Fototransistoranwendung ist das folgende Meßgerät für die Verschlußzeiten von Fotoapparaten (Bild 6). Sie besteht im wesentlichen aus einem Lichtaufnehmer, einem Zeitmesser und einer Anzeigeeinheit. Der Sensor wird anstelle des Film in das Innere der Kamera plaziert und mißt, wenn man eine Lichtquelle „fotografiert" die Dauer der Verschlußöffnung. So kann man die korrekte Funktion des Verschlusses testen.

Die Meßfunktion der Schaltung wurde mit mehreren ICs realisiert; an dieser Stelle soll jedoch nur der Sensorteil besprochen werden, ein Beispiel für die Ankopplung eines Fototransistors an eine digitale Schaltung.

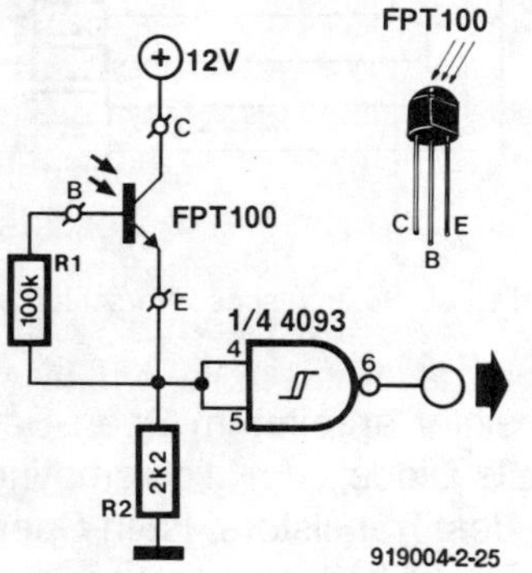

Bild 5. Ankopplung eines Fototransistors an eine digitale Elektronik.

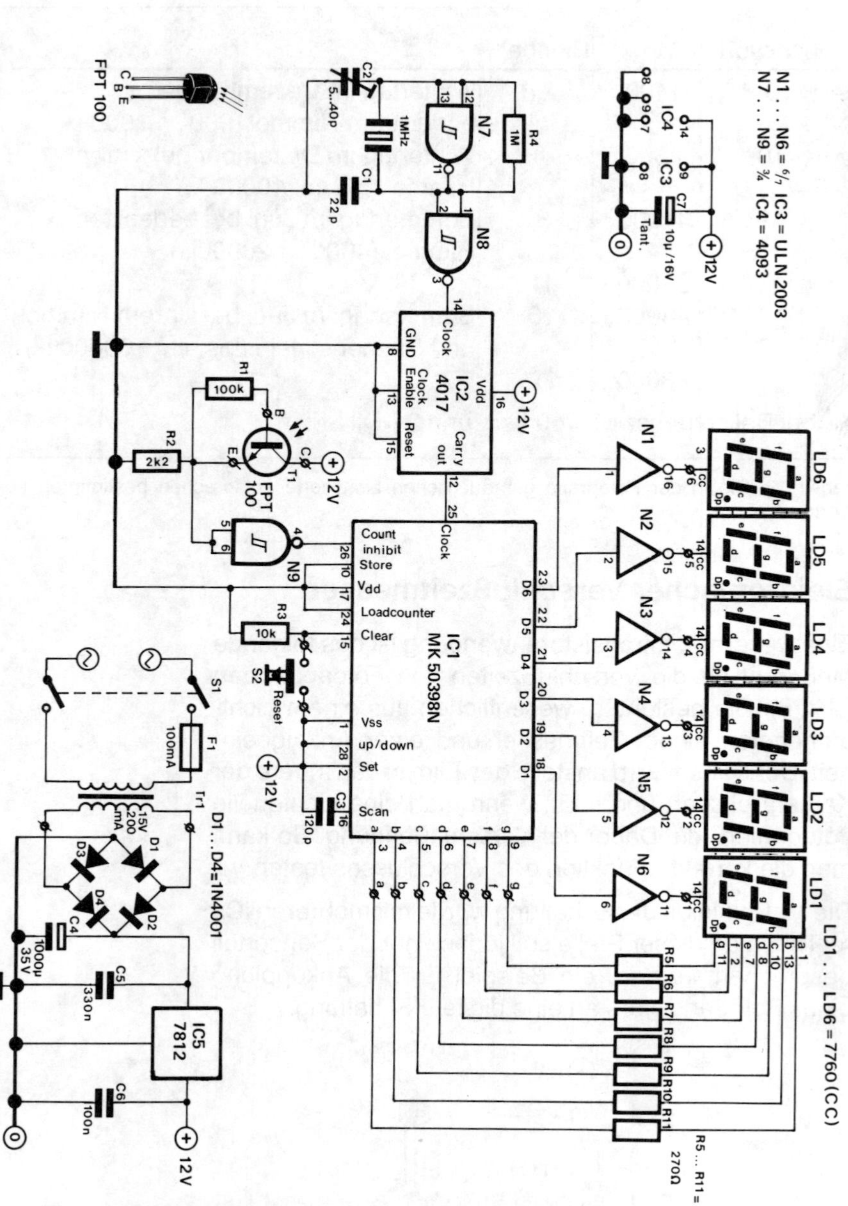

Bild 6. Das vollständige Schaltbild eines elektronischen Verschlußzeitmessers.

Der Fototransistor arbeitet im Sperr-Betrieb, denn die Kollektor-Basis-Diode, der lichtempfindliche Halbleiterübergang des Transistors, ist in Sperr-Richtung geschaltet. Bei Dunkelheit, also solange der Verschluß geschlossen ist, fließt kein Emitterstrom, und es fällt keine Spannung an R2 ab. Am Eingang des Gatters von IC4 liegt keine Spannung, was dieses IC als eine logische Null interpretiert. Wenn der Verschluß öffnet, fällt Licht durch das Objektiv der Kamera auf T1, der Transistor zieht Strom, und es entsteht ein Spannungsabfall an R2. Diese Spannung interpretiert das IC als logische Eins.

Widerstand R1 verringert die Empfindlichkeit des Sensors etwas, indem er Basisstrom zum Emitter ableitet. Woher kommt der Basisstrom? Der lichtabhängige Sperrstrom, der in der Kollektor-Emitter-Strecke von T1 fließt, ist ein echter Strom, der normalerweise wie ein von außen zugeführter Basisstrom durch die Basis-Emitterstrecke abfließt und dadurch den Transistor leitend macht. R1 leitet einen Teil dieses Stroms um die Basis-Emitterstrecke herum und macht ihn dadurch unwirksam. Man benutzt diesen Trick, wie erwähnt, zum Unterdrücken des Dunkelstroms. In der vorliegenden Schaltung wurde R1 jedoch niedriger als für den Dunkelstrom nötig dimensioniert. R1 macht also auch Ströme unwirksam, die durch eine gewisse, schwache Helligkeit verursacht werden. Auf diese Weise hat der Entwickler die Empfindlichkeit des Sensors gesenkt; die Schaltung ist gegen geringes Streulicht unempfindlich. Das nachfolgende IC ist ein CMOS-Schmitt-Trigger-Baustein. Diese Typen zeichnen sich durch wohldefinierte Ein/Ausschaltschwellen aus, eignen sich hier besser als normale Gatter.

Die weitere Schaltung soll hier nicht eingehend besprochen werden. Es handelt sich im Grunde um die Applikation eines integrierten Zeitmessers (und Frequenzzählers). Man muß auch nicht gleich ein komplettes Verschlußzeitmeßgerät bauen, sondern kann die besprochene Detailschaltung (Bild 6) als Adapter für ein handelsübliches elektronisches Frequenz/Zeit-Meßgerät einsetzen. Eventuell kann man dabei sogar das IC-Gatter fortlassen und den Sensor direkt an den Meßgeräteeingang anschließen.

Eine weitere Koppelschaltung für Fotodioden zeigt Bild 8. Diese Schaltung behebt ein Problem, das in vielen optoelektronischen Anlagen auftaucht, in denen Lichtimpulse gemessen oder übertagen werden (z. B. in optischen Signalübertragungs-Strecken): Das natürliche wie künstliche Umgebungslicht steuern den Sensor bereits weitgehend durch, so daß für Lichtsignale nur ein geringer Spielraum bleibt. Diese einfache Schaltung verstärkt den Fotostrom, der durch sich langsam veränderndes Licht hervorgerufen wird, nur wenig, schnelle Lichtimpulse aber sehr stark.

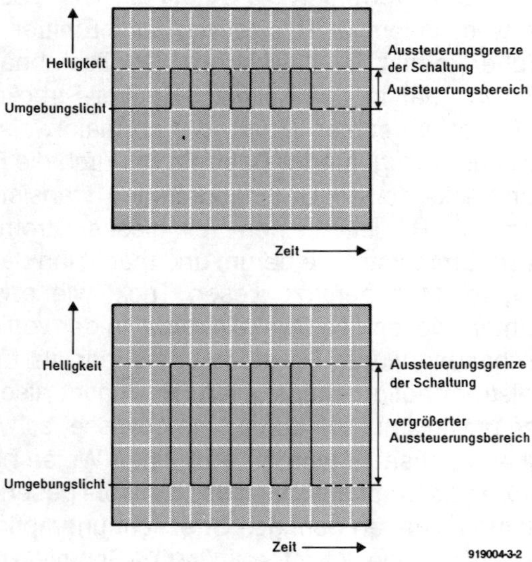

Bild 7. Umgebungslicht engt die Aussteuerung einer optoelektronischen Schaltung ein (a). Durch Absenken der Verstärkung für langsame Lichtänderungen kann man den „dynamischen Bereich" ausweiten (b).

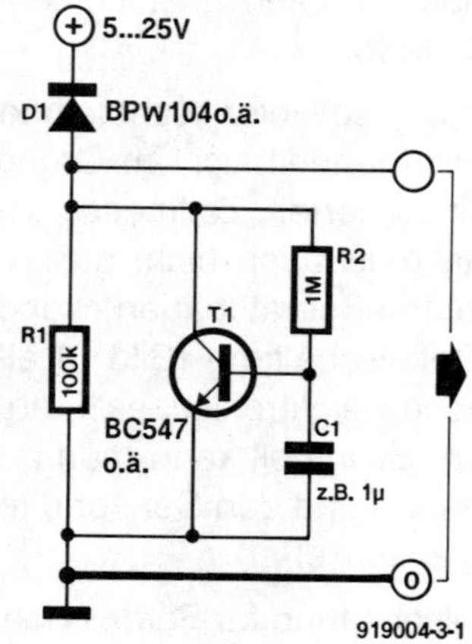

Bild 8. Diese Schaltung verhindert, daß Umgebungslicht den Aussteuerungsbereich der Fotodiode einengen.

Wichtig bei der Verstärkerstufe mit T1 ist der Gegenkopplungs-Widerstand R1 (1 MΩ). Er führt einen Teil des Ausgangssignals vom Kollektor zur Basis zurück. Da Basis und Kollektor jedoch gegensinnig arbeiten, verringert die Rückführung die Verstärkung der Schaltung: Steigende Kollektorspannung erzeugt mehr Basisstrom, und der verringert den Kollektorstrom — und umgekehrt. Kondensator C1 sorgt dafür, daß R1 nur bei niedrigen Frequenzen wirksam ist. Schnell veränderlichen Signalen kann er nicht folgen, denn für jede Spannungsänderung muß er ge- oder entladen werden, und das kostet immer ein bißchen Zeit — zu lange für schnelle Impulse. Anders ausgedrückt: R1 und C1 bilden einen Tiefpaß, der die Gegenkopplung für schnelle Impulse unwirksam macht. Die Kapazität von C1 spielt eine entscheidende Rolle: Je größer C1, desto geringer die Frequenz, unterhalb der Signale unterdrückt werden. Mit 10 μF beträgt die Eckfrequenz 7 Hz, d. h. Signale langsamer als 7 Hz werden bedämpft, darüber nicht. Diese Dimensionierung eignet sich gut, wenn bei natürlichem Licht, das wohl nie mit 7 Hz flackert, relativ langsame Lichtimpulse übertragen werden. Für künstliches Licht mit 50 Hz Netzfrequenz sollte man höchstens 1,5 μF einsetzen. Eher weniger, denn z. B. Leuchtstoffröhrenlicht hat Oberwellen, also Bestandteile mit Vielfachen der Netzfrequenz: 100 Hz, 150 Hz... Man darf C1 natürlich nicht zu klein ansetzen, sonst werden auch die Nutzfrequenzen unterdrückt. Übrigens kann auf den ursprünglichen Arbeitswiderstand, hier 100 kΩ auch verzichtet werden, denn der Transistor fungiert als hochohmiger Arbeitswiderstand.

Logische Schaltungen mit Fotosensoren

Die nächsten Schaltbilder zeigen, wie einfach es ist, Fotosensoren gemäß logischen Funktionen zusammenzuschalten. Bild 9 zeigt eine optische ODER-Verknüpfung: Wenn T1 oder T2 beleuchtet ist (oder beide), fließt Strom von Plus durch einen der Transistoren (oder beide), und am Ausgang liegt Spannung. (Details über Verknüpfungslogik sind in „Elektronik — gar nicht schwer, Buch 3: Digitaltechnik" nachzulesen.)

Selbstverständlich können weitere Fototransistoren parallel geschaltet werden, sie dehnen die logische Funktion auf weitere Kanäle aus. Solche Ketten von Fotosensoren werden z. B. bei der Papierherstellung

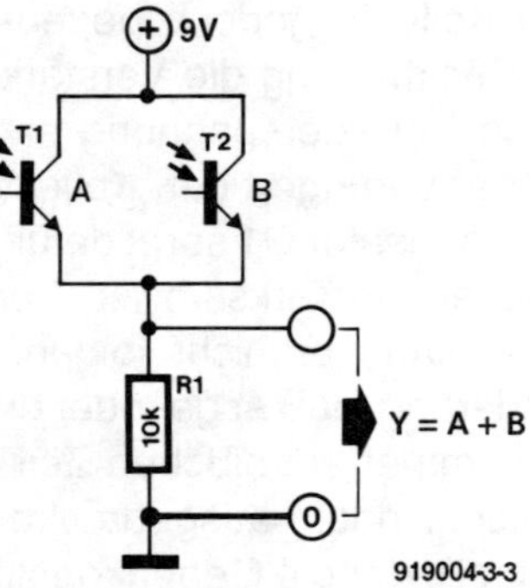

Bild 9. Eine optische ODER-Verknüpfung.

zum Überwachen einer breiten Papierbahn eingesetzt: Über der Bahn befinden sich Lichtquellen, unter der Bahn die Sensoren. Die Papierbahn verhindert, daß Licht von den Quellen zu den Sensoren gelangen. An einer Schadstelle ist es doch der Fall, und die Schaltung reagiert.

Vertauscht man Widerstand und Sensoren, so ergibt sich die NOR-Funktion: Wenn der eine oder der andere (oder evtl. ein weiterer paralleler) Transistor beleuchtet ist (oder mehrere zugleich), liegt am Ausgang keine Spannung.

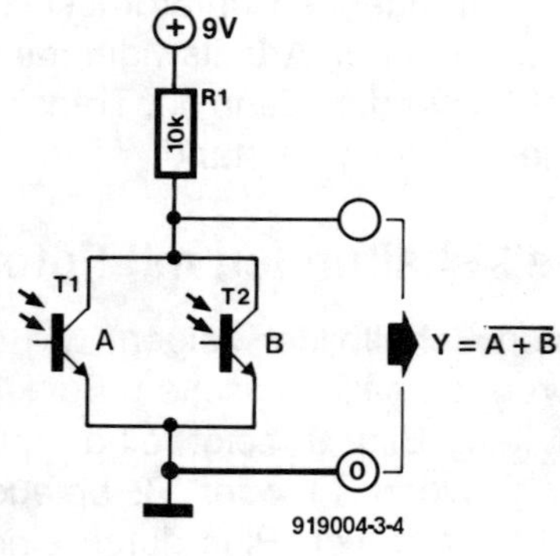

Bild 10. Eine optische NOR-Verknüpfung.

Zur UND-Verknüpfung müssen die Sensoren in Serie geschaltet werden.

Hier wird die Ausgangspannung von den beiden Sensoren „hochgezogen", wenn auf T1 und T2 Licht fällt. Die Umkehrfunktion dazu, NAND, entsteht wieder durch waagerechtes Spiegeln der Schaltung. Hier

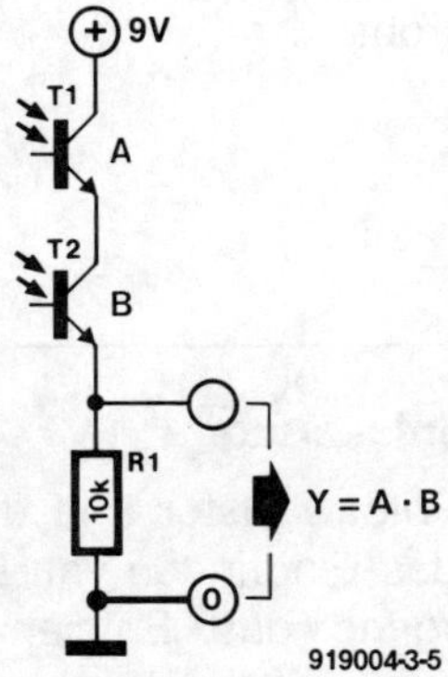

Bild 11. Eine optische UND-Verknüpfung.

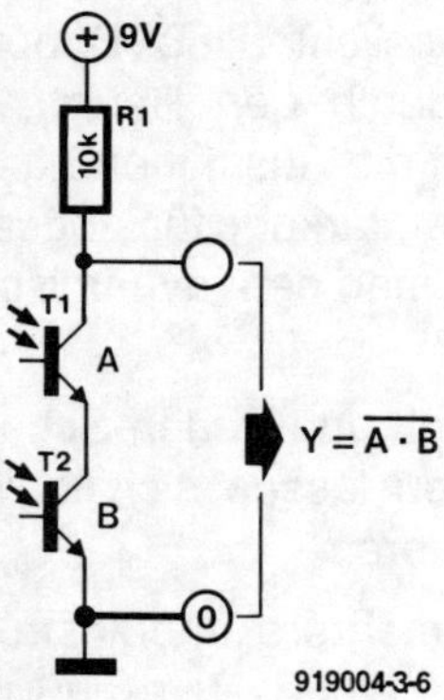

Bild 12. Eine optische NAND-Verknüpfung.

führt der Ausgang Spannung, wenn weder T1 noch T2 (nicht . . . und) beleuchtet sind.

Opto-Logik spielt derzeit nur selten eine wesentliche Rolle. Dies kann sich schnell ändern. Die Anforderungen an die Rechengeschwindigkeit moderner Computer steigen ständig weiter — bis man dereinst an die Grenze der maximalen Geschwindigkeit des elektrischen Stroms auf einem Chip kommt. Lichtstrahlen müssen dann den Stromfluß (teilweise) ersetzen.

Schon heute werden im Labor Verfahren zum Rechnen mit Licht erprobt.

Zusammenfassung

- ❒ Beim Fototransistor und der Fotodiode verursacht das Eindringen von Licht in den Halbleiterübergang das Entstehen von freien Ladungsträgern, diese Ladungsträger stellen den lichtabhängigen Sperrstrom dar.
- ❒ Beim Einsatz von Fotosensoren müssen die optischen Eigenschaften der Gehäuse (Filter- und Linsenwirkung) berücksichtigt werden.
- ❒ Bei optoelektronische Schaltungen mit Sensoren, auf die außer dem Nutz-(Licht)-Signal auch Umgebungslicht fällt (z. B. optische Signalübertragung durch den Raum), engt das Umgebungslicht die Aussteuerung ein. Durch Absenken der Verstärkung für langsame Lichtänderungen kann man den „dynamischen Bereich" ausweiten.
- ❒ Mit Parallel- und Serien-Schaltungen aus Fototransistoren lassen sich logische Verknüpfungen realisieren.
- ❒ Werden mehrere Meßinstrumente in einem Stromkreis eingesetzt, muß man die Einflüsse der Meßinstrumente auf die Ergebnisse der anderen berücksichtigen.

5. Solartechnik

Ursprünglich für die Weltraumtechnik entwickelt, wurde die Solartechnik auch für die terrestrische Energie-Erzeugung interessant, da sie die umweltfreundlichste Energiequelle nutzt, die Sonne. Ein wirtschaftlicher Einsatz ist derzeit nur in bestimmten Fällen möglich, allerdings versprechen verschiedene Forschungsergebnisse einen baldigen Durchbruch in puncto Wirtschaftlichkeit. Dazu müssen freilich die Kosten von ca. 20,- DM/W_{peak} (1990) auf Werte deutlich unter einer Mark fallen (W_{peak}-Werte, also die Maximalleistungen, beziehen sich auf eine Beleuchtungsstärke von 1 kW/m^2, das ist der in unseren Breiten nur selten erreichte Spitzenwert). Denn Spitzenleistungen liefern Solarzellen nur unter idealen Bedingungen, und die herrschen nur selten. Von den knapp 1,4 kW, die die Sonne auf jeden Quadratmeter der Erdoberfläche durchschnittlich strahlt, sind selbst in der Sahara im Mittel nur etwa 250 W nutzbar. Der Rest wird von der Erdatmosphäre geschluckt bzw. erreicht wetterbedingt und wegen des Tag-Nacht-Wechsels nicht den Erdboden. Schließlich wandeln moderne Solarzellen kaum mehr als 10 % dieser Strahlungsenergie in elektrischen Strom. So finden sie heute vor allem an Orten Verwendung, die schlecht ans Stromnetz angebunden werden können, z. B. bei Fernseh-Umsetzern auf Bergen, auf Schiffen oder in digitalen Armbanduhren.

Auch Solarzellen sind Dioden und somit vergleichbar mit Fotodioden. Ihre technologischen Daten, von der Form — großflächig und flach — bis zur Dotierung, sind auf optimale Energieausbeute abgestimmt. Die Kennlinie entspricht jedoch prinzipiell der Fotodiodenkennlinie.

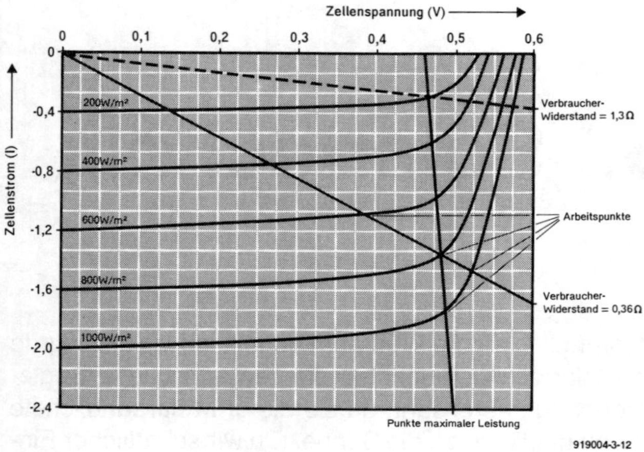

Bild 1. Das Diagramm zeigt mehrere Kennlinien einer einzelnen Solarzelle, die bei unterschiedlichen Beleuchtungsstärken gültig sind.

In Bild 1 ist nur der vierte Quadrant der Kennlinie wiedergegeben, denn die übrigen Bereiche (erster und dritter Quadant) sind im Solarbetrieb uninteressant. Die Kennlinie faßt alle möglichen Betriebszustände — sprich: Arbeitspunkte — zusammen. Welchen Strom eine Solarzelle bei welcher Spannung im realen Betrieb abgibt, das bestimmt der Arbeitspunkt der Zelle. Die Tatsache, daß der Arbeitspunkt einer Solarzelle sich im vierten Quadranten des Diagramms befindet, bedeutet, daß die Spannung im Solarbetrieb die gleiche Richtung hat wie die Durchlaßspannung einer Diode. Der Strom fließt jedoch negativ, also umgekehrt. Das heißt: Während die normale, leitende Diode Energie verbraucht, gibt die Solarzelle elektrische Energie ab — bei gleicher Spannungspolarität. Wo der Arbeitspunkt genau liegt, hängt von zwei Dingen ab: erstens von der Beleuchtungsstärke, dann ändert sich die Lage der gültigen Kennlinie, und zweitens von der Belastung der Solarzelle, das bestimmt die Lage des Arbeitspunkts auf der Kurve. Wird sie niederohmig belastet, liegt der Arbeitspunkt weit links, zur y-Achse hin, denn ein niederohmiger Abschluß zieht auch bei geringen Spannungen relativ viel Strom. Umgekehrt steigt bei hochohmigeren Belastungen die Spannung, aber der Strom geht auch zurück. Das Leistungsmaximum liegt im Knick der Kurve: Hier ist der Spannungsabfall gering, und dennoch fließt ordentlich Strom (MPP: Maximum Power Point; engl.: Punkt maximaler Leistung). Der optimale Arbeitspunkt MPP zeichnet sich dadurch aus, daß er zwischen x- und y-Achse das größtmögliche Rechteck aufspannt. Der Flächeninhalt dieses Rechtecks ist nämlich das Produkt aus Strom und Spannung des Arbeitspunktes und entspricht somit der Formel für die elektrische Leistung:

$$P = U \cdot I$$

Bei geringerer Beleuchtung liegt die Kurve näher an der x-Achse. Das Rechteck wird kleiner, folglich auch die Leistung der Zelle.

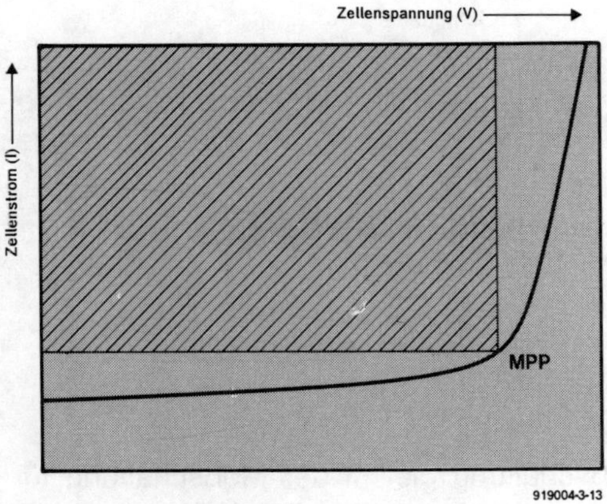

Bild 2. Der Optimalpunkt MPP kennzeichnet die maximale Leistung einer Zelle bei einer bestimmten Beleuchtung.

Nicht immer liegt die Strom-Spannungs-Kurvenschar (Kennlinienfeld) einer Solarzelle vor. Man kann sich jedoch auch aus einigen charakteristischen Daten ein Bild machen. Der maximal lieferbare Strom I_{max} ist der Schnittpunkt des Diagramms mit der x-Achse (Spannungs-Achse). Man nennt ihn den Kurzschlußstrom. Die maximale Spannung der Zelle, die Leerlaufspannung, wird durch den Schnittpunkt der Kurve mit der y-Achse (Strom-Achse) dargestellt. Strom und Spannung des Optimalpunkts beziffern die maximale Leistung der Zelle. Diese Werte müssen natürlich alle bei einer bestimmten, möglichst aussagekräftigen

Beleuchtungsstärke angegeben werden. Meist werden die Daten auf 1 kW/m^2 (Einstrahlung) bezogen. Auch die elektrische Engergie-Ausbeute in W/m^2 ist ein brauchbarer Vergleichsmaßstab für unterschiedliche Zellen. Für den praktischen Betrieb spielen die zulässigen Temperaturen eine wichtige Rolle, denn in prallem Sonnenlicht kann eine Solarzelle recht heiß werden. Sie sollte 100 °C vertragen können. Übrigens verschlechtern sich die elektrischen Daten der Zellen bei hohen Temperaturen: Der Wirkungsgrad sinkt um ca. 0,5 % je Grad Temperaturanstieg. Die Nenndaten werden in der Regel bei 20 °C angegeben.

Liegen gar keine Daten einer Solarzelle vor, kann man die Kennlinie(n) mit einer einfachen Meßschaltung ermitteln.

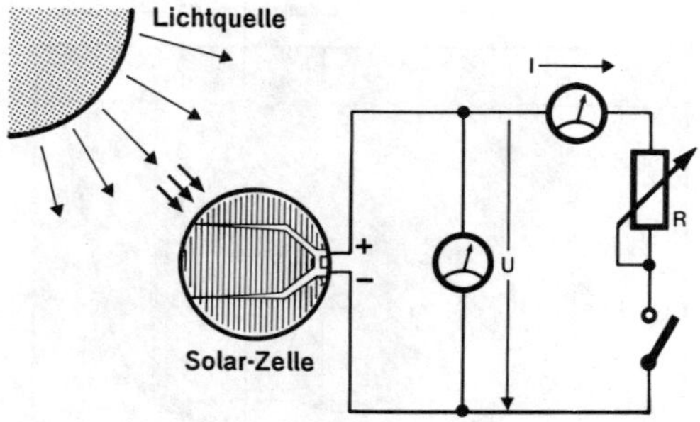

Bild 3. Meßschaltung zum Ermitteln der Kennlinien einer Solarzelle.

Die Meßschaltung gleicht der Meßschaltung für eine Fotodiode in Kapitel 2. Der Poti-Widerstand dient als einstellbare, künstliche Belastung. Der günstigste Poti-Wert hängt von der Größe (und damit Leistung) der Zelle ab. Anhaltswerte: für einen kleinen, einzelne cm^2 großen Splitter ist 1 kΩ optimal, für eine vollständige Wafer 1 Ω. Zum Messen beleuchtet man die Zelle mit einer konstanten Beleuchtung, also das Sonnenlicht an einem wolkenfreien Tag oder eine Schreibtischlampe. Man dreht die Solarzelle etwas, nachdem eine Kurve durchgemessen wurde, so daß sie nicht mehr direkt auf die Sonne ausgerichtet ist; auf diese Weise wird die Einstrahlung variiert. Beim Verwenden von künstlichem Licht verändert man den Abstand zur Zelle. Für jede Kurve stellt man das Poti so ein, daß sich verschiedene

Stromwerte ergeben, und mißt bei jeder Einstellung die Spannung. Die Leerlaufspannung wird angezeigt, wenn man den Stromkreis ganz unterbricht. Man kann das Poti für eine „Beinahe-Kurzschluß-Messung" ganz eindrehen, ohne der Solarzelle zu schaden.

Für die Beispielmessung haben wir einen Solarlader gewählt, der in vielen Elektronik-Geschäften geführt wird. Bild 4 zeigt seine Schaltung und die Meßanordnung, Bild 5 sein Aussehen.

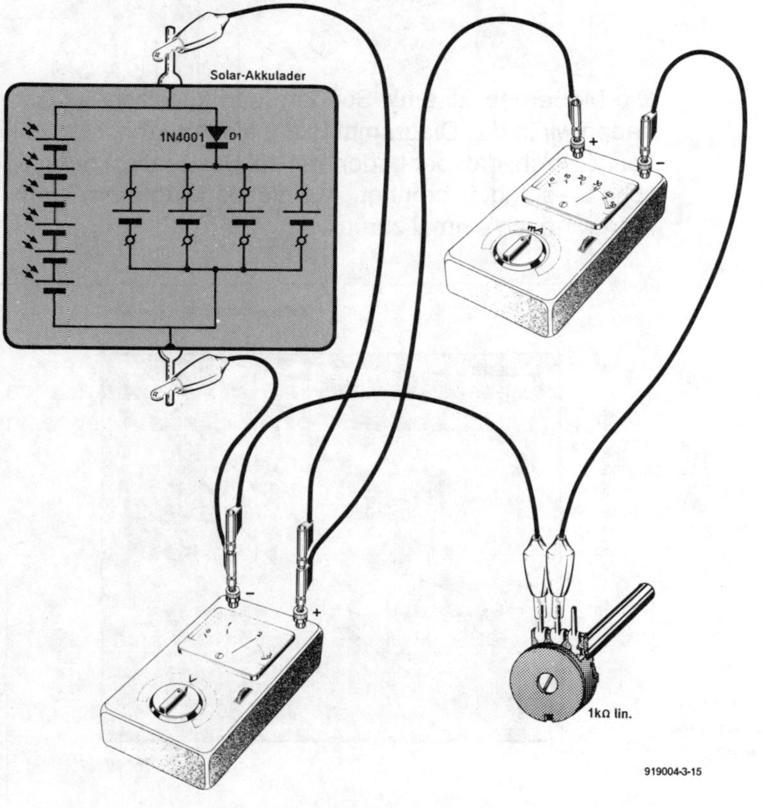

Bild 4. Sechs Solarzellen laden bis zu vier Mignon-Akkus parallel.

Der Aufbau des Solarladers ist ganz einfach: Sechs Solarzellen-Splitter sind in Serie geschaltet und laden bis zu vier parallelgeschaltete NiCd-Zellen. Eine Diode schützt die Solarzellen. Die Parallelschaltung ist wegen der geringen Solarzellenzahl nötig.

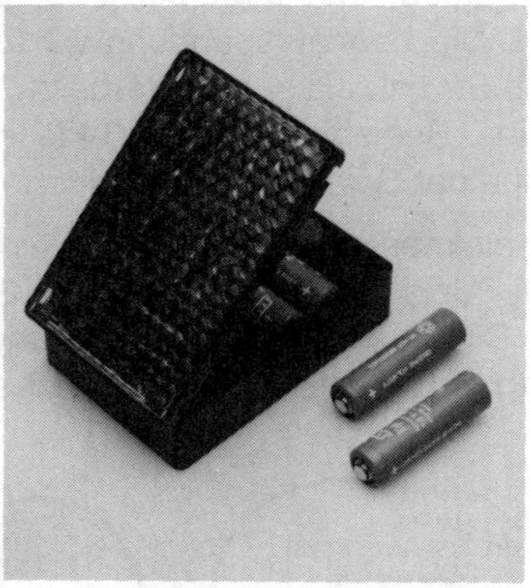

Bild 5. Der Solarlader.

Die Meßergebnisse für Sonnen- und künstliches Licht haben wir in das Diagramm Bild 6 eingetragen. Man erkennt gleich, daß der Lader erst bei Sonnenlicht ordentliche Leistungen erbringt. Auf dieses Diagramm kommen wir noch einmal zurück.

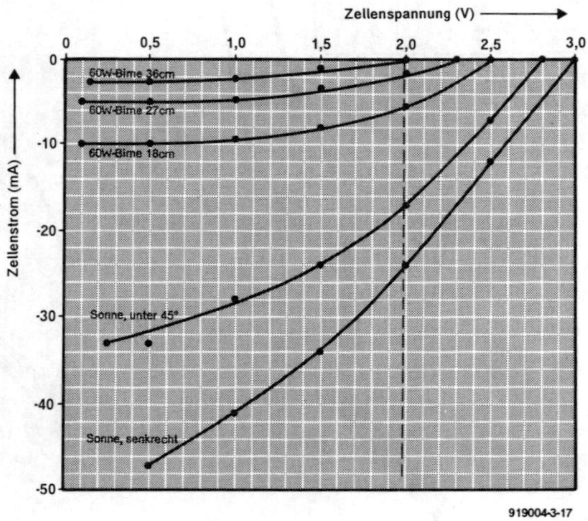

Bild 6. Gemessene Daten des Solarladers.

Das Strom-Spannungs-Diagramm (Bild 1) zeigt auch, daß die Kennlinie um so günstiger ist, je weiter der Knick vom Nullpunkt entfernt liegt, d. h. je schärfer sie abknickt. Ideal wäre eine eckige Kurve mit rechtem Winkel.

Das Verhältnis der Fläche — sprich Leistung — dieser Idealkurve zur Fläche unter der tatsächlichen Kennlinie

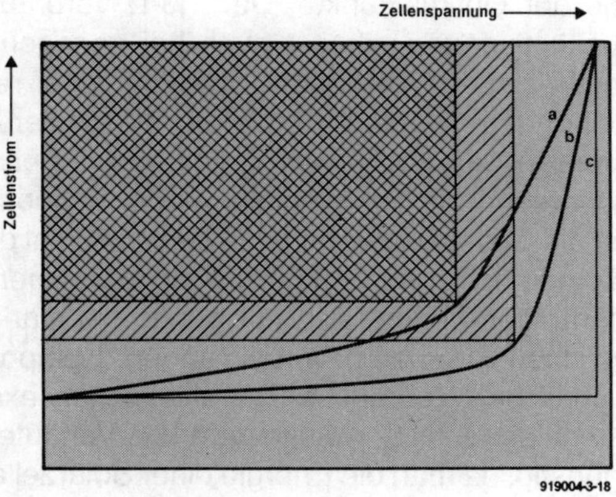

Bild 7 Der Füllfaktor ist das Verhältnis zwischen der Fläche unter der Kennlinie und dem Rechteck über Leerlaufspannung und Kurzschlußstrom.

nennt der Techniker Füllfaktor. Es ist eines der Beurteilungskriterien für den Wirkungsgrad von Solarzellenmaterial. In Bild 1 sind die Optimalpunkte der Kennlinien eingezeichnet.

Die genaue Lage des Arbeitspunkts und damit die Leistung, die die Solarzelle an den angeschlossenen Verbraucher abgibt, wird durch die Beleuchtung der Zelle und durch die Strom-Spannungs-Charakteristik des Verbrauchers bestimmt. Sie sagt aus, welche Ströme der Verbraucher bei verschiedenen Spannungen abgibt. Im einfachsten Fall ist dies eine Widerstandscharakteristik: Je höher die gespeiste Spannung, desto (proportional) mehr Strom fließt. Sie wird durch eine Gerade vom Nullpunkt aus dargestellt. Das Verhältnis der Spannung zum Strom eines beliebigen Punkts dieser Gerade ist der Widerstandswert.

In Bild 1 z. B. ist eine 0,36-Ω-Gerade eingezeichnet. Die Schnittpunkte zwischen dieser Kennlinie des Verbrauchers und den Kennlinien der Zelle zeigen die Strom-Spannungs-Kombinationen, also die Leistungen, die sich bei verschiedenen Beleuchtungen tatsächlich einstellen. Man sieht, daß diese Punkte nicht immer dem optimalen Betriebspunkt der jeweiligen Kurve entsprechen. Dennoch sollte man bei der Auswahl eines Zellentyps bzw. der Verschaltung mehrerer Solarzellen dafür sorgen, daß die Verbrauchs-Gerade bei den wichtigsten Betriebsfällen durch den Kennlinienknick verläuft. Die 0,36-Ω-Gerade nutzt hohe Beleuchtungsstärken gut aus, d. h. die Arbeitspunkte liegen nahe der Optimalpunkte. Der 1,3-Ω-Verbraucher (gestrichelt) hingegen arbeitet auch bei geringen Beleuchtungen zufriedenstellend. Er wird mit einer relativ gleichbleibenden Spannung beliefert, nutzt allerdings die Maximalleistung (MPP) der Zelle nie. Die optimale Verbraucherkennlinie ist ebenfalls eingezeichnet. Sie verbindet die Optimalpunkte, verläuft jedoch nicht durch den Nullpunkt, d. h., es ist keine Widerstandsgerade. Die Spannungen ändern sich nur gering bei stark unterschiedlichen Strömen bzw. Leistungen. Komponenten mit ähnlichen Verbauchs-Charakteristiken existieren: Akkumulatoren z. B. weisen derartige Verläufe auf. Das ist günstig, da man die Energie einer Solarzelle nur selten im Maß der Sonneneinstrahlung benötigt, sondern zwischenspeichern muß. Für ein optimales Zusammenarbeiten müssen Solarzelle und Akku zueinander passend ausgewählt werden. Möchte man bei Verbrauchern mit weniger günstigen Charakteristiken trotz schwankender Beleuchtungen stets einen optimalen Arbeitspunkt einstellen, muß man die Belastung der Solarzelle elektronisch regeln.

Solarmodule

Eine Solarzelle kommt selten allein. Das liegt vor allem an den geringen Zell-Spannungen. In einer Serien-(Reihen-)Schaltung addieren sich die einzelnen Spannungen. Die Spannung einer Zelle hängt, wie erwähnt, von der Beleuchtung und der Belastung der Zelle ab. Die Diagramme zeigen, daß man allenfalls mit ca. 0,4 V rechnen kann, bei bewölktem Himmel (500 W/m^2) und Belastung mit einer nicht-optimalen Widerstands-Chrakteristik mit weniger. Für ein 12-V-System muß man folglich mindestens 30 Zellen in Serie schalten, besser 35 ... 40 Stück. Bei Einsatz eines 12-V-Akkus darf nicht vergessen werden, daß ca. 14 V Ladespannung benötigt werden. Allzu üppig sollte man die Serien-Schaltung jedoch auch nicht dimensionieren, denn die Leerlaufspannung wird bei voller Einstrahlung zu hoch.

Die Stromausbeute einer Zelle hängt — außer von ihren technologischen Eigenschaften und der Beleuchtung —

von der Zellen-Fläche ab. Logisch, denn eine größere Fläche fängt mehr Sonnenenergie auf. Durch geeignetes Parallelschalten von Zellen kann die Stromausbeute erhöht werden. Umgekehrt können (monokristalline) Solarzellen geteilt werden (z. B. ein Viertel einer runden Zelle), ohne daß die Funktion beeinträchtigt würde. Lediglich der gelieferte Strom sinkt gemäß dem Bruchteil der Fläche.

In Serie und/oder parallelgeschaltete Solarzellen werden meist als Solarmodule (oder Solarpanels) bezeichnet. Beim Verschalten einzelner Zellen muß man ggf. Schutzdioden einbauen, die Störungen bei zu geringen Spannungen, z. B. wegen wolkigen Wetters, verhindern. Bild 8 zeigt eine Schutzdiode zwischen Solarzellen und Akku.

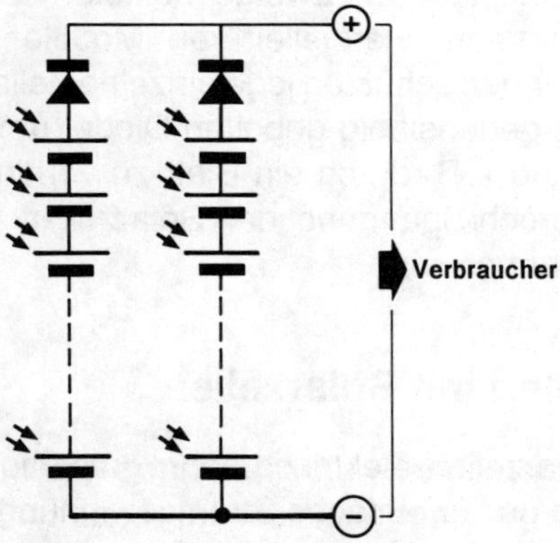

Bild 8. Eine Schutzdiode verhindert, daß bei Dunkelheit Strom aus dem Akku in die Solarzellen fließt.

Bei zu geringer Strahlung ist die Spannung an den Zellen niedriger als die Nennspannung des Akkus, also 12 V. Da Solarzellen prinzipiell Dioden sind, fließt in diesem Fall Strom aus dem Akku durch die Zellen, und zwar umgekehrt zur „normalen" Stromrichtung. Dieser Strom kann die Zellen schädigen. Leider kostet diese Schutzdiode Spannung, bei Verwendung eines billigen Silizium-Typs ca. 0,7 V. Selbst an den teuren Schottky-Dioden fallen ca. 0,3 V ab. Man muß also ein bis zwei Zellen mehr einplanen. In Bild 9 sind die Akkus zusätzlich mit einer Sicherung geschützt. Sind mehrere Serienschaltungen parallel gelegt, sollte jeder Serien-Zweig mit einer eigenen Schutzdiode versehen werden.

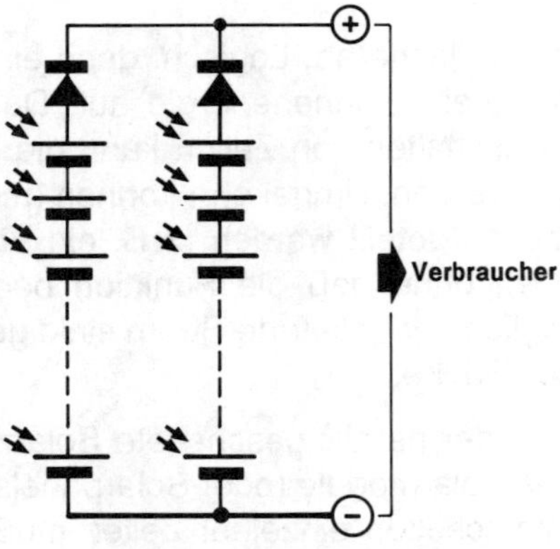

Bild 9. Schutzdioden in den Serienzweigen.

Dies verhindert, daß ein beschatteter (oder schadhafter) Zweig der Anordnung zum Verbraucher wird und damit die anderen Zweige belastet bzw. beschädigt werden kann. Hersteller von Modulen mit höheren Spannungen schützen jede einzelne Zelle mit einer parallelen, gegensinnig gepolten Diode, um bei einer Beschattung z. B. durch ein Blatt zu verhindern, daß die Durchbruch-Spannung der Solarzellen von ca. 15 V überschritten wird.

Arbeiten mit Solarzellen

Da Solarzellen elektrisch sehr „gutmütig" sind, eignen sie sich gut für einfache Stromgewinnungs-Zwecke, bei denen der Wirkungsgrad keine entscheidende Rolle spielt, z. B. das Betreiben eines Radios oder eines kleinen Elektromotors (Ventilator). Kleinflächige Zellen sind außerdem preiswert erhältlich. Man muß jedoch sorgsam mit den hauchdünnen (0,3 . . . 0,5 mm) Plättchen umgehen. Sie sollten in jedem Fall auf einen stabilen Träger aus isolierendem Material, z. B. Acrylglas, aufgeklebt werden. Zum Kleben verwendet man am besten einen flexiblen Kleber, beispielsweise Acrylklebeband oder Silikonkautschukmasse. Die flexible Verklebung verhindert, daß beim Erwärmen unterschiedliche Ausdehnungen von Trägermaterial und Zelle zum Brechen des empfindlichen Siliziums führen. Bricht eine Solarzelle dennoch einmal, ist dies auch kein Beinbruch. Meist lassen sich die Verbindungsbahnen beider Teile mit Hilfe kleiner Litzen wieder elektrisch verbinden. Das Löten an den Zellen ist unproblematisch. Nur am Rand muß man darauf achten, daß es keine Kurzschlüsse zwischen Ober- und Unterseite gibt. Alle Anschlüsse sollten mit flexibler Kupferlitze ausgeführt werden. Beim Löten und Verlegen der Litzen achte man darauf, daß diese Litzen keine nennenswerten Kräfte auf die Zelle ausüben. Nach außen führende Anschlußlitzen müssen also zugentlastet werden. Übrigens ist die Zellenrückseite der Pluspol, das Gitter auf der Oberfläche führt Minus. Soll die Solarzelle länger der Sonne ausgesetzt werden können, empfiehlt es sich, das Gehäuse mit einer Lüftung zu versehen.

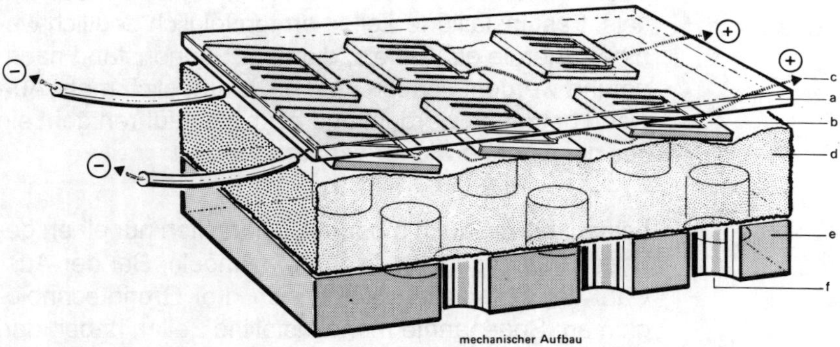

Bild 10. Einbau von Solarzellen: Hier werden die Zellen von einer Schaumstoffmatte gegen die Frontscheibe gedrückt. Das Gehäuse ist entlüftet.

Solaranlage zur Energiegewinnung

Eine Anleitung zur Planung und Realisierung einer Solar-Anlage zur Energieversorgung würde den Rahmen dieses Buches sprengen. Im übrigen gibt es zu diesem Thema — im Fachjargon: Fotovoltaik — eine Reihe unterschiedlicher Bücher. Wer eine Solaranlage plant, muß sich gründlich mit der Technik auseinandersetzen, denn der Wirkungsgrad einer solchen Anlage hängt sensibel von sowohl den einzelnen Komponenten ab, als auch von deren Zusammenstellung. In der Regel besteht eine Solaranlage aus den Solarpanels (mit Zusatzschaltungen), einem Akku zum Puffern der elektrischen Energie, einer Regel- und Steuereinheit sowie meist einem Umrichter, der die 12 V oder 24 V Gleichspannung des Systems in 230 V Wechselspannung wandelt.

Der erste Planungsschritt ist, die Sonnenscheindauer des Wohnorts festzustellen. Dazu zieht man Tabellen mit langjährigen Mittelwerten zurate. Ferner muß überlegt werden, ob man die Panels fest montiert oder mit einer Nachführeinrichtung versieht. Der Sonnenstand und damit der Einstrahlungswinkel auf die Zellen wechselt tages- und jahreszeitlich. Die Energieausbeute ändert sich mit der Cosinusfunktion dieses Winkels. Fest installierte Zellen ernten folglich deutlich weniger Energie als Panels, die dem Sonnenstand nachgeführt werden. Jedoch muß dazu erheblich mehr Aufwand betrieben werden, und beim Nachführen geht ein Teil der Energie wieder verloren.

Leider können auch moderne Solarzellen nur einen geringen Teil des Lichts in Strom wandeln. Bei der Auswahl der Solarzellen bieten sich drei Grundtechnologien an: Sogenannte monokristalline Zellen haben den höchsten Wirkungsgrad (derzeit 15 . . . 20 %, im Labor 25 %). Sie sind jedoch auch am teuersten, denn sie bestehen aus hochreinem Silizium, aus dem auch andere Halbleiter hergestellt werden. Aus den runden Scheiben mit 3 . . . 5 Zoll Durchmesser („Wafer") werden quadratische Stücke gesägt, die sich platzsparend zu Panels kombinieren lassen. (Sehr zum Vorteil der Bastler, denn die Reststücke werden zu günstigen Preisen angeboten.) Monokristalline Solarzellen sind dunkelblau, und man erkennt sie an den verzweigten Stegen zur Stromabnahme.

Bei Solarzellen aus polykristallinem Silizium sind die Reinheitsanforderungen geringer. Das macht geringere Preise möglich, jedoch auch der Wirkunggrad ist etwa 16 %). Polykristalline Materialien erkennt man an der schillernden, an Eisblumen erinnernden Oberfläche. Sie werden in rechteckigen Formen (Standardmaß 10 cm x 10 cm) hergestellt.

Noch preiswerter und leider noch wirkungsgradärmer sind Solarzellen aus amorphem Silizium (a-Si). Bei der Herstellung wird Silizium auf einen Glasträger aufgedampft und eingebrannt. Das macht diesen Typ besonders stabil. Außerdem kann man per Laser beliebige Zellenstrukturen auf einem Glas schneiden und damit die gewünschten Panel-Spannungen einstellen, ohne einzelne Zellen aufkleben zu müssen. Amorphe Solarzellen weisen mit 0,8 V bis über 1 V höhere Zellspannungen als kristalline Zellen auf. Der Wirkungsgrad liegt in der Serie bei etwa 10 %, es wurden jedoch bereits Muster mit 13 % gefertigt. Amorphe Solarpanels messen meist 30 cm x 30 cm (12 V oder 24 V) und sind an der etwas matten, rötlich-blau schimmernden Oberfläche (wie Ölfilm) zu erkennen. Neuere Dünnfilm-Zellen aus Kupfer, Indium und Selen kommen auf 9 ... 14 %. Wegen des erheblich einfacheren Fertigungsverfahrens und der dadurch bedingten niedrigen Herstellungspreise werden an die amorphe Zellentechnologie große Zukunftserwartungen geknüpft.

Zwei Beispiele für Speisungen mit Solarzellen

Die Schaltung eines Akkuladers ist recht einfach (Bilder 4 und 11), und auch die Dimensionierung ist unproblematisch. Während der Akkulader in Bild 4 aus Gründen der Variabilität und Kosten die Akkus parallel lädt — das erfordert, daß die Akkus zum Laden aus dem Zielgerät entfernt werden müssen -, arbeitet der Lader in Bild 11 auf 6 V. Für die Anzahl der hintereinandergeschalteten Zellen gilt das oben Gesagte. Bei einem Labormuster wurden 20 Zellen der Größe 20 mm x 10 mm zum Laden von fünf in Serie geschalteten NiCd-Akkus in Mignon-Bauform — Nenndaten 1,2 V 500 mAh — eingesetzt. An einem sonnigen Novembertag gaben die Zellen trotz tiefstehender Sonne noch 20 mA ab, so daß bei entladenen Akkus mit einer Ladezeit von ca. 22 Stunden zu rechnen ist. Im Sommer bzw. mit größeren Zellen geht's natürlich schneller.

Da NiCd-Akkus relativ unempfindlich gegen Überladen sind, ist ein Überschreiten der notwendigen Ladezeit unkritisch. Aus dem gleichen Grund sollte man

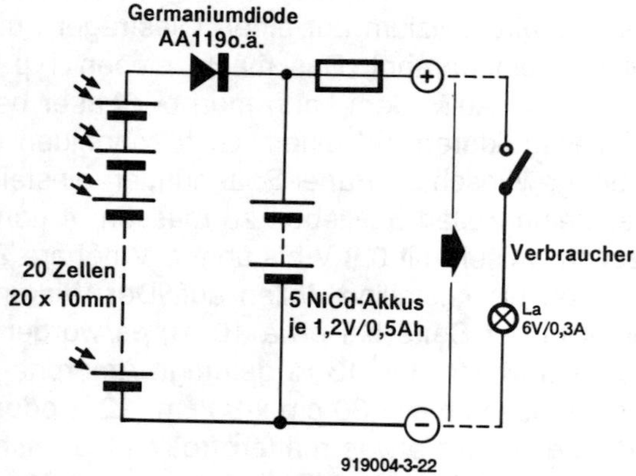

Bild 11. Schaltung eines solaren NiCd-Akkuladers.

eher eine Solarzelle mehr als eine zu wenig wählen, wenn man die Ladeschaltung für andere Spannungen dimensioniert. Als Entladeschutz-Diode kann man eine gewöhnliche Siliziumdiode 1N4148 oder eine Germaniumdiode verwenden, letztere kostet weniger Ladespannung (ca. 0,4 statt 0,7 V). Eine Schottkydiode lohnt wegen des höheren Preises wohl nicht. Wegen der Schutzdiode braucht man die Solarzellen auch dann nicht abzuschalten, wenn die Akkus einen Verbraucher speisen. Bestückt man eine einfache Batterie-Handlampe mit den Akkus und baut man die Solarzellen an das Lampengehäuse, hat man eine umweltfreundliche, preiswerte Solar-Handlampe (gestrichelter Schaltungsteil in Bild 11).

Die große Anzahl von Zellen des hier vorgeschlagenen Laders stellt auf den ersten Blick einen Nachteil gegenüber dem eingangs vorgestellten, fertigen Solarlader dar. Untersucht man die ermittelten Kennlinien genauer, stellt sich heraus, daß diese Schaltung nicht unproblematisch ist. Um die Ladezeit abschätzen zu können, ist im Diagramm eine Senkrechte bei 2 V eingezeichnet. Diese 2 V setzen sich aus der Ladespannung für NiCd-Akkus von ca. 1,4 V und 0,6 V Durchlaßspannung der Schutzdiode zusammen, sie stellen also die Spannung dar, bei der der Ladevorgang gut abläuft. Man erkennt im Diagramm, daß nur bei Sonnenbeleuchtung nennenswerter Strom fließt, und auch der ist recht knapp: ca. 17 mA bzw. 24 mA. Für einen normalen Mignon-Akku mit 500 mAh Kapazität benötigt man also rund 20 wolkenfreie Sonnenstunden (während der man den Lader nachführen muß). Für vier parallel liegende Akkus sind 80 Stunden Ladezeit netto nötig — die Zahlen sprechen für sich. Das Problem dieser Schaltung liegt in der Schutzdiode. Könnte man auf sie verzichten, würden ca. 1,4 V Ladespannung ausreichen, und man erkennt im Diagramm, daß die Ströme bei 1,4 V erheblich höher sind (ca. 25 mA bzw. 35 mA). Dementsprechend kürzer fallen die Ladezeiten aus. Da man auf die Schutzdiode nicht verzichten kann, bieten sich zwei Lösungen an: Erstens man ersetzt die Silizium-Diode durch eine Germanium-Diode mit geringerer Schwellspannung. Sonderlich viel bringt das nicht, aber es kostet auch fast nichts. Besser wäre es, den Spannungsverlust durch weitere ein oder zwei Solarzellen vorweg auszugleichen.

Solarradio

Ein wenig aufwendiger als der Solarlader, aber dafür sehr demonstrativ ist das folgende Solarradio. Es empfängt die Mittelwelle und ist einfach nachzubauen, denn die gesamte Empfänger-Elektronik inklusive NF-Verstärker befindet sich in einem IC ZN416E. Nur die nicht integrierbaren Komponenten müssen zugefügt werden und natürlich die Solarzellen. Wegen des Kopfhörer-Betriebs ist der Stromverbrauch gering, zwischen 5 und 8 mA, und das IC kommt mit einer geringen Speisespannung aus. Daher genügen vier in Serie geschaltete Solarzellen 20 mm x 10 mm zur Speisung aus. (Beim Labormuster im Foto wurden zwei Serienschaltungen parallel gelegt, als Sicherheit gegen sehr bedeckte Tage.)

Auf den Schalter S1 kann man verzichten, wenn man das Radio so baut, daß man die Zellen nach unten wenden kann. Der relativ große Elektrolyt-Kondensator (Elko) C6 parallel zu den Zellen unterdrückt Brummstörungen durch künstliches Licht oder Mischlicht. Da unsere elektrischen Beleuchtungen an 50-Hz-Wechselspannung liegen, d. h. 100 Mal je Sekunde heller und dunkler werden, schwankt auch die Energieabgabe der Solarzellen bei künstlicher Beleuchtung 100 Mal je Sekunde. Der Elko nivelliert diese Schwankungen und verhindert so, daß sie im

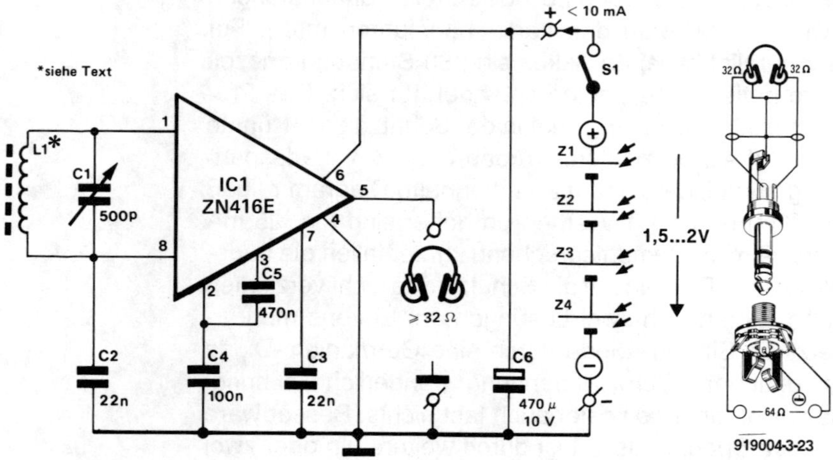

Bild 12. Die Schaltung des Solarradios. Die gesamte Elektronik ist in einem IC integriert.

Kopfhörer zu hören sind. Drehkondensator C1 und Spule/Ferritantenne L1 bilden den Schwingkreis zur Senderabstimmung. Der Drehko ist ein leicht erhältlicher Standard-Typ mit ca. 500 pF (Folien-Dielektrikum), man kann hier auch ein gebrauchtes Stück aus einem defekten Transistorradio verwenden. Etwas Handarbeit erfordert die Ferritantenne. Ein Ferritstab mit ca. 1 cm Durchmesser und ca. 5 cm Länge (ggf. einen längeren Stab kürzen) wird zunächst mit ein, zwei Lagen Tesakrepp oder Papier beklebt. Dann wickelt man 60 Windungen Kupferlackdraht (CuL) 0,5 mm dicht an dicht auf den Stab. Die Wicklung wird anschließend mit schnell trocknendem Lack oder Kleber (evtl. Nagellack) fixiert. (Durch Verwendung von HF-Litze statt Kupferlackdraht kann man die Güte des Schwingkreises — und damit die Selektivität des Empfängers — erhöhen.) Zur Montage des Ferritstabs auf der Platine verwendet man Kunststoff-Binder oder Gummibänder, keinen Metalldraht! Für den ersten Empfangstest sollte man die Ferritantenne noch nicht endgültig montieren. Schwingt bzw. pfeift der Empfänger nämlich, kann man das durch Umdrehen des Stabs beheben. Stimmt der Frequenzbereich nicht — das Labormuster arbeitet zwischen 450 kHz und 2,2 MHz —, kann man ihn durch Entfernen (Bereich zu niedrig) oder zusätzlich Aufwickeln (Bereich zu hoch) von einigen Windungen korrigieren. Zum Überprüfen des Frequenzbereichs vergleicht man das Solar-Radio mit einem normalen Mittelwellen-Empfänger, am besten tagsüber, wenn das Band noch nicht überbelegt ist.

Als Kopfhörer taugt ein gewöhnlicher Walkman-Hörer mit 2 x 32 Ω. Die Buchse wird jedoch so verdrahtet, daß die beiden Muscheln in Reihe liegen und die Gesamtimpedanz 64 Ω beträgt, nicht parallelschalten! Übrigens wird der Stromverbrauch wesentlich durch den Kopfhörer bestimmt. Verwendet man einen Kopfhörer mit 2 x 2000 Ω, einer Norm aus früheren Radio-Zeiten, kommt das Solar-Radio mit 1,5 mA aus. Man kann die Schaltung auf einer Lochraster-Platine aufbauen oder mit Hilfe des Layouts (siehe Anhang) eine Platine anfertigen.

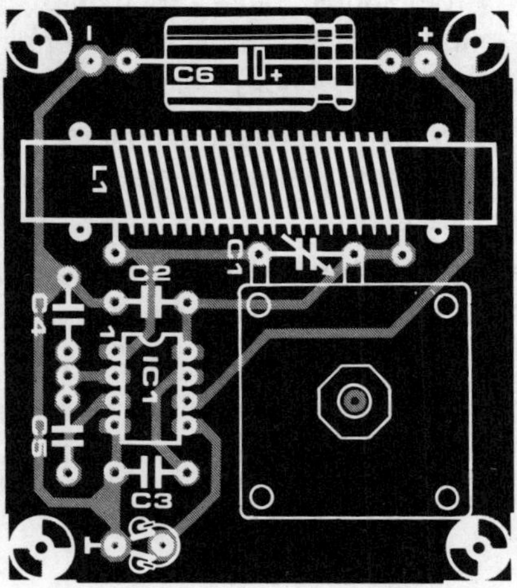

919004-3-24

Bild 13. Die Anordnung der Bauteile auf einer Platine. Beim Aufbau auf eine Lochraster-Platine sollte man die Bauteile ähnlich anordnen.

Bild 14. Das Solarradio.

Zusammenfassung

- ❒ Die Spannung einer Solarzelle hat die Richtung der Durchlaßspannung.
- ❒ Der Arbeitspunkt einer Solarzelle (Strom und Spannung) hängt von der Sonneneinstrahlung und der (elektrischen) Belastung der Zelle ab.
- ❒ Im optimalen Arbeitspunkt (MPP) ist die Leistungsabgabe (bei einer bestimmten Einstrahlung) maximal.
- ❒ Die Stromausbeute von Solarmaterial ist proportional zur Oberfläche der Zelle.
- ❒ Solarzellen werden (z. B. durch Dioden) davor geschützt, bei Dunkelheit dem angeschlossenen Verbraucher Strom zu entziehen.

6. Lichtschranken und Bewegungsmelder

In den vorhergehenden Kapiteln wurden optoelektronische Lichtquellen („Sender") und Halbleiter-Sensoren („Empfänger") jeweils für sich behandelt. Viele moderne Opto-Anwendungen enthalten beide Bauelemententypen: Sie nutzen den Lichtstrahl als Verbindung zwischen einem Sender und einem Empfänger. Diese Verbindung hat viele nutzbare Eigenschaften: Man kann den Lichtstrahl zum Registrieren von Bewegungen einsetzen (Lichtschranke, Bewegungsmelder), man kann eine hochwertige Signalverbindung ohne Kupferkabel herstellen (Infrarot-Fernsteuerung, Lichtwellen-Leiter), man kann Schaltkreise voneinander elektrisch isolieren und dennoch Signale übertragen (Opto-Koppler) usw.

Lichtschranke

Eine Lichtschranke besteht aus zwei Teilen: dem Sender, z. B. ein Glühbirnchen oder eine einfache LED, und dem Empfänger, der reagiert, wenn er den Lichtstrahl des Senders nicht mehr „sieht". Lichschranken steuern beispielsweise Ladentüren: Geht man durch die Lichtschranke, wird der Strahl unterbrochen, und die Türe

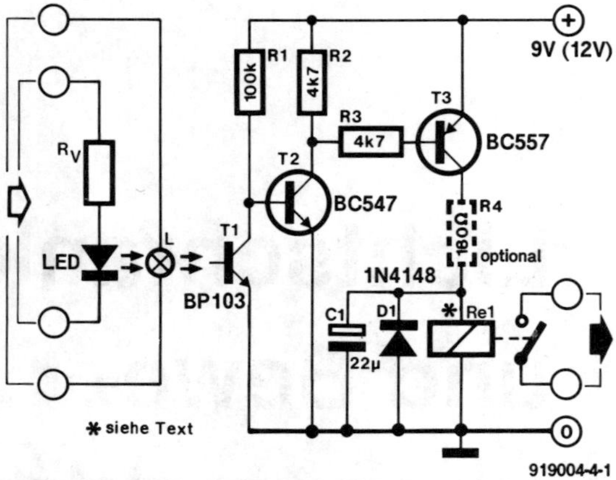

Bild 1. Eine einfache Lichtschranken-Schaltung (Glühbirne oder LED).

öffnet sich. Das Prinzip ist einfach, und eine passende Schaltung ebenso.

Als Sensor dient wegen der höheren Stromausbeute ein Fototransistor, denn auf Schnelligkeit kommt es hier nicht an. Bei geschlossenem Lichtstrahl ist der Fototransistor T1 leitend und seine Kollektorspannung folglich niedrig — bei unterbrochenem Strahl hoch. Sie wird von T2 verstärkt und, da dieser Transistor ebenfalls in Emitterschaltung arbeitet, logisch umgekehrt: Die Kollektorspannung von T2 ist bei niedriger Basisspannung, also geschlossenem Lichtstrahl, hoch; bei einer Unterbrechung sinkt sie. Am dritten Transistor findet eine weitere Umkehrung statt: Da es sich um einen PNP-Transistor handelt, der eine positive Emitterspannung benötigt, bedeutet hier eine hohe Basisspannung (an T3; gegen Masse gemessen), daß die Basis-Emitter-Spannung dieses Transistors gering ist und der Transistor sperrt. Mangels Kollektorstrom bleibt das Relais im Ruhezustand. Sinkt die Kollektorspannung von T2, bei einer Strahl-Unterbrechung nämlich, ist zwar auch die Spannung an der Basis von T3 niedrig, seine Basis-Emitter-Spannung hingegen ist groß, und dieser Transistor wird leitend. Sein Kollektorstrom fließt durch das Relais zum Minus-Pol, und das Relais zieht an. Die Empfindlichkeit der Schaltung kann man mit R1 verändern.

Die Diode parallel zum Relais schützt T3 vor Überspannungen beim Abschalten des Relais, und der Kondensator unterdrückt Störungen, die von T1 aufgenommen und von den anderen Transistoren verstärkt werden. R4 ist nötig, wenn das eingebaute Relais nicht für die Betriebsspannung geeignet ist, er sollte bei Verwendung von 6-V-Relais eingesetzt werden (180 Ω oder 220 Ω).

Diese einfache Anordnung taugt für einfache Aufgaben. Darunter sind Anwendungen mit kurzem Abstand zwischen Sender und Empfänger sowie ohne störende andere Lichtquellen zu verstehen, z. B. eine sogenannte Gabel-Lichtschranke (Gabel-Koppler) mit wenigen Millimetern Abstand. Solche Lichtschranken werden beispielsweise in Disketten-Laufwerken eingesetzt: Sie ermitteln dort, ob die Schreibschutzkerbe offen ist oder abgeklebt. Mit einem starken Glühbirnchen und etwas Fremdlichtschutz können auch erheblich weitere Entfernungen überbrückt werden.

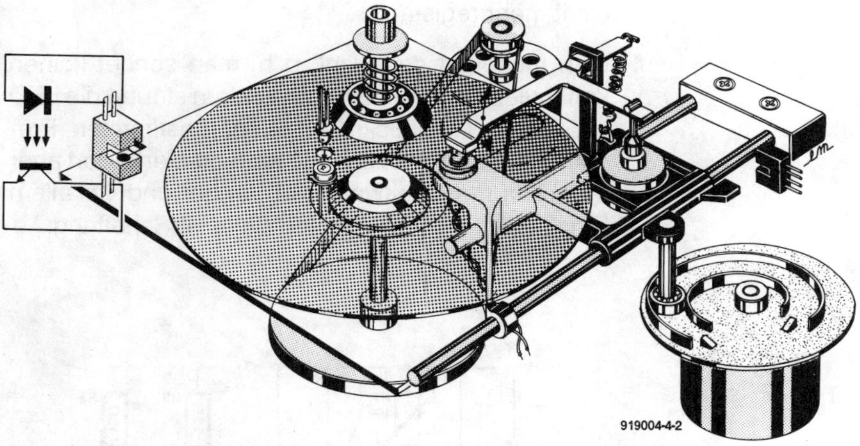

Bild 2 Diese Gabel-Lichtschranke stellt fest, ob die Schreibschutzkerbe der Diskette verklebt wurde.

Für weniger ideale Anwendungen ist die Schaltung aus Bild 1 weniger geeignet. Das hat vor allem mit dem Funktionsprinzip zu tun: Der Fototransistor empfängt neben dem LED-Licht auch Umgebungslicht, das bei unterbrochenem Lichtstrahl ein Anziehen des Relais möglicherweise verhindert. Es gibt eine Reihe von technischen Tricks, diesen Störeinfluß zu unterdrücken:

1. Man setzt eine stärkere Lichtquelle ein, z. B. mehrere, hocheffiziente LEDs oder eine Glühlampe, damit der Einfluß des Umgebungslichts weniger ins Gewicht fällt. Die Ansprechschwelle der Schaltung muß sorgsam abgestimmt werden, z. B. durch Justieren der Kollektor-Widerstände von T1 und T2 oder durch Verwenden eines Komparator-ICs.
2. Man sorgt mit Hilfe eines Lichschutzes um oder einer Optik vor dem Fototransistor dafür, daß dieser Transistor nur den Sender „sieht" und nicht von störenden Lichtquellen beschienen wird.
3. Mit einem Filter begrenzt man die Empfindlichkeit des Empfängers auf die Lichtfarbe der Sende-LED, z. B. Infrarot. Zwar enthält das Umgebungslicht ebenfalls infrarote Anteile, aber auf diese Weise fällt das Licht des Senders stärker ins Gewicht, denn die andersfarbigen Teile des Umgebungslichts werden nicht mehr registriert.
4. Man moduliert das Licht, d. h. man sendet keinen kontinuierlichen Lichtstrahl, sondern steuert die LED mit einem Rechteckstrom einer bestimmten Frequenz. Dies ist die sicherste Methode, erfordert aber erheblich mehr Aufwand bei Sender und vor allem Empfänger. Bild 3 zeigt eine Beispiel-Schaltung.

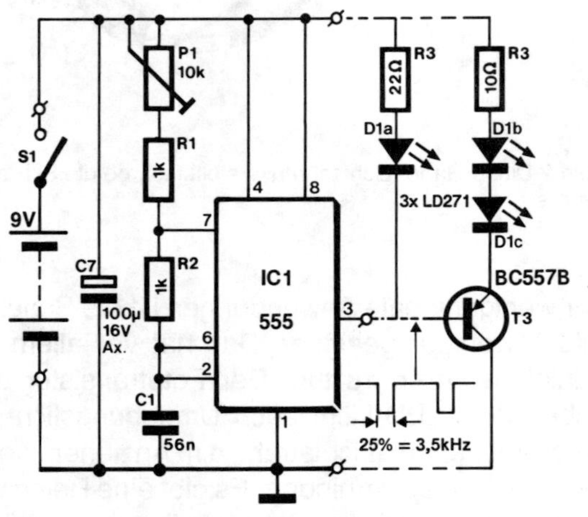

Bild 3. Ein modulierter Lichtsender (mit Zusatz-Treiberschaltung, Seite 106) und ein passender Empfänger (Seite 107).

Beide Schaltungen gruppieren sich um je ein IC. Im Sender steckt ein Oszillator mit dem verbreiteten Timer-IC 555. P1, R1, R2 und C1 stellen die Frequenz von ca. 3,5 kHz ein. Diese Frequenz ist nicht zu hoch gewählt, denn künstliches Licht „flackert" zwar nur mit 100 Hz, kann jedoch erhebliche Oberwellen aufweisen. Bei 3,5 kHz sind sie jedoch bereits sehr schwach. Die Verwendung einer Infrarot-LED (LD 271) gestattet es, als Empfänger eine spezielle Infrarot-Fotodiode (BPW 41 N) zu benutzen, bei der ein Infrarot-Filter die sichtbaren Anteile des Umgebungslichts sperrt.

Der Fotodioden-Strom verursacht an der Schaltung um Transistor T2 einen lichtabhängigen Spannungsabfall. Der Transistor übernimmt an dieser Stelle die Funktion des Arbeitswiderstandes für die Fotodiode. Im Gegensatz zu einem echten Widerstand hat er den Vorteil, für Gleich- und niederfrequenten Wechselstrom wie ein geringer Widerstand zu wirken, für höherfrequente Anteile jedoch wie ein hoher Widerstand. Dadurch erzielen diese höherfrequenten Ströme, zu denen auch die Signale aus dem Sender zählen, einen hohen Spannungsabfall, während das Tageslicht oder das niederfrequente Kunstlicht nur geringe Spannungen erzeugen. Kurz: für die Nutzsignale ist die Schaltung emp-

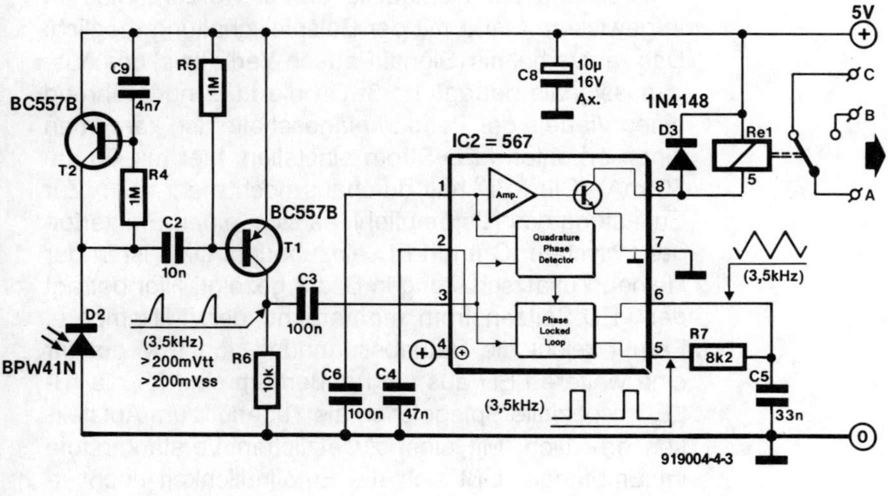

findlich, für Störungen weniger. Kondensator C2 läßt nur die Wechselspannungs-Anteile dieser Spannung passieren, denn die von konstantem Licht, also vor allem natürliches Umgebungslicht erzeugten Gleichanteile werden weiter nicht benötigt. Genauer gesagt bilden C2 und R5 einen Hochpaß, der Signalreste unter ca. 100 Hz zusätzlich unterdrückt, die stärksten Anteile des künstlichen Lichts. T1 verstärkt das Signal (Kollektorschaltung) und führt es dem IC 567 zu. Dieses IC arbeitet in der vorliegenden Beschaltung als Dekoder für 3,5-kHz-Signale. Diese Frequenz wird durch R7 und C5 festgelegt. Damit Sender und Empfänger trotz eventueller Bauteiletoleranzen auf gleiche Frequenz eingestellt werden können, ist P1 im Sender vorgesehen. Man kann mit dieser Schaltung eine Anzeige betreiben — LED mit Vorwiderstand — oder ein kleines Relais, z. B. ein 5-V-DIL-Relais. Für kleine Frequenzänderungen des Senders z. B. infolge Temperaturschwankungen ist sie relativ unempfindlich, da der 567 einen ausreichenden Fangbereich aufweist.

Die Funktionstüchtigkeit solcher Schaltungen hängt erheblich vom Aufbau und von den übrigen Umständen ab. Zwar ist der Fremdlichteinfluß stark gedämpft, aber für weitere Entfernungen bringt das wenig. Dazu muß die Leistung der Lichtquelle erhöht werden. Dies ist in gewissem Maße mit der Beispielschaltung möglich: Das Tastverhältnis (Signal/Pausen-Verhältnis) des Ausgangssignals beträgt 1 : 3. Da die LED nur während eines Viertels der Periode eingeschaltet ist, kann man einen erhöhten LED-Strom einstellen: hier mit R3 ca. 50 mA. (Die LED hält durchaus noch mehr aus.) Zur Entlastung des ICs empfiehlt es sich, einen Emitterfolger zwischen IC und LED einzubauen. Dies ist in der kleinen Zusatzschaltung in Bild 3 gezeigt. Hier beträgt der LED-Spitzenstrom mehrere hundert Milliampere. Ferner reicht die Betriebsspannung von 9 V gut für eine weitere LED aus; und außerdem sind für die IR-LEDs spezielle Spiegelchen als Zubehör zum Aufstekken erhältlich. Mit einer zusätzlichen Verstärkerstufe im Empfänger läßt sich die Empfindlichkeit noch etwas steigern. Dieses kleine Maßnahmenpaket erhöht die Lichtausbeute um ein Vielfaches; sie reicht für eine Lichtschranke mit 1 m Sender-Empfänger-Abstand.

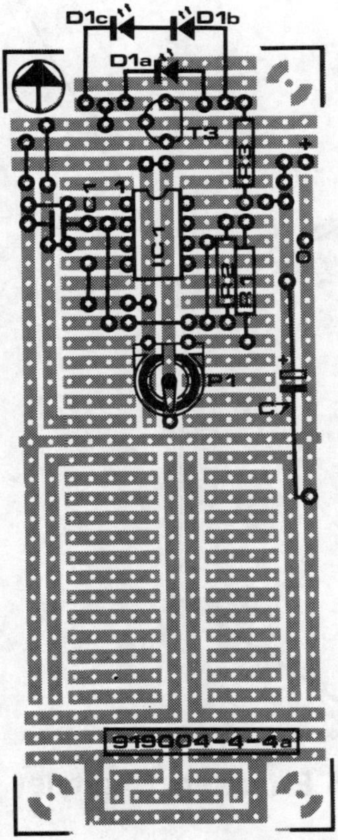

919004-4-4a

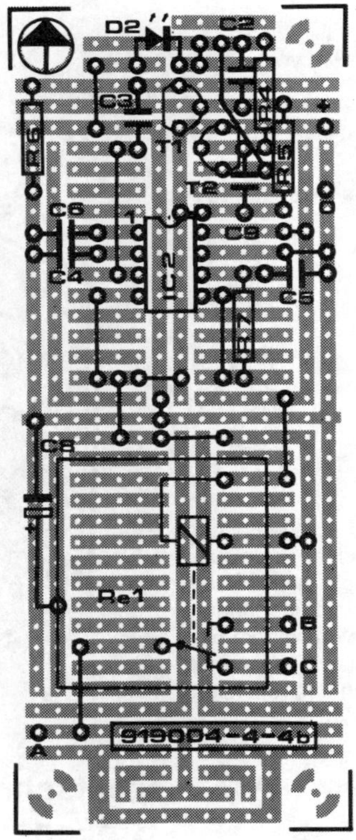

919004-4-4b

Vielfach werden Sender und Empfänger in ein Gehäuse gebaut. Ein Reflektor lenkt den Strahl am gegenüberliegenden Ende der Lichtschranke zurück. Ein einfacher Spiegel ist an dieser Stelle ungünstig, da er genau justiert werden muß. Man verwendet üblicherweise einen Tripelreflektor („Katzenauge"). Diese Spiegel bestehen aus vielen kleinen Facetten, die kleine rechtwinklige Spiegelecken darstellen und die Eigenschaft haben, jeden Strahl unabhängig von seinem Einfallwinkel in seine Richtung zurückzuwerfen. Bei der Realisierung dieser Anordnung ist zu berücksichtigen, daß die Entfernung zwischen Sender und Empfänger das Doppelte der Weite der Lichtschranke ist. Bei Eigenbau-Lichtschranken können hier gelbe oder rote Fahrrad-Reflektoren einen neuen Verwendungszweck finden.

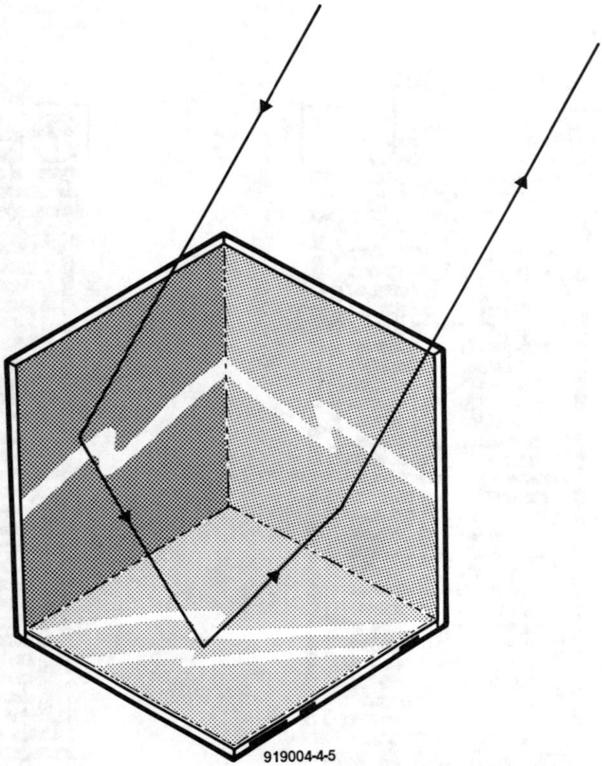

Bild 5. Eine Facette eines Tripelspiegels: Jeder Strahl wird unabhängig von seinem Einfallswinkel in seine Richtung reflektiert.

Lichtschranken zum Erfassen digitaler Größen

Obwohl Lichtschranken vor allem als Türöffner bekannt sind, spielen sie heute in kleiner Ausführung als Sensoren für Rechner oder andere digitale Schaltungen eine viel größere Rolle. Kleine Gabel-Lichtschranken werden fix und fertig hergestellt. Bild 6 zeigt die Gabel-Lichtschranke CNY 37.

In den aufrechten Schenkeln befinden sich LED bzw. Fototransistor (ohne Basisanschluß). Sie können mit einer der bereits erwähnten Schaltungen gesteuert werden, wobei die Konstruktion nur geringe Ansprüche stellt. Zur Ergänzung zeigt Bild 7 eine Schaltung mit einem CMOS-IC. Das IC 4050 enthält sechs (nichtinvertierende) Treiberstufen und wird normalerweise zum Ansteuern von TTL-Logik-ICs (74 . . . -Familie) mit CMOS-ICs (40 . . . -Familie) eingesetzt.

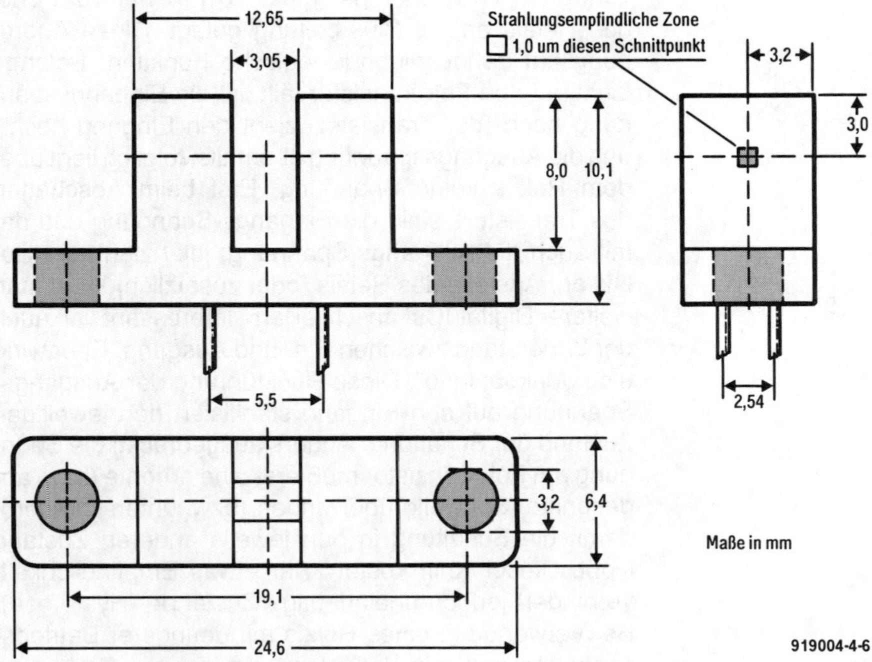

Bild 6. Ansichten einer Gabel-Lichschranke CNY 37.

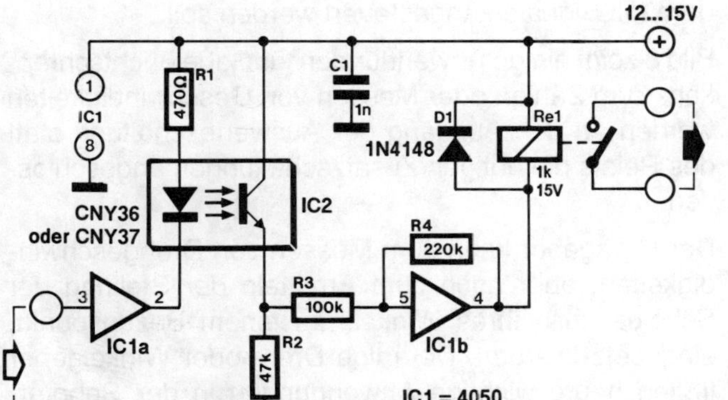

Bild 7. Gabel-Lichtschranke mit digitaler Ansteuerung und Auswertung.

Die Betriebsspannung darf zwischen 5 V und 15 V liegen. Eine Stufe kann bis zu 40 mA (bei 15 V) nach Minus leiten, das reicht zum Ansteuern eines kleinen Relais. Weil das IC nach Minus erheblich mehr Strom verkraftet als nach Plus (max. 10 mA bei 15 V), ist das Relais an die Plus-Leitung gelegt. Diese Anordnung hat daher folgende logische Funktion: Solange Licht auf den Fototransistor fällt, ist die Eingangsspannung hoch (der Transistor „zieht den Eingang hoch") und die Ausgangsspannung ebenfalls; folglich liegt über dem Relais keine Spannung. Erst beim Abschatten des Transistors sinkt die Eingangs-Spannung und damit auch die Ausgangs-Spannung; jetzt zieht das Relais an. Anstelle des Relais (oder zusätzlich) kann man weitere Digital-ICs anschließen. Interessant ist auch der Widerstand zwischen Ein- und Ausgang. Er bewirkt eine „Mitkopplung". Diese Rückführung der Ausgangs-Spannung auf den Eingang stabilisiert den jeweiligen Zustand der Schaltung. Anders ausgedrückt: die Spannung am Fototransistor muß erst eine erhöhte (bzw. abgesenkte) Schwelle überwinden (bzw. unterschreiten), damit die Schaltung in den jeweils anderen Zustand kippt. Dieser Kniff kostet zwar etwas Empfindlichkeit, verhindert jedoch uneindeutige Zustände (Hysterese). Bei Verwendung eines Relais mit geringerer Betriebsspannung muß ein Vorwiderstand (s. o.) in Serie werden.

Die Treiberstufe in der LED-Zuleitung ist nur dann notwendig, wenn die LED nicht kontinuierlich leuchtet, sondern mit Signalen angesteuert werden soll.

Bild 8 zeigt einige Anwendungen für Gabel-Lichtschranken. Zum Zählen oder Messen von Geschwindigkeiten werden an den Ausgang der Auswerteschaltung statt des Relais die nötigen Zusatzschaltungen angeschlossen

Der Drehgeber kann zum Messen von Drehgeschwindigkeiten, aber auch zum Ermitteln der Stellung der Scheibe, also ihres Winkels zu einem Bezugspunkt, eingesetzt werden. Derartige Dreh- oder Winkelgeber finden heute wichtige Anwendungen in der Roboter-Technik: Sie melden dem Steuer-Rechner z. B., in welchem Winkel ein Roboterarm steht. Dazu sind freilich mehrere Lichtschranken nötig: z. B. eine, die zählt, um wieviel Grade sich die Scheibe weitergedreht hat, eine zweite, die die Drehrichtung (im/entgegen dem Uhrzeigersinn) feststellt, und eine dritte, die die Nullstellung der Scheibe festlegt. Diese Lichtschranke ist notwen-

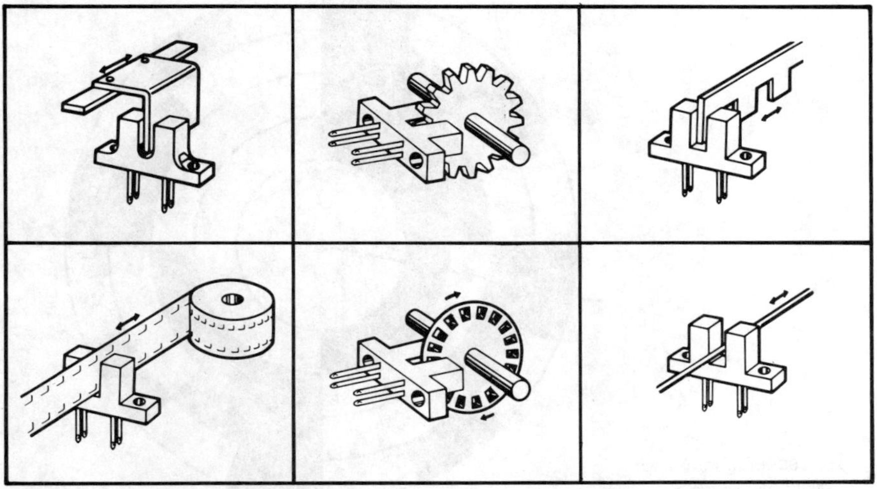

919004-4-8

Bild 8. Anwendungsbeispiele für Gabel-Lichtschranken.

dig, weil die beiden anderen ja nur Winkeländerungen feststellen, nicht jedoch absolute Positionen. Für sie ist ein zusätzliches, einzelnes Loch auf der Scheibe notwendig. Eine solche Lösung mit drei Lichtschranken ist nur bedingt betriebstüchtig. In modernen Anwendungen verwendet man einen sogenannten Winkelkodierer, der nach einem binären Verfahren arbeitet. Dabei ist die Scheibe mit mehreren Ringen von Öffnungen versehen. Von Ring zu Ring ist die Anzahl der Öffnungen halbiert, ihre Breite dafür verdoppelt. Es entsteht ein Muster wie in Bild 9.

Diese Kodierscheibe steuert vier Lichtschranken, die auf einer Radialen (Linie durch den Mittelpunkt) liegen. Alle 22,5° ändert sich das Muster, das die Sensoren abtasten, und alle sind verschieden. Das heißt, jedes 16tel Kreissegment kann eindeutig bestimmt werden, und damit die Stellung der Scheibe auf 22,5° genau. Möchte man die Genauigkeit steigern, muß man einen weiteren Ring mit doppelt so vielen, also 32 Segmenten zufügen usw. Die Anzahl der Segmente und, reziprok dazu, die Genauigkeit steigt mit der Potenz zur Zahl 2; es handelt sich also um ein binäres Zahlensystem. Für eine Genauigkeit besser als 1 % benötigt man sieben

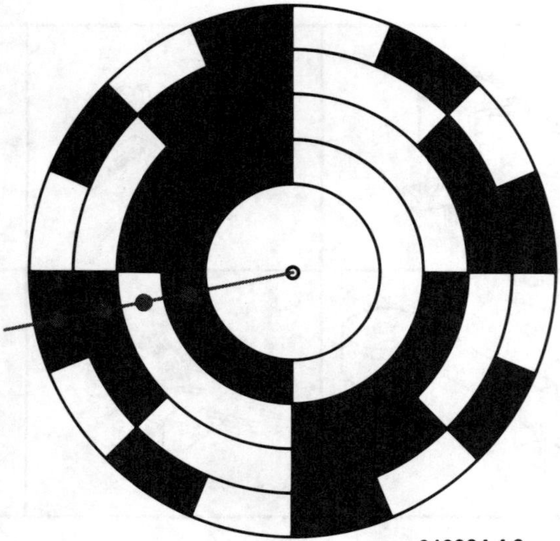

Bild 9. Kodierscheibe eines Winkelkodierers.

919004-4-9

Ringe, der letzte mit 128 Segmenten. Soll die Auflösung besser als 1° sein, muß man neun Ringe anbringen, man kann dann auf ein 512tel, also ca. 0,7°, auflösen.

Ein einfacher Winkelkodierer ist die folgende Schaltung eines Windrichtungsanzeigers. Die Stellung einer Windfahne (Bild 10) wird kodiert, über drei Leitungen (plus Masse) zu einem Dekoder übertragen, dort dekodiert und ausgegeben.

Schaltbild 11 zeigt, daß drei Fototransistoren eine Kodier-Scheibe (Bild 12) mit drei Ringen abtasten. Es werden folglich 2^3, also acht Windrichtungen unterschieden. (Für 16 Windrichtungen, z. B. „NNO", müßte ein weiterer Ring mit einem weiteren Fototransistor sowie ein anderes Dekoder-IC vorgesehen werden.)

Die Dekoderschaltung ist recht einfach. Sobald einer der Fototransistoren vom Schein der jeweils gegenüberliegenden LED getroffen wird, zieht er die Spannung des IC-Eingangs auf 5 V. Je nach der Kombination der Eingänge, an denen 5 V liegt, schaltet das IC einen der Ausgänge (von vorher 5 V) auf 0 V, und die angeschlossene LED leuchtet auf. (Die Ursprungsfunktion des ICs ist, vierstellige Binärzahlen in einstellige Dezimalzahlen zu wandeln.) Da das IC immer nur eine LED aufleuchten läßt, genügt ein gemeinsamer Vorwiderstand (R9). Die Geber-LEDs sind

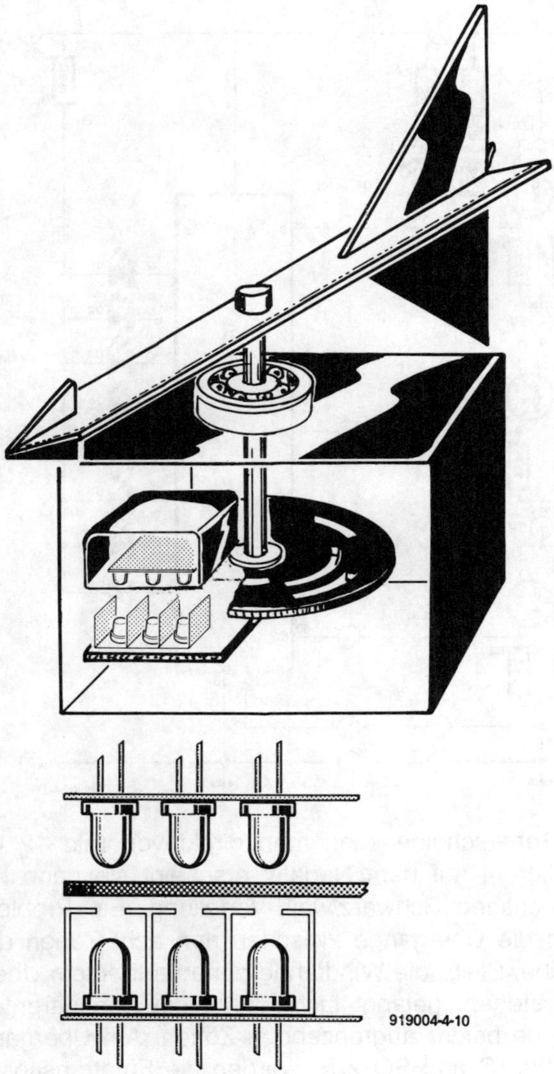

Bild 10. Die Stellung einer leicht drehbaren Windfahne wird von einer Winkel-Kodierscheibe in Signale für drei Fototransistoren und daher drei Übertragungsleitungen kodiert.

über zwei Vorwiderstände angeschlossen, da man sie bei 5 V Betriebsspannung nicht alle drei in Serie legen kann. Der LED-Strom ist auf 20 mA dimensioniert (R7, R8). Mit R1/R3/R5 kann man die Empfindlichkeit der Fototransistor-Stufen einstellen. Selbstverständlich kann man die Schaltung in einen Geber- und einen Dekoderteil trennen (gestrichelte Verbindungen). Das Gebergehäuse muß völlig lichtdicht sein.

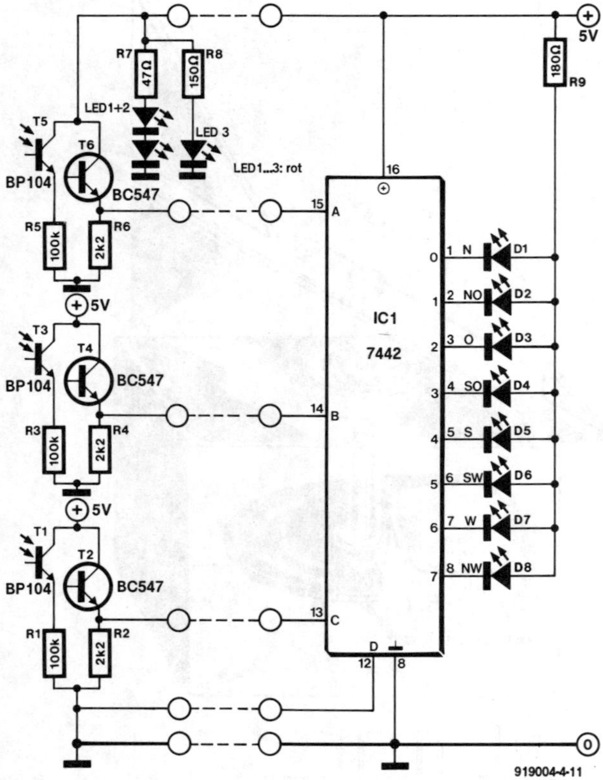

Bild 11. Der Schaltplan von Geber und Dekoder des Windrichtungsanzeigers.

Die Geberscheibe kann man direkt von Bild 12 fotografieren, auf dem Negativ erscheint sie dann mit den richtigen Schwarz/weiß-Verteilung. Ein Problem bilden die Übergänge zwischen den acht Zonen der Scheibe. Bleibt die Windfahne genau auf einem Übergang stehen, gelangt Licht durch die transparenten Bereiche beider angrenzenden Zonen. Am Übergang zwischen S und SO z. B. werden die Fototransitoren aller drei Ringe (teilweise) beschienen. Das Ergebnis dürfte die Anzeige „NW" sein, also völlig falsch. Gewiß passiert es sehr selten, daß der Geber präzis am Übergang stehen bleibt. Durch Verwenden eines Fototransitors mit schmalem Einfallwinkel, z. B. BP 103B (50°) oder besser noch BPY 62 (16°), sowie ggf. einer schmalen Blende vor dem Transistor kann man den Problemfall weiter eingrenzen. In professionellen Anlagen, wo es auf hohe Zuverlässigkeit ankommt,

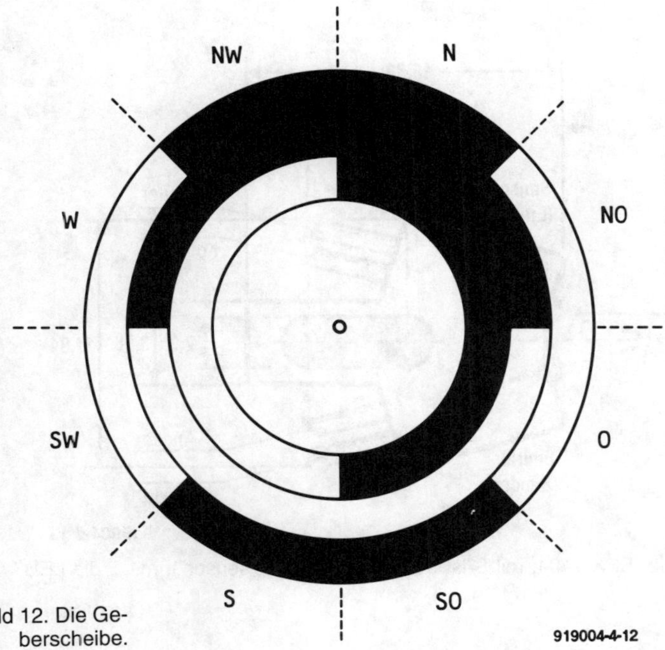

Bild 12. Die Geberscheibe.

reicht dies nicht aus. Hier würde man in der Dekoder-Logik entsprechende Sicherung gegen solch grobe Mißinterpretationen vorsehen.

Übrigens wird dieses Verfahren, eine Kodierscheibe mit Lichtschranken abzutasten, auch bei linearen Anwendungen eingesetzt. An die Stelle der runden Kodierscheibe tritt dann ein Kodierlineal. Es müssen auch nicht unbedingt durchleuchtende Lichtschranken verwendet werden, sondern kleine „Reflex-Koppler", bei denen Sender und Empfänger nebeneinander in einem Gehäuse liegen, tun's ebenso. Eine verbreitete Anwendung dafür sind die Bar-Kodeleser, mit denen z. B. moderne Warenhauskassen einzelne Artikel anhand des aufgedruckten Streifenmusters erfassen und die Preise registrieren. Bild 13 zeigt einen derartigen Reflexkoppler SPX 1404.

IR-Bewegungsmelder

Auch mit einem Infrarotsensor, jedoch nach einem ganz anderen Verfahren als die Lichtschranken, arbeiten die inzwischen weit verbreiteten Infrarot-

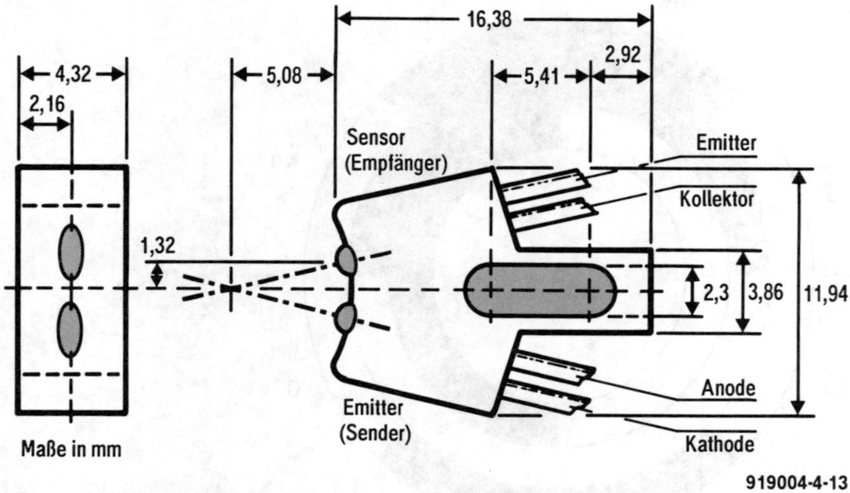

Bild 13. Der Reflexkoppler SPX 1404; mit S ist der Fototransistor („sensor"), mit E die LED („emitter") gemeint.

Bewegungsmelder. Die Wärme eines Menschen oder Lebewesens ist eine — wenngleich sehr langwellige — Infrarotstrahlung. Die verwendeten Sensoren (z. B. RPY 97) sind keine Halbleiter, sondern arbeiten nach einem pyroelektrischen Prinzip, sind also echte Wärmesensoren. Sie enthalten kleine Plättchen aus einem speziellen Keramikmaterial, die bei Temperaturänderungen eine winzige Spannung liefern. Diese Spannung wird noch im Sensorgehäuse von einem FET verstärkt. In den Bewegungsmeldern ist ein IR-Sensor mit einer speziellen Linse kombiniert. Diese Linse besteht aus einem gewölbten, trüben Kunststoff, ihre Oberfläche ist nach Art einer Fresnel-Linse strukturiert.

Diese Linse sorgt dafür, daß der Sensor die Wärmestrahlung aus den verschiedenen Bereichen des umliegenden Raums nicht gleichmäßig empfängt, sondern fächerartig bestimmte Zonen bevorzugt registriert und die dazwischenliegenden Zonen ignoriert. Bewegt sich nun ein wärmespendendes Objekt im Raum, passiert es wechselweise empfindliche und unempfindliche Bereiche. Der Sensor registriert dies als wechselnde Wärmestrahlung und erzeugt bei jedem Wechsel einen Spannungsimpuls. Die Linse bewirkt somit, daß nicht

Bild 14. Die gewölbte Fresnel-Linse sort dafür, daß nur Bewegungen von Lebewesen registriert werden.

auf Temperaturänderungen, sondern nur auf Bewegungen von Lebewesen reagiert wird — dies kann freilich auch eine Katze sein.

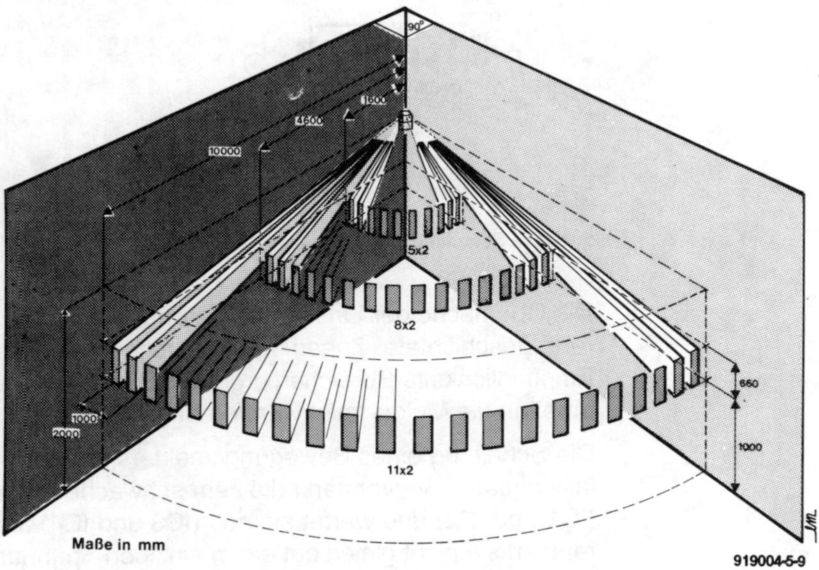

Bild 15. Die Skizze zeigt die empfindlichen Zonen des Sensors.

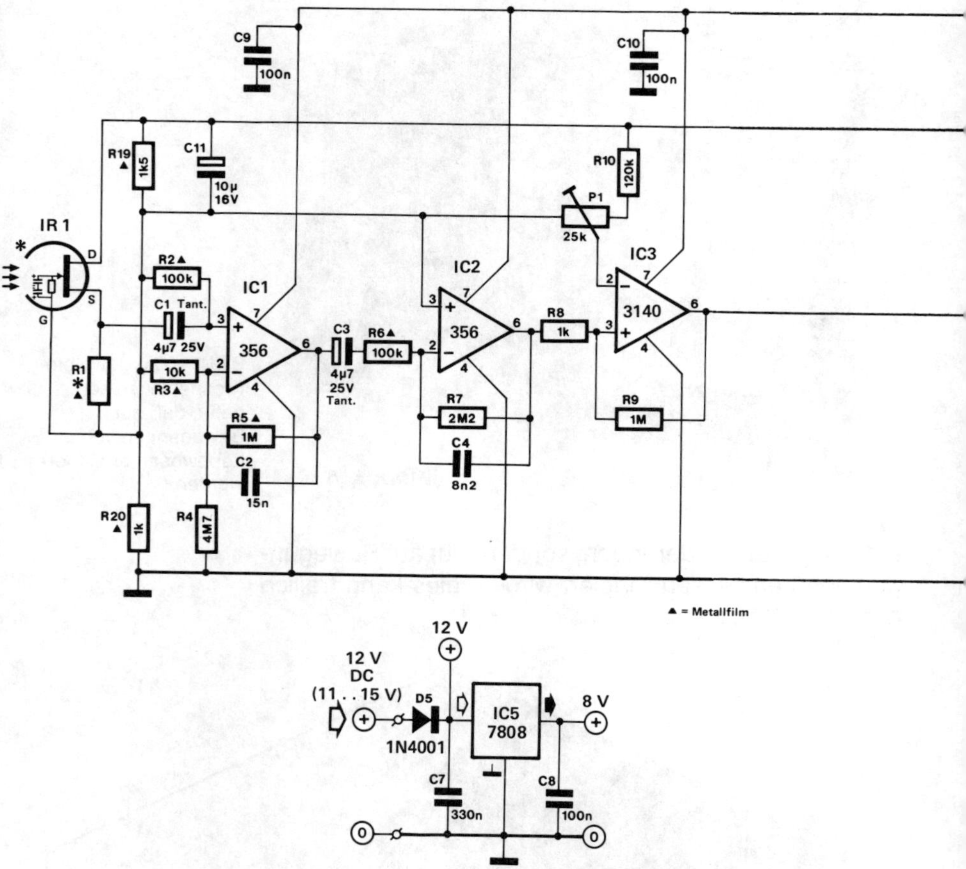

Bild 16. Die Schaltung eines Bewegungsmelders.

Die Oberfläche der Linse ist so geformt, daß sich mehrere geschichtete Zonen mit unterschiedlich breiten Empfindlichkeits-Bereichen ergeben (Bild 15). Dadurch arbeiten die Melder relativ entfernungsunabhängig.

Die Schaltung eines Bewegungsmelders im Bild ist relativ einfach. Sie verstärkt die sehr schwachen Signale (IC1 und IC2) und wertet sie aus (IC3 und IC4). Dabei reagiert sie nicht gleich auf einen einzigen Spannungsimpuls, sondern wartet mehrere schnell aufeinander folgende Impulse ab, bevor sie mit Hilfe der Endtransistoren und eines Relais das angeschlossene Warngerät aktiviert. Die Schaltung soll hier nicht eingehender be-

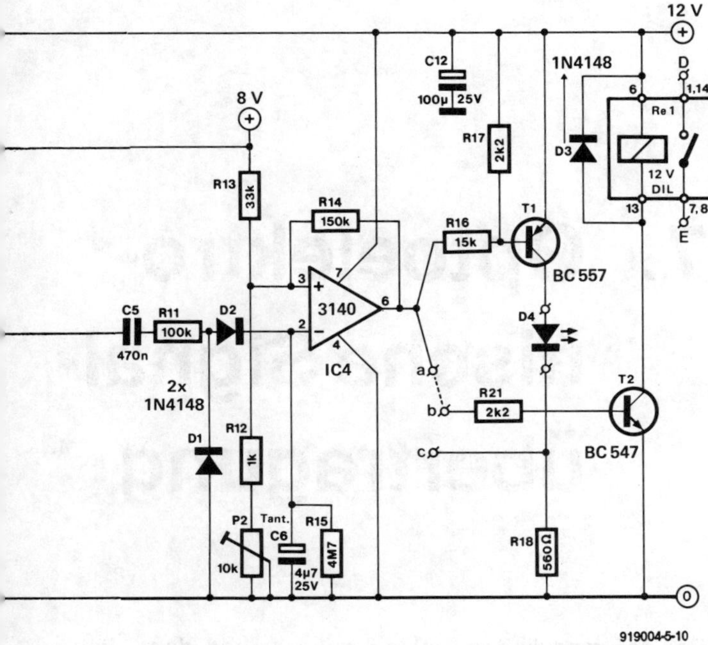

sprochen werden, da ein Nachbau sich angesichts der niedrigen Preise für Fertiggeräte wohl kaum lohnt.

Zusammenfassung

- ❒ Eine Lichtschranke besteht aus einer Lichtquelle und einem Sensor; sie reagiert, wenn der Lichtstrahl dazwischen unterbrochen wird.
- ❒ Zum Unterdrücken von Störeinflüssen auf eine Lichtschranke kann man:
  - eine starke Lichtquelle einsetzen
  - optisch den „Sichtbereich" des Sensors einschränken
  - mit Filtern das System auf eine Lichtfarbe beschränken, vorzugsweise Infrarot
  - das Licht modulieren

7. Optoelektronische Signalübertragung

Bei der modulierten Lichtschranke wurde dem Lichtstrahl bereits ein Signal mitgegeben — treffender: moduliert — und vom Empfänger ausgewertet. Es diente freilich nur der Verifizierung des „richtigen" Infrarot-Lichtstrahls. Dies ist auch das Basis-Verfahren der vielfältigen Infrarot-Fernsteuerungen. Beim Umschalten des Fernsehers soll der Lichtstrahl natürlich nicht unterbrochen werden, damit die aufmodulierte Information den Empfänger erreicht. Diese Information ist erheblich komplexer als das einfache 3,5-kHz-Signal unserer Lichtschranke. Immerhin kann man die Grundschaltung aus Bild 3 des letzten Kapitels auch als einfaches Kode-Schloß mit Schlüssel verwenden: Der Sender ist der Schlüssel, der Empfänger das Schloß, das mittels des Relais beispielsweise eine Türe öffnet.

Digitale Signalübertragung

Die gebräuchlichen Infrarot-Fernsteuerungen senden trägerlose digitale Signale aus. „Trägerlos" bedeutet, daß der Lichtstrahl direkt mit dem Digitalsignal moduliert wird, im Gegensatz zur hochfrequenten Radiowelle, die ja ein durchlaufendes Trägersignal darstellt.

(Es gibt auch Verfahren, bei denen der Lichtstrahl mit einem Träger und darauf die Information selbst moduliert wird.) Wie so ein digitales Fernsteuersignal aussieht, verdeutlicht Bild 1.

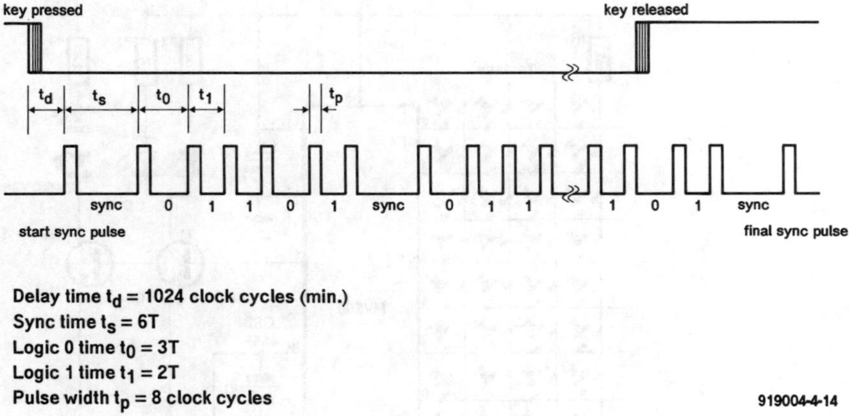

Bild 1. Das Impulsdiagramm eines IR-Fernsteuersenders mit dem IC MV 500.

Es handelt sich um das Ausgangssignal eines Fernsteuerchips MV 500 (unteres Diagramm). Das obere Diagramm zeigt, daß eine Taste der Fernsteuerung eine zeitlang gedrückt ist. Es handelt sich um die erste Taste der dritten Reihe der Gebertastatur. Nach einem Synchronisationsimpuls (SYNC), der dem Empfänger einen Befehl ankündigt, werden die beiden Zahlen 3 und 1 als Binärzahlen übertragen. Binärzahlen bestehen aus Ketten von Einsern und Nullen, hier aus der Kombination 011 — 01. Der Sender kennzeichnet 0 und 1 durch unterschiedlich lange Impulsdauern (t_0 und t_1). Nach jeder Binärzahlübertragung wird erneut ein Synchronisationsimpuls eingelegt, damit der Empfänger den Anfang einer Zahl erkennen kann. (Selbst bei einem kurzen Antippen wird die betreffende Zahl vielfach gesendet, denn die Signale dauern nur einzelne Millisekunden.) In der Fachsprache wird dieses einfache Verfahren PPM (für Pulse Position Modulation) bezeichnet. 32 Kombinationsmöglichkeiten einer dreistelligen (8 Kombinationen) mit einer zweistelligen Binärzahl (4 Kombinationen) gibt es, also kann eine Fernsteuerung dieser Art mit 32 Tasten ausgestattet werden (32 Kanäle).

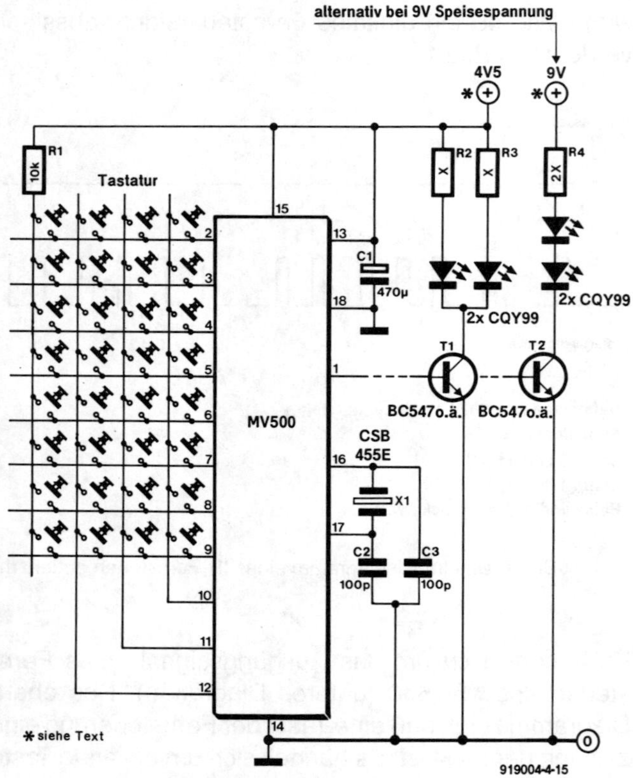

Bild 2. Der Fernsteuersender MV 500 kann 32 Tasten kodieren.

Anstelle einer Experimentierschaltung, die recht aufwendig würde, soll eine fertige, erprobte Applikation der Fernsteuer-ICs MV 500 (Sender) und MV 601 (Empfänger) von Plessey vorgestellt werden. Bild 2 zeigt die einfache Sender-Schaltung, die außer dem IC einen Keramik-Resonator, das Tastenfeld sowie einen Transistor und zwei IR-LEDs umfaßt — weniger geht kaum. Der Keramik-Resonator X1 steuert den internen Taktoszillator des ICs, der dafür sorgt, daß die Impulszeiten genau und stabil sind. Im IC ist die gesamte Elektronik zum Erkennen der gedrückten Taste und zum Erzeugen der Impulse enthalten. Das IC ist darüberhinaus mit einer Automatik ausgestattet, die die Stromversorgung nur dann einschaltet, wenn eine Taste gedrückt wird.

Die dazu passende Empfänger-Schaltung ist etwas aufwendiger: Sie enthält außer dem Empfänger-IC ein

Vorstufen-IC SL 486, der trotz der geringen Intensität des Lichts der beiden IR-LEDs des Senders einen einwandfreien Empfang sicherstellen soll.

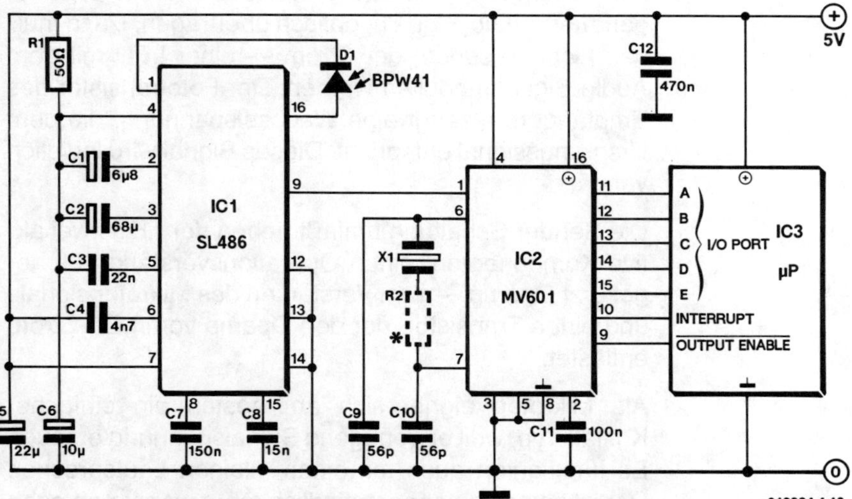

919004-4-16

* Einige Quarze benötigen einen Widerstand von 220Ω zur Dämpfung, der Oberwellen unterdrückt.

Bild 3. Eine Vorstufe sorgt für zuverlässigen Betrieb.

Die diskreten Komponenten sind im wesentlichen Kondensatoren, die man nicht integrieren kann. Auch der Taktgeber des Empfängers MV 601 wird von einem Keramik-Resonator gesteuert; die Resonatoren von Sender und Empfänger müssen auf der gleichen Frequenz schwingen (400 . . . 1000 kHz). Wer diese Applikationen nachbauen möchte kann ein preiswertes Keramikfilter für die standardisierte Zwischenfrequenz 455 kHz einsetzen. Die Schaltung ist in Bild 3 an einen Mikroprozessor angeschlossen. Selbstverständlich ist es dem Anwender freigestellt, wie er die Signale auf den fünf Leitungen A . . . E weiterverwendet. Sie sind noch binär kodiert. Zusätzlich bietet das IC eine „Data Ready"-Leitung an, die (mit 0 V) signalisiert, daß das IC Signale empfängt. Speist man eine Spannung in den IC-Eingang „Output Enable", werden die Ausgänge A . . . E inaktiv, also hochohmig (tri state). Eine Fußnote in Bild 3 besagt, daß je nach Resonatortyp ein 220-Ω-Widerstand zum Beseitigen von Schwingneigung nötig ist.

Analoge Signal-Übertragung

Mit den folgenden Experimentierschaltungen wollen wir noch einen Schritt weiter gehen und analoge Signale, genauer: Audio-Signale, optisch übertragen. Dazu muß das Licht — sprich: der Strom — einer LED mit dem Audio-Signal moduliert werden. Der Fototransistor des Empfängers erzeugt eine Wechselspannung, die dem Ursprungssignal entspricht. Dieses Signal wird lediglich verstärkt.

Die Sender-Schaltung umfaßt neben der LED zwei aktive Komponenten: einen Operationsverstärker — abgekürzt Opamp — zum Verstärken des Mikrofonsignals und einen Transistor, der den Opamp vom LED-Strom entlastet.

Als Mikrofon eignet sich am besten ein einfacher Kristall-Typ, weil er genügend Signalspannung erzeugt. Es funktioniert auch mit einem kleinen Lautsprecher. Der ist zwar weniger empfindlich, aber wenn man nahe genug herangeht, steuert er ebenfalls die Schaltung voll durch. Die Signalspannung wird über C1 direkt in den IC-Eingang gekoppelt. Dieser Eingang wird gleichzeitig von R1/R2 und R3 auf halbe Betriebsspannung legt. C2 verhindert, daß Störungen aus der Spannungs-Versorgung über den Spannungsteiler auf den empfindlichen Opamp-Eingang geraten. R4 und R5 legen den Verstärkungsfaktor des Opamps fest: In dieser Beschaltung ist es das Verhältnis R5/R4, also 10.000. Das ist ein sehr hoher Wert, der Opamp ist deshalb auch für Störungen sehr empfindlich. Nur die Wechselspannung des Mikrofons darf um diesen Faktor angehoben werden. (Würde man die ebenfalls am IC-Eingang liegende Gleichspannung (halbe Betriebsspannung) verstärken, müßte der Ausgang ca. 4,5 V · 10.000 = 45 kV führen — was natürlich bei einer Betriebsspannung von 9 . . . 12 V nur heißt, daß der IC-Ausgang permanent übersteuert wäre.) Kondensator C3 macht deshalb die Gegenkopplung R5/R4 für Gleichspannung unwirksam: Gleichanteile werden nur 1 : 1 am Ausgang wiedergegeben. Am Ausgang liegt also als Ruhespannung die halbe Betriebsspannung. Da die Basis von T1 ca. 0,6 V weniger als die Betriebsspannung führt, steht fast die halbe Betriebsspannung über P1/R6. Die Folge: es fließt erhebli-

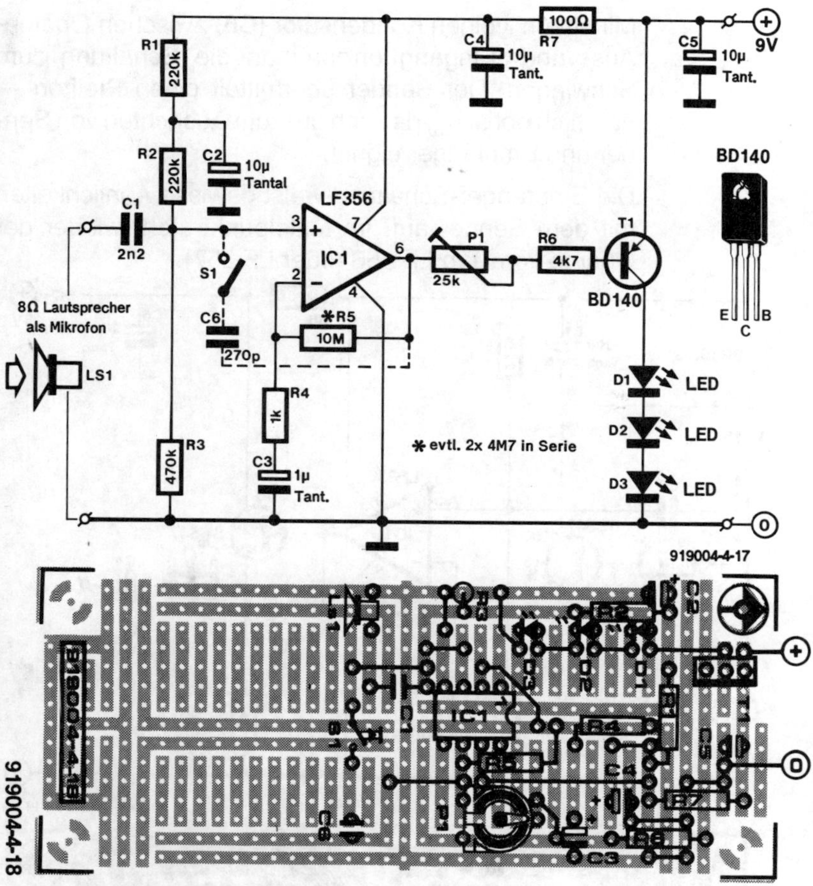

Bild 4. Der Sender unserer optoelektronischen Analog-Übertragungsstrecke (Schaltbild und Platinenaufbau.

cher Basis- und somit auch erheblicher LED-Strom. P1 sollte so eingestellt werden, daß im Ruhezustand ca. der halbe gewünschte Maximalstrom fließt. Mit anderen Worten: Die LED leuchtet auch ohne Eingangssignal schon mit halber Kraft. Dies kostet zwar Strom, ist jedoch nötig, damit sowohl positive als auch negative Halbwellen der Wechselspannung den LED-Strom variieren, sprich: modulieren. Das hatten wir ja an anderer Stelle bereits durchüberlegt. Da der LED-Strom erheblich höher ist als der Stromverbrauch des Opamps, kann man den Ruhe-LED-Strom mit Hilfe eines Amperemeters in der Stromzuführung der Schaltung messen (z. B. 20 mA).

Mit einem kleinen Kondensator (C6) zwischen Opamp-Aus- und -Eingang erregt man die Schaltung zum Schwingen. Der Sender übermittelt einen Pfeifton — natürlich optisch -, der sich gut zum Ausrichten von Sender und Empfänger eignet.

Die Empfänger-Schaltung weist gewisse Ähnlichkeiten mit dem Sender auf. Im Mittelpunkt steht wieder der Opamp vom Typ LF 356 (oder LF 357).

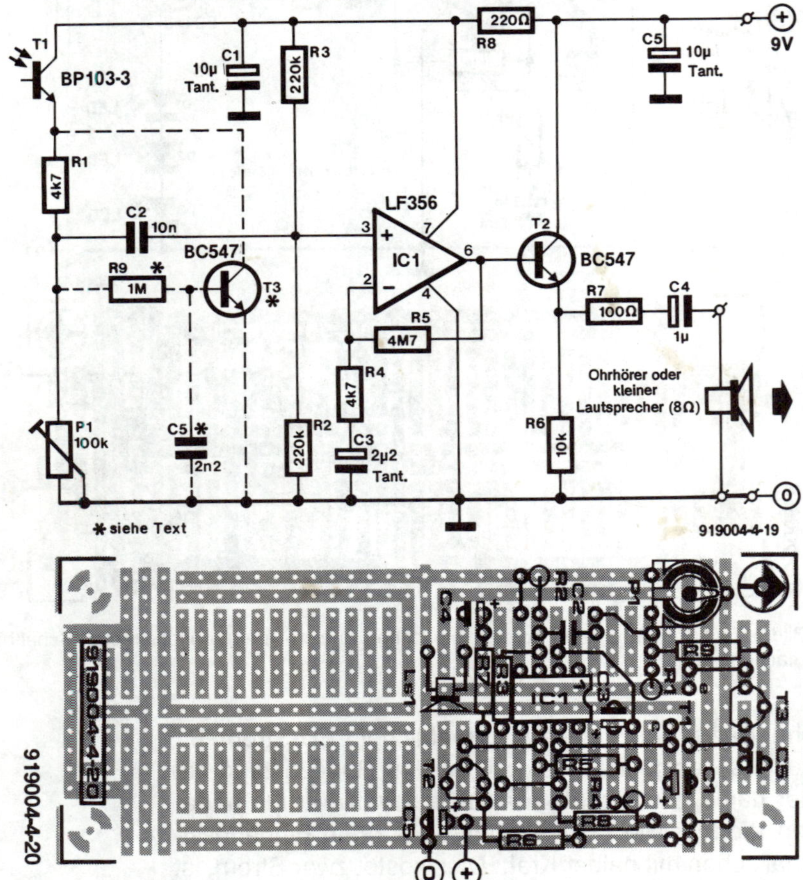

Bild 5. Die Empfängerschaltung: ein Fototransistor plus Verstärker; dazu ein Layout für die Elektor-Standard-Platine.

Dieser Typ wurde übrigens u. a. wegen seines sehr hohen Eingangswiderstands gewählt. Auch hier ist eine Verstärkung von ca. 1000 (R5/R4) eingetellt. Der schwache Signalstrom der Fotodiode (in T1) wird von T1 verstärkt und fließt durch den 100-kΩ-Trimmer. Dort verursacht er einen Spannungsabfall, der dem Sperrstrom und daher dem Lichteinfall proportional ist und der folglich das Eingangssignal darstellt. Sie ist auch vom Widerstand R2 abhängig, an dem die Empfindlichkeit der Eingangsschaltung eingestellt wird. Nur die Wechselanteile dieses Signal passieren den Kondensator (C2) in Richtung Opamp. Dieser Kondensator verhindert, daß der von der Tageslichthelligkeit verursachte Fotodioden-Strom den Opamp durchsteuert und dadurch den Aussteuerungsbereich einschränkt. Wie wichtig dieser Kondensator ist, wird klar, wenn man bedenkt, daß das Sonnenlicht viel, viel stärker ist als die Lichtausbeute unserer Sende-LED. Der Spannungteiler am Opamp-Eingang legt die Ruhespannung wie gehabt auf halbe Betriebsspannung. Der Opamp-Ausgang kann einen nicht zu niederohmigen Kopfhörer (Walkman-Hörer 2 x 32 Ω) treiben, zur Not auch einen kleinen Lautsprecher. Für echten Lautsprecherbetrieb muß man einen einfachen Endverstärker ankoppeln. R8, C1 und C5 unterdrücken Störungen auf der Betriebsspannungs-Leitung.

Im Schaltplan ist eine Zusatzschaltung gestrichelt eingezeichnet, die wir bereits kennengelernt hatten: T3 und seine Umgebung. Dieser Transistor leitet einen Teil des Gleichstroms (und niederfrequenten Wechselstroms), den die Umgebungshelligkeit im Fototransistor erzeugt, nach Masse ab. Das ist, als ob der Widerstand R1/P1 für Gleichspannungen stark verkleinert würde, dieser Anteil wird von der Verstärkerschaltung nicht berücksichtigt.

Diese Experimentier-Optoübertragung ist gewiß keine Langstrecken-Einrichtung. Dazu müßte man einen Laser-Strahl einsetzen. Immerhin kann man die Reichweite mit optischen Mitteln auf einige Meter erhöhen. Der Ausstrahlwinkel der meisten LEDs ist recht breit, z. B. 35° oder 50°, damit die LEDs als Anzeigen aus möglichst allen Richtungen zu erkennen sind. Mit einem kleinen, aufsteckbaren Hohlspiegel kann man jedoch das austretende Licht recht gut bündeln. Die Spiegelchen sind als preiswertes LED-Zubehör erhältlich. Wegen der Bündelung muß man die LED jetzt gut ausrichten. Am besten montiert man sie auf einer kleinen

Zusatz-Lochrasterplatine statt mit auf die in Bild 5 dargestellte Standard-Platine.

Um die Wirksamkeit des Fototransistors zu erhöhen, haben wir die Optik bemüht und einen Hohlspiegel eingesetzt. er konzentriert die einfallenden Strahlen des Senders auf den Fototransistor; man kann sagen, daß er dessen Einfallsquerschnitt vergrößert. Bild 6 zeigt die Anordnung.

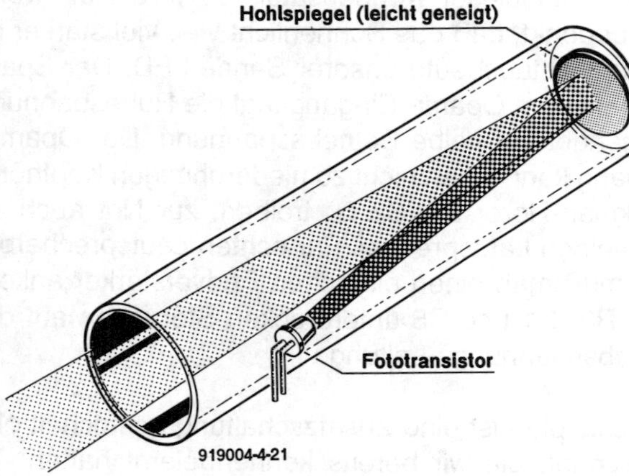

Bild 6. Wie ein Spiegelteleskop aufgebaut: der Empfänger für die optoelektronische Analogübertragung.

Das Material ist einfach und preiswert zu beschaffen: Bei dem Hohlspiegel handelt es sich um einen Rasierspiegel mit „Vergrößerungseffekt"; ein passendes Rohr kann man als Verpackung für Pläne oder Poster in Zeichenbedarfs-Läden bekommen oder aus Karton selber herstellen. Der Rasierspiegel ist zwar kein optischen Präzisionsbauteil, aber für den vorliegenden Zweck reicht es vollkommen aus. Der Fototransistor befindet sich am offenen Ende des Rohrs, ist aber zum geschlossenen Ende hingerichtet, er „sieht" also in den Spiegel. Damit die Lichtstrahlen, die von der Sende-LED kommen, das Rohr parallel verlassen, muß die LED genau im Brennpunkt des Spiegels montiert werden.

Die Brennweite kann man experimentell ermitteln: Man hält den Spiegel in Sonnenlicht, findet den Punkt höchster Konzentration — den sprichwörtlichen Brennpunkt — und mißt den Abstand zum Spiegel. Bei unserem

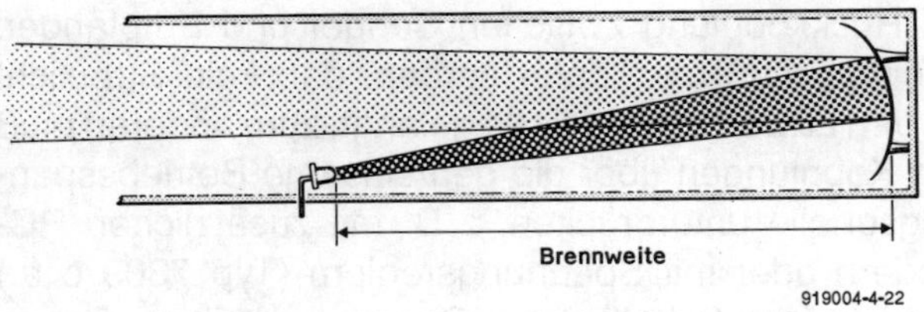

Bild 7. Der Fototransistor wird im Abstand der Brennweite vom Spiegel eingebaut, und zwar an der Rohrwand.

Muster betrug die Brennweite 36 cm. Damit die Verbindungen des Fototransistors zur Schaltung möglichst kurz ausfallen — längere Kabel transportieren Störungen in die empfindliche Schaltung — , haben wir den Transistor an eine Rohrwand montiert und nicht, wie es bei einem Spiegelteleskop üblich ist, in der Mitte. Deshalb muß der Spiegel leicht gegen die Längsachse des Rohrs geneigt werden. Das Rohr darf zur Abschirmung von seitlichem Streulicht etwas länger als die Brennweite sein, z. B. 50 cm. Zum Vermindern von Streureflexionen an den Rohr-Innenwänden kann man es mattschwarz streichen.

Übrigens muß man darauf achten, das Rohr nicht in die Sonne auszurichten, sonst kann es passieren, daß das Sonnenlicht auf den Fototransistor fokussiert wird und ihn zerstört.

Selbstverständlich braucht man zur Kommunikation in beide Richtungen zwei Sender/Empfänger. Am einfachsten ist es, man montiert die Sende-LEDs auf das Empfängerrohr. Beim Einlöten der LEDs sollte man darauf achten, daß sie ein wenig biegsam sind und ihr Lichtkegel parallel zur Achse des Rohrs ausgerichtet werden können. Das Ausrichten ist einfach: Man stellt sich einige Meter entfernt vom Rohr so auf, daß man genau in des Rohr hineinschauen kann. Bei den mit Spiegelchen ausgestatteten LEDs kann man genau erkennen, ob sie zentral ausgerichtet sind: Das Spiegelchen leuchtet dann gleichmäßig hell. Die Feinabstimmung führt man bei den ersten Tests durch, bei denen man den Abstand zwischen den beiden Stationen zunächst gering hält. Zum Umschalten zwischen Senden und Empfangen schaltet man einfach die Betriebsspannung zwischen den beiden Schaltungen um. Will man hingegen Duplex-Betrieb machen, also gleichzeitig in beide Richtungen übertragen, muß man zusätzliche Maßnahmen zur Vermeidung von Übersprechen und Rückkopplung zwischen Sender und Empfänger. Zu einen muß man dafür sorgen, daß kein Streulicht von den LEDs zur Fotodiode gelangt, zum anderen muß man Kopplungen über die gemeinsame Betriebsspannungsquelle unterdrücken, z. B. mit zusätzlichen RC-Gliedern oder mit Spannungsreglern (Typ 7809 o. ä.) für die beiden Schaltungen. Gegebenenfalls muß man eine höhere Betriebsspannung einplanen. Die einfachste und beste Entkopplung ist freilich, Sender und Empfänger aus völlig getrennten Batterien zu speisen.

Eine Alternative zeigt das Foto Bild 8. Hier ist der Spiegel ohne Rohr auf einer verstärkten Holzleiste montiert, die Platine mit dem Fototransistor und dem Empfänger sowie der Sender ebenfalls. Ein Hülse um den Transistor hält alles Licht, das nicht vom Spiegel kommt, fern. Diese Version ist leichter zu justieren: Zum Ausrichten auf den Fototransistor wird die Spiegelneigung geändert.

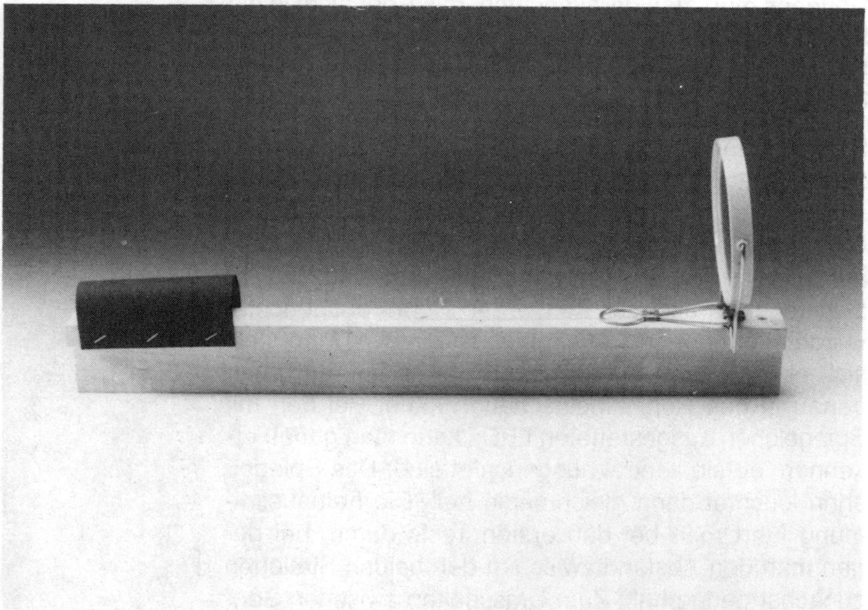

Bild 8. So geht's auch: Statt mit einem großen Rohr ist der Fototransistor lediglich mit einer kleinen Hülse gegen Fremdlicht geschützt.

Mit den beschriebenen Anordnungen kann man allerlei Experimente anstellen, z.B. mit dem Ziel, die Reichweite zu optimieren. Optimieren — nicht maximieren —, weil Reichweite und Störfreiheit bei dem analogen Verfahren zueinander im Gegensatz stehen: Vergrößert man den Abstand zwischen Sender und Empfänger, ohne zusätzliche technische Maßnahmen durchzuführen, steigt der Störpegel. Ansatzpunkte sind die optische Konstruktion, der LED-Strom, die Beschaltung des Fototransistors selbst sowie die Empfänger-Schaltung als Ganzes. Auch kann man den LED-Typ bzw. die LED-Farbe sowie das Empfängerelement variieren: Fototransistor oder Solarzelle. Die weitestgehende Änderung freilich ist, ein anderes, ein digitales Übertragungsverfahren zu wählen. Dies erläutert der folgende Abschnitt.

Digitale Übertragung von Analogsignalen

Digitale Übertragungsverfahren kennzeichnen den derzeitigen Stand der Signal-Übertragungstechnik. Der Umstieg von der analogen Rillenschallplatte zur digital kodierten CD ist das populärste Beispiel dazu. Bei digitalen Verfahren tauchen die originalen Signalspannungen auf dem Übertragungsweg nicht mehr in ihrer ursprünglichen, kontinuierlichen Form auf. Dies war bei der oben beschriebenen, analogen Opto-Übertragung noch der Fall: Die Mikrofonspannung ist in Form von Intensitätsschwankungen der Lichtstrahlen auf dem Übertragungsweg wiederzufinden. Bei digitalen Verfahren werden die Originalsignale in Signale umgewandelt, die (nahezu) übergangslos zwischen Null und einem Maximalwert hin- und herschalten. Beim Empfang müssen sie folglich wieder zurückverwandelt, dekodiert werden. Bild 9 zeigt einen Schaltungsvorschlag für einen Sender.

Zu den beiden folgenden Schaltungen muß vorausgeschickt werden, daß sie etwas über den Rahmen dieses Buchs hinausgehen. Sie dienen in erster Linie dazu, einen kleinen Einblick in derartige Techniken zu bieten. Man kann sie auch nachbauen, sie sind getestet. Aber wegen ihres Umfangs und der recht komplexen PLL-Schaltungstechnik können sich — allein schon

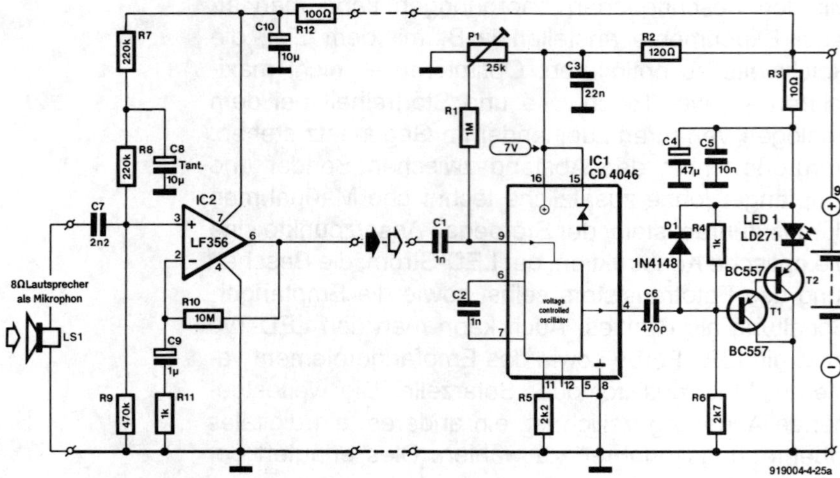

Bild 9. Ein digitaler Optosender mit Frequenz-Modulation.

aufgrund von Exemplarstreuungen — Fehler einschleichen, die ohne Meßgeräte nicht so leicht zu finden sind.

Dieser Sender arbeitet mit Frequenz-Modulation, kurz FM. Sein Ausgangssignal ist ein Rechecktsignal mit einer Frequenz von ca. 100 kHz. Beim Besprechen des Mikrofons steigt oder fällt die Frequenz der Impulse in Abhängigkeit vom Mikrofonsignal.

Die Mikrofonverstärkerstufe stammt aus dem Analog-Optosender. Man kann sie hier ohne große Änderungen übernehmen, lediglich der Treiber für die LEDs entfällt. Gegebenenfalls kann man auch die Verstärkung etwas absenken, indem man den Gegenkopplungswiderstand von 10 MΩ auf 4,7 MΩ verringert. Das niederfrequente Ausgangssignal wird mit einem Kondensator auf den spannungsgesteuerten Oszillator (VCO; voltage controlled Oscillator) des IC1 gekoppelt. Dieser Oszillator schwingt auf größenordnungsmäßig 100 kHz und ist zugleich der Modulator, denn die Eingangsspannung ändert die Frequenz. Die Grundfrequenz hängt von R5 und C2 ab. Man kann sie ferner mit Hilfe von P1 einstellen, denn das Poti legt eine Gleichspannung an den Steuereingang des VCO.

Die übrigen Teile des ICs benötigt man im Sender nicht, lediglich die eingebaute Zenerdiode an Pin

15 wird zusammen mit R2 und C3 zur Spannungsstabilisierung des ICs genutzt. Dies ist nötig, damit Betriebsspannungs-Schwankungen aufgrund der hohen Strombelastung durch die LED keine Rückwirkungen auf die Frequenz des VCO haben.

Die Schaltung um T1 und T2 bildet den Treiber für die LED. Dieser Schaltungsteil hat einerseits die Aufgabe, einen ausreichend hohen Strom zu erzeugen, und andererseits soll er aus dem Rechtecksignal des VCOs kurze Impulse formen, also einen asymmetrischen Duty-cycle erzeugen. Aufgrund der kurzen Impulse kann der LED-Strom erheblich höher eingestellt werden — dies hatten wir ja bereits behandelt. Zur Impulsformung dient C6, der recht klein ist und kurze, abwechselnd positive und negative Impulse erzeugt, wenn der VCO-Ausgang ein- bzw. ausschaltet. Die negativen Impulse verursachen einen Basisstrom von T1 und T2, die als Darlington geschaltet sind und somit wie ein hochverstärkender Transistor betrachtet werden können. Dieser Basisstrom wird also verstärkt und bringt die LED kurz zum Leuchten — freilich unsichtbar, da es sich um eine Infrarot-LED handelt. Die positiven Impulse des Kondensators — er erzeugt sie bei jedem Ansteigen der VCO-Spannung — werden von der Diode D1 kurzgeschlossen, damit sie nicht die beiden Emitterstrecken in Sperr-Richtung schalten, was die Transistoren übelnehmen. Der Spannungsteiler R4/R6 sorgt für eine Vorspannung von T1/T2 und somit für einen ausreichenden Basis- bzw. LED-Strom. Das Siebglied R3/C4/C5 entkoppelt die Treiberschaltung von der Betriebsspannung, damit sich die starken Stromimpulse nicht in die anderen Schaltungsteile fortpflanzen. Die Funktion des Senders kann man folgendermaßen testen (wenn kein Oszilloskop zur Verfügung steht): Man lötet einige -zig Zentimeter Kupferlitze an die Verbindung LED/T2 und legt diese Litze um ein Radio mit Langwellen-Empfang. 100 kHz bzw. die Oberwelle bei 200 kHz fallen in diesen Bereich, man kann sie als deutliches Prasseln empfangen und hört auch so etwas wie eine Modulation. Ferner kann man die IR-LED testweise durch eine rote LED ersetzen, dann erkennt man, ob der Treiber funktioniert. Die LED scheint we-

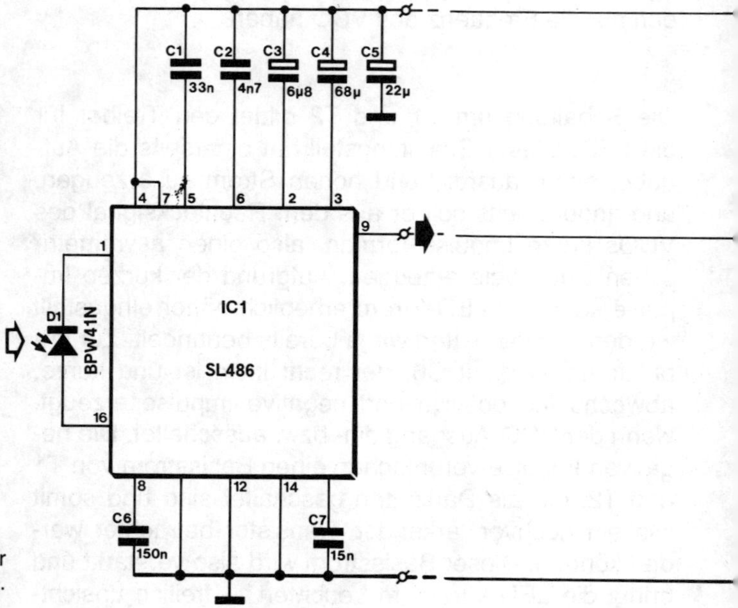

Bild 10. Der Empfänger zu Bild 9.

gen des stark asymmetrischen Impuls/Pausen-Verhältnisses nicht außerordentlich hell zu leuchten.

Der Empfänger besteht grundlegend aus drei Stufen: der Eingangsstufe (IC1), der Demodulatorstufe (IC2) und dem Endverstärker (IC3). Es ist zwar nicht besonders lehrreich, daß die Eingangsstufe mit einer „Black Box" in Form des ICs SL 486 aufgebaut ist, aber die Technik dieser Eingangsstufen ist sehr kompliziert. Besprechung und Nachbau einer für derartige Zwecke geeigneten Schaltung sind aufwendig und lohnen kaum. Das IC erfüllt vor allem zwei Aufgaben: Einerseits besteht es aus mehreren Verstärker-Stufen, die ihm die nötige Empfindlichkeit verleihen und, da sie mit einer internen Regelschleife ausgestattet sind, ihn an die unterschiedlichen Lichtverhältnisse anpassen. Interessant ist, wie das IC es bewerkstelligt, die schnellen, sprich: hochfrequenten, Nutzsignale von den Gleich- und langsamen Wechselanteilen zu trennen: Es verwendet als Arbeitswiderstand zwei hochinduktive

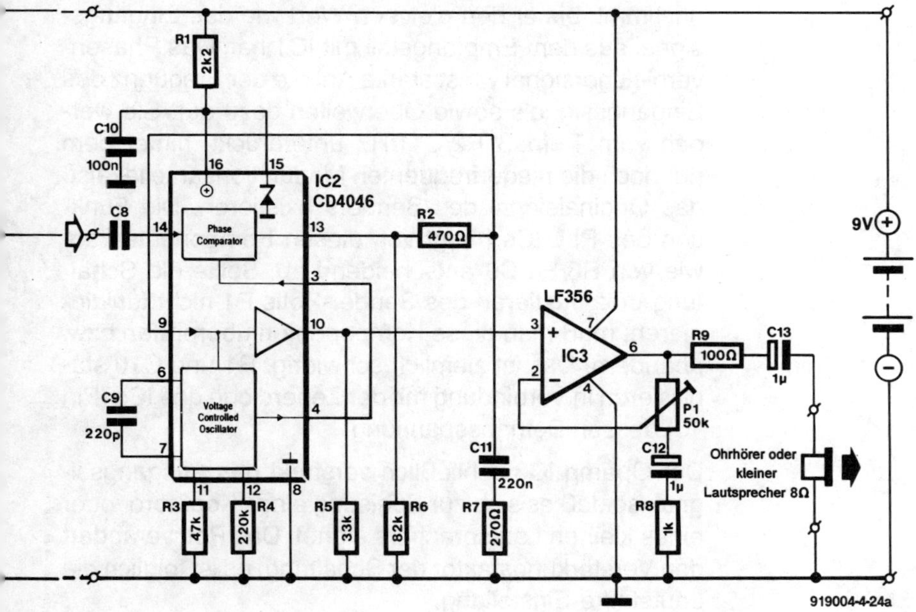

Spulen. Eine Spule ist für Gleichstrom und niederfrequenten Wechselstrom niederohmig, bei höheren Frequenzen steigt ihr Widerstand beträchtlich. Dieses Verhalten entspricht genau unserem Zweck. Da hochinduktive Spulen groß und teuer sind, hat man eine elektronische Lösung gewählt, einen sogenannten Gyrator. Das ist, salopp formuliert, eine Opamp-Schaltung, die Kondensatoren in Spulen verwandelt. Die beiden Gyratoren des SL 486 nutzen dazu die Kondensatoren an den Pins 2 und 3. Das Ausgangssignal des ICs sind Rechteckimpulse mit der Frequenz des Senders.

Der SL 486 ist für den Einsatz in IR-Fernsteuerungen entwickelt worden und erfüllt seine Anforderungen sehr gut. Wir haben mit der Versuchsschaltung 30 m überbrückt. Sein Ausgangssignal eignet sich bereits für das PLL-IC 4046. In der Empfängerschaltung nutzen wir nicht nur den VCO, sondern einen vollständigen Frequenz-Regelkreis. Die PLL-Funktion ist im Einschub

(Seite 139) erläutert. Die Bauteile C9, R3 und R4 stellen die sogenannte natürliche Frequenz des VCOs ein. Der VCO wird hier jedoch mittels des Ausgangssignals des Phasenvergleichers (Pins 3, 13, 14) automatisch nachgestimmt, bis er den gleichen Wert wie das Eingangssignal aus dem Empfangsteil mit IC1 hat. Das Phasenvergleichersignal weist starke Anteile der Frequenz des Eingangssignals sowie Oberwellen dazu auf. Sie werden vom Tiefpaß R2/C11/R7 unterdrückt, hinter dem nur noch die niederfrequenten Modulationsanteile, also das Originalsignal des Senders existieren. Die Funktion des PLL-ICs hängt von diesen Komponenten sowie von R3/R4/C9 entscheidend ab. Sollte die Schaltung trotz Justieren des Sender-Potis P1 nicht funktionieren, muß man diese Komponenten überprüfen bzw. abändern. Das ist ziemlich schwierig. R1 und C10 stabilisieren in Verbindung mit der Zenerdiode des ICs (Pin 15) dessen Betriebsspannung.

Der Opamp IC3 schließlich verstärkt das Ausgangssignal, so daß es sich zur Speisung eines Kopfhörer oder eines kleinen Lautsprechers eignet. Das Poti verändert den Verstärkungsfaktor der Schaltung; es ist folglich die Lautstärke-Einstellung.

Zur optimalen Nutzung der Schaltungen sollte man die Fotodiode in eine Spiegelkonstruktion der früher bereits beschriebenen Art einbauen und die IR-LED mit einem Spiegelchen bestücken. Diese Spiegelchen sind sehr wirkungsvoll, was einerseits zu einer Erhöhung der Reichweite führt, andererseits jedoch ein sehr feinfühliges Ausrichten auf den Empfänger erfordert; eine fummelige Arbeit.

PLL

Der Demodulator der digitalen Optoübertragung arbeitet mit einer PLL-Schaltung (engl.: phase lock loop; phasenverriegelte Regelschleife). Diese Technik soll hier kurz skizziert werden.

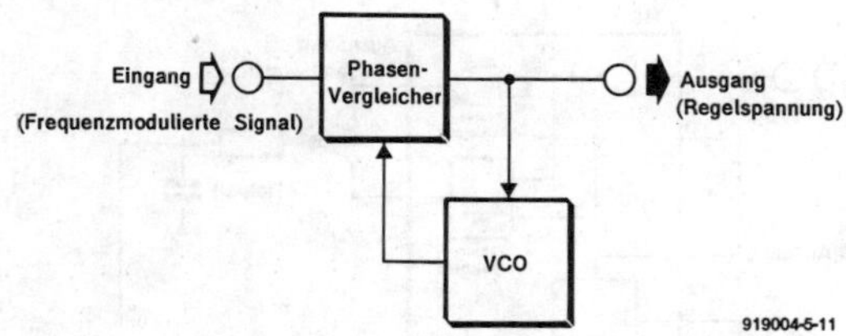

Die PLL-Grundschaltung wird je nach Aufgabe modifiziert.

Im Bild ist die Regelschleife zur Frequenzdemodulation zu erkennen. Das Ausgangssignal eines spannungsgesteuerten Oszillators (VCO; engl.: voltage controlled oscillator) wird in einem Phasenvergleicher mit dem modulierten Eingangs-Signal (des Opto-Empfängers) verglichen. Die Phasenabweichung zwischen beiden bewirkt eine Gleichspannung am Ausgang dieser Stufe, und diese Gleichspannung steuert den VCO. Auf dieser Leitung liegt genau so viel Spannung, wie der VCO benötigt, um die gleiche Frequenz wie am zweiten Eingang des Phasenvergleichers einzustellen. Beginnt sich die Frequenz an einem der Eingänge zu verändern, verändert sich die Phasenbeziehung zwischen den Eingängen und daher auch die Eingangsspannung des VCOs. Dadurch wird die VCO-Frequenz wieder nachgezogen. Dies ist der Fall, wenn sich entweder die Frequenz es Eingangssignals verändert hat oder wenn die VCO-Frequenz abgewichen ist. Mit anderen Worten: Die VCO-Frequenz folgt der Frequenz am zweiten Phasenvergleicher-Eingang. Dabei ist die Spannung am VCO-Eingang ein Maß für diese gemeinsame Frequenz.

Speist man ein frequenzmoduliertes Signal in den Vergleicher-Eingang, liegt am VCO-Eingang eine Wechselspannung (mit Gleichanteil), die der Spannung entspricht, mit der die Frequenz des Signals moduliert wurde, also das demodulierte Signal.

Vorteil dieses Verfahrens ist, daß Störungen auf dem modulierten Eingangssignal besser vom demodulierten Signal ferngehalten werden können.

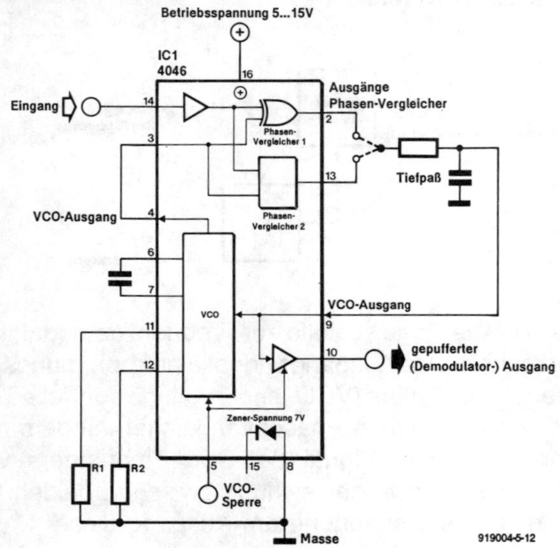

Innenschaltbild und Beschaltung des PLL-ICs 4046.

Das Schaltbild des CMOS-ICs 4046 zeigt, daß das IC gleich zwei Phasenvergleicherstufen (drei beim HCT 4046) für unterschiedliche Zwecke anbietet. An den Ausgang des gewählten Phasenvergleichers wird ein Tiefpaßfilter gelegt, im einfachsten Fall ein RC-Glied. Dieses Tiefpaßfilter ist nötig, weil der Phasenvergleicher Rechtecksignale ausgibt, die die Differenzen zwischen den Phasen repräsentieren. Die Frequenz dieser Signale ist (meist) gleich der Eingangsfrequenz. Diese Signale würden den VCO frequenzmodulieren. Sie müssen durch das Tiefpaßfilter geglättet werden. Die Dimensionierung dieses Filters ist für die PLL-Funktion von ausschlaggebender Wichtigkeit: Liegt die Eckfrequenz des Tiefpasses zu hoch, leidet die Stabilität der Schaltung darunter, ist die zu niedrig, folgt der VCO nicht optimal der Eingangsfrequenz.

Der VCO benötigt zwei Widerstände und einen Kondensator als die Grundfrequenz bestimmende Elemente (Pins 6, 7, 11, 12, Widerstand R2 kann evtl. entfallen). Sein Ausgang (4) ist mit einem der Komparator-Eingänge (3) verbunden; das Eingangssignal wird an Pin 14 zugeführt. Abweichend vom Blockschaltbild wird die Ausgangsspannung nicht direkt am VCO-Eingang abgegriffen, sondern hinter einem Puffer-Verstärker.

PLL-Schaltungen werden außer zur Demodulation auch als digital gesteuerte, hochstabile Oszillatoren eingesetzt. Dann ist der VCO-Ausgang auch der Schaltungsausgang. Der Phasenvergleicher wird durch einen stabilen Quarzoszillator gespeist. Durch variable digitale Frequenzteiler an den Vergleicher-Eingängen können unterschiedliche Ausgangsfrequenzen gewählt werden.

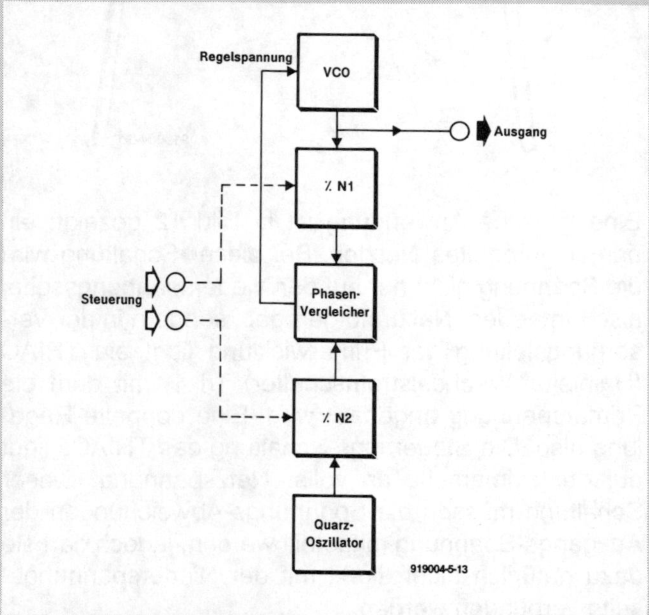

Ein quarzstabiler, einstellbarer Oszillator in PLL-Technik.

Opto-Koppler

Verschiedentlich wurde der Begriff des Kopplers für Schaltungen zur Signalübertragung auf optischem Wege benutzt. Auch der „echte" Opto-Koppler besteht aus einer LED und einer Fotodiode bzw. einem Fototransistor. Beide sind jedoch in einem lichtdichten Gehäuse eingeschlossen. Der Opto-Koppler ermöglicht Signalübertragung ohne direkte Leitungs-Verbindungen, sogenannte galvanische Verbindungen.

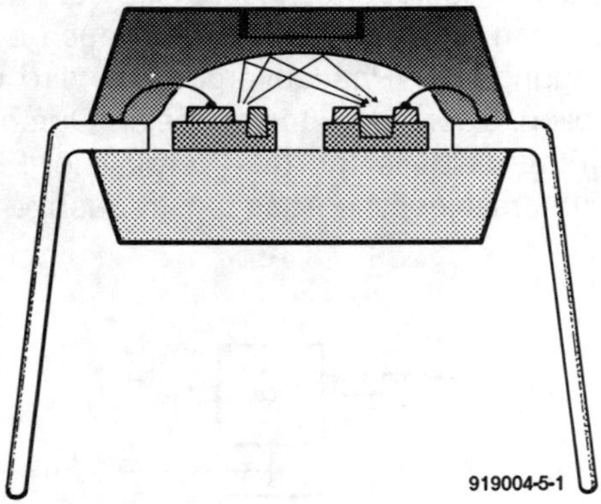

Bild 11. Die kurze optische Übertragungsstrecke des Opto-Kopplers ist hermetisch geschützt.

Eine typische Anwendung ist in Bild 12 gezeigt: ein primär geregeltes Netzteil. Bei dieser Schaltung wird die Spannung nicht nur auf der Niederspannungsseite, also hinter dem Netztrafo geregelt, sondern in der Versorgungsleitung der Primärwicklung liegt ein TRIAC (Halbleiter-Wechselstromschalter) Tri 1, mit dem die Primärspannung angepaßt wird. Eine doppelte Regelung also. Die Steuerungs-Schaltung des TRIACs liegt auf der Primärseite an voller Netzspannung. Dieser Schaltung müssen die Spannungs-Abweichungen der Ausgangs-Spannung mitgeteilt werden, jedoch darf sie dazu natürlich nicht direkt mit der Niederspannungsseite verbunden werden.

Das trennende Verbindungsglied ist der Opto-Koppler IC3. Über T1 wird die LED des Kopplers abhängig von der Ausgangsspannung angesteuert. Der Fototransistor, genauer: Fotodarlington-Transistor, von IC3 gibt das entsprechende Steuersignal an das Steuer-IC IC1 des TRIACs weiter. Man erkennt deutlich, daß zwischen

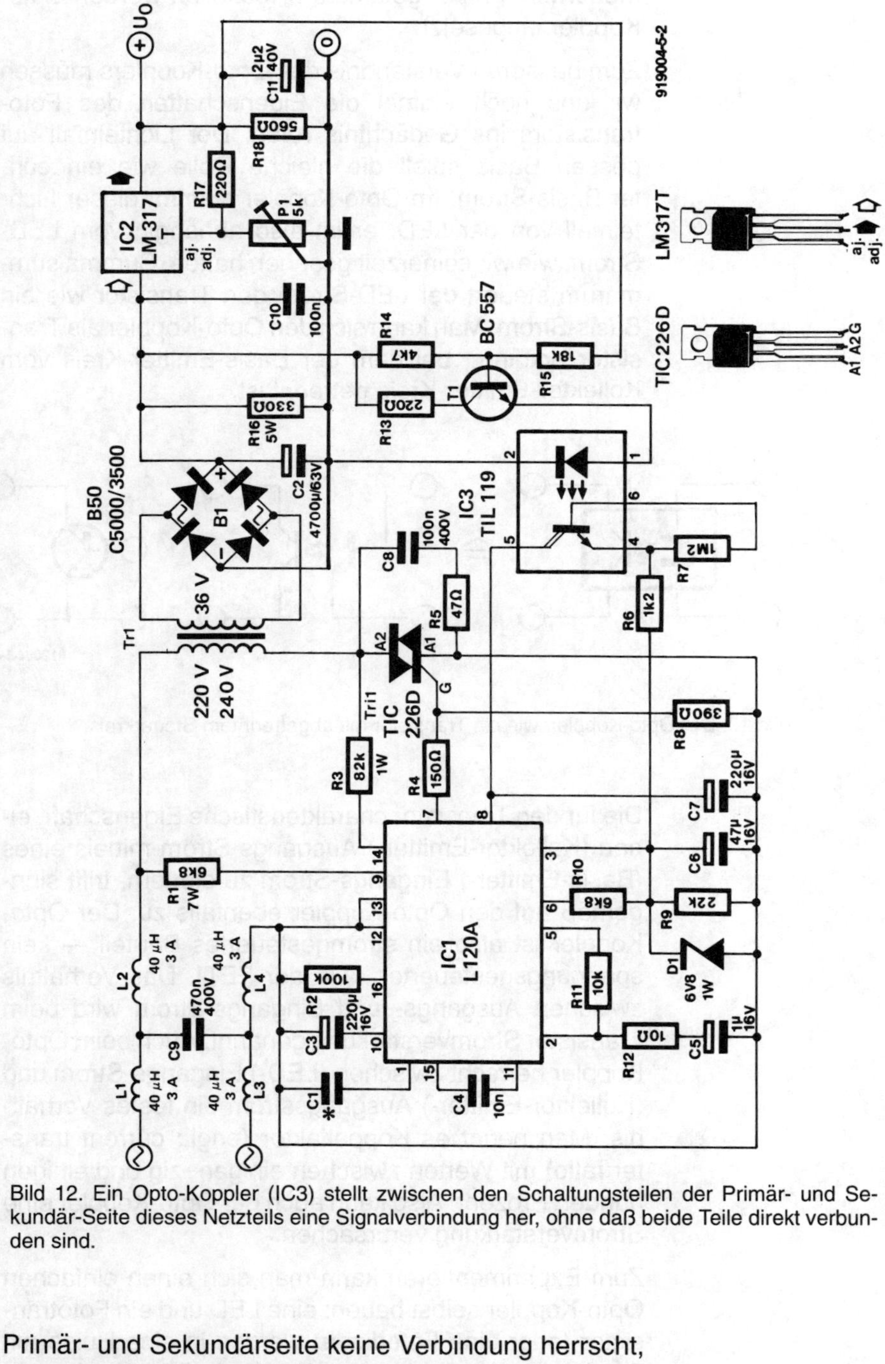

Bild 12. Ein Opto-Koppler (IC3) stellt zwischen den Schaltungsteilen der Primär- und Sekundär-Seite dieses Netzteils eine Signalverbindung her, ohne daß beide Teile direkt verbunden sind.

Primär- und Sekundärseite keine Verbindung herrscht, dennoch ist der Regelkreis geschlossen. Auch bei den modernen, primär getakteten Netzteilen werden Opto-Koppler eingesetzt.

Zum besseren Verständnis des Opto-Kopplers müssen wir uns noch einmal die Eigenschaften des Fototransistors ins Gedächtnis rufen. Der Lichteinfall auf dessen Basis spielt die gleiche Rolle wie ein echter Basis-Strom. Im Opto-Koppler stammt dieser Lichteinfall von der LED, er ist also abhängig vom LED-Strom, wie wir seinerzeit gesehen hatten. Summa summarum steuert der LED-Strom den Transistor wie ein Basis-Strom. Man kann sich den Opto-Koppler als Transistor erklären, bei dem der Basis-Emitter-Kreis vom Kollektor-Emitter-Kreis getrennt ist.

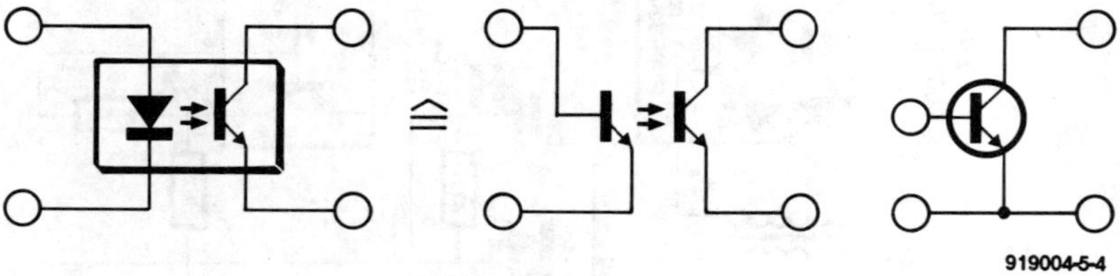

Bild 13. Der Opto-Koppler, wie ein Transistor mit abgetrenntem Steuerkreis.

Die für den Transistor charakteristische Eigenschaft, einen (Kollektor-Emitter-) Ausgangs-Strom mittels eines (Basis-Emitter-) Eingangs-Strom zu steuern, trifft sinngemäß auf den Opto-Koppler ebenfalls zu. Der Opto-Koppler ist also ein stromgesteuertes Bauteil — kein spannungsgesteuertes (wie der FET). Das Verhältnis zwischen Ausgangs- und Eingangs-Strom wird beim Transistor Stromverstärkung genannt. Auch beim Opto-Koppler herrscht zwischen (LED-) Eingangs-Strom und (Kollektor-Emitter-) Ausgangsstrom ein festes Verhältnis. Man nennt es Koppelfaktor (engl.: current transfer ratio) mit Werten zwischen einigen -zig und einigen hundert Prozent. Also kann auch der Opto-Koppler eine Stromverstärkung verursachen.

Zum Experimentieren kann man sich einen einfachen Opto-Koppler selbst bauen: eine LED und ein Fototransistor (oder eine Fotodiode) werden in eine Hülse mit 5 mm Innendurchmesser geschoben. (Fototransistoren in Metallgehäuse haben einen etwas geringeren Durchmesser; das Kunststoffgehäuse vom BP 103 o. ä. mißt 5 mm.) Der beschriebene Stromsteuerungs-Effekt kann leicht nachgewiesen werden. In der folgenden Schaltung (Bild 14) kann man die Ströme der beiden Kreise gleichzeitig ermitteln und in das Diagramm eintragen. Dabei ergibt sich eine einigermaßen lineare Kurve, deren Steigung den Koppelfaktor repräsentiert. Am Poti stellt man den LED-Strom anhand des Amperemeters M1 auf ganze mA-Werte ein, und an M2 liest man den Kollektorstrom ab. Der 470-Ω-Widerstand verhindert eine Zerstörung der LED bei vollständig zurückgedrehtem Potentiometer. Als Speisequelle dienen zwei in Reihe geschaltete 4,5-V-Flachbatterien oder ein Netzteil.

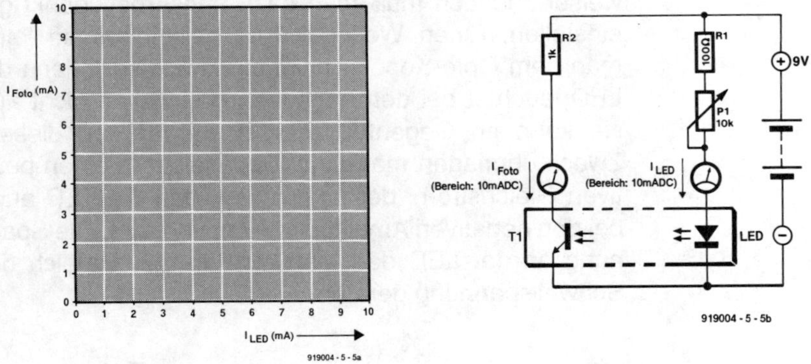

Bild 14. Experimentierschaltung und Meßdiagramm zum Ermitteln des Koppel-Faktors.

Die englische Bezeichnung „opto isolator" benennt die Funktion des Opto-Kopplers eigentlich deutlicher: Er gestattet, Schaltungsteile zu isolieren und dennoch einen Signalfluß herzustellen. Weil hohe Spannung (genauer: Potential) ein Grund für den Einsatz von Opto-Kopplern ist, stellt die Spannungsfestigkeit ein wichtiges Kennzeichen dar. Standard-Opto-Koppler isolieren einige tausend Volt, der CNY 21 sogar 10 kV (Gleichspannung). Ein anderer Grund können Störungen zwischen den zu koppelnden Schaltungen sein, oft der Fall, wenn Computer andere Geräte steuern. Ein Opto-Koppler überträgt ja nur den Signalstrom, der durch die LED fließt, nicht aber Störspannungen einer Leitung gegen Masse.

Der Opto-Koppler nimmt somit heute eine Rolle ein, die früher der Transformator bzw. Übertrager (teilweise) abdeckte. Dabei weist der Opto-Koppler eine Reihe von Vorteilen auf: Es herrscht keine kapazitive oder induktive Kopplung, über die sich Störungen ausbreiten können, und die Ansteuerung der LED ist in der Regel leicht gegen Störungen zu sichern. Darüberhinaus ist der Opto-Koppler im Gegensatz zum Trafo ein kleines, preiswert zu fertigendes Standard-Bauteil. Der größte Vorteil aber ist die große Bandbreite des Opto-Kopplers: Man kann Signale im MHz-Bereich ebenso übertragen wie Gleichspannungs-Größen, also langsame oder (zeitweilig) konstante Signale. Dabei ist seine Linearität recht gut, d. h. daß die Ausgangssignale die gleiche Form wie die Eingangssignale aufweisen. Jedoch muß man dazu den Arbeitspunkt gut einstellen. Einen Wechselstrom beispielsweise kann man dem Opto-Koppler nicht direkt speisen, denn die LED leuchtet bei den negativen Halbwellen nicht auf, sie kann im Gegenteil zerstört werden. Zu diesem Zweck überlagert man dem Wechselstrom einen positiven Gleichstrom, der so groß ist, daß die LED auch bei den negativen Amplituden nicht verlischt. Die Spannung an der LED darf also nicht in den Bereich der Schwellspannung geraten.

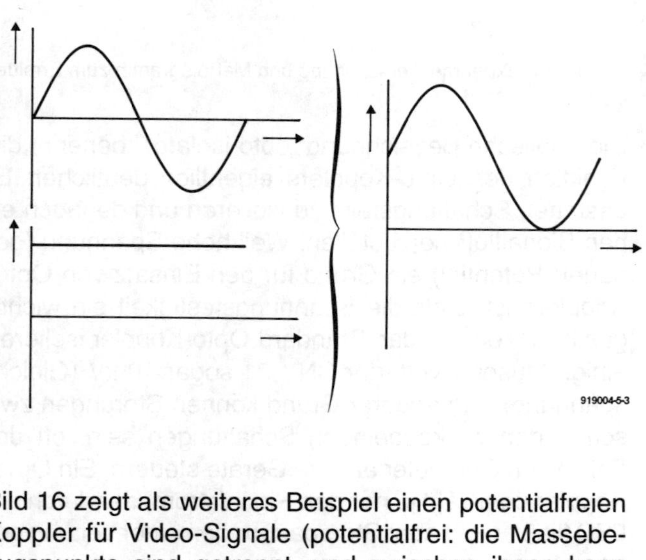

Bild 15. Auch Wechselspannungen kann man mit einem Opto-Koppler übertragen, wenn man sie einer Gleichspannung überlagert.

Bild 16 zeigt als weiteres Beispiel einen potentialfreien Koppler für Video-Signale (potentialfrei: die Massebezugspunkte sind getrennt, und zwischen ihnen kann

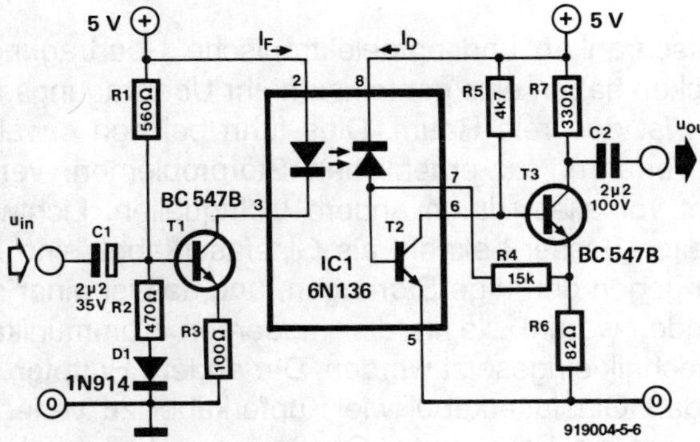

Bild 16. Opto-Koppler für Video-Signale.

Spannung herrschen). Ziel ist hier die störungsfreie und verzerrungarme Übertragung eines relativ breitbandigen Signals.

Der LED-Strom wird von Transistor T1 gesteuert, der als Stromquelle geschaltet ist. Ihr Strom wird wiederum von der Eingangsspannung gesteuert. Der Spannungsteiler R1/R2 legt die Basis auf etwa halbe Betriebsspannung und sorgt so dafür, daß positive wie negative Halbwellen der Eingangs-Wechselspannung berücksichtigt werden. R3 legt den Ruhestrom auf ca. 20 mA fest, also den Strom, der bei Eingangsspannung Null fließt. Bei Ansteuerung mit 1 V_{SS} variiert der LED-Strom zwischen 15 ... 25 mA. D1 kompensiert die Temperatureinflüsse auf den Transistor. Die Verstärkerschaltung um T3 weist eine Besonderheit auf: Die Herausführung der Basis und des Kollektors von T2 macht es möglich, einen Gegenkopplungszweig in den Opto-Koppler hineinzulegen. Das erhöht die Bandbreite dieser Hewlett-Packard-Applikation auf beachtliche 10 MHz bei einer Linearität von 2 % (bei 1 V_{SS} Eingangsspannung).

Als weiterer Vorteil des Opto-Kopplers gegenüber dem Transformator muß die Rückwirkungsfreiheit erwähnt werden: Ändert sich der Strom im Fototransistor durch Einwirkungen der Folgeschaltung, bleibt die LED davon völlig unbeeinflußt, denn der Fototransistor strahlt kein Licht aus.

Freilich hat auch der Transformator seine spezifischen Vorteile, vor allem die Fähigkeit, Energie zu übertragen.

Lichtwellenleiter (LWL)

Lichtschranken und optoelektronische Übertragungsstrecken haben eins gemeinsam: Ihr Übertragungsmedium ist der freie Raum. Dies führt bei den erwähnten Verfahren zu erheblichen Störproblemen, verursacht vor allem durch andere Lichtquellen. Lichtwellenleiter, besser bekannt als Glasfaserkabel, sind immun gegen derartige Störungen, und das ist einer der Gründe, warum sie in der modernen Kommunikationstechnik eingesetzt werden. Der andere Hauptgrund ist, daß Glasfaserkabel wie Kupferkabel zu verlegen sind, um die Ecke, unter Grund usw., aber erheblich höhere Übertragungskapazitäten als Kupferkabel aufweisen und zudem verlustärmer sind.

Man muß bei den Lichtwellenleitern ganz grob zwei Ausführungen unterscheiden: Einfache Systeme für kurze Verbindungen (bis wenige Meter), z. B. Hi-Fi-Verbindungen, bestehen aus einfachen, preiswerten Komponenten: LEDs als Sender, und Kunststoff-Fasern als Übertragungsmedium. Zur Fernübertragung von Signalen, z. B. Telefon- oder Bildinformationen, werden hochwertige Glasfaserkabel eingesetzt und mit Laser-Dioden gespeist. Am Ende der Übertragungsstrecken befindet sich eine Fotodiode, die das ankommende Licht in elektrische Impulse umsetzt.

Die Funktion eines Glasfaserkabels basiert auf dem physikalischen Phänomen der Totalreflexion. Betrachtet man eine Wasseroberfläche, z. B. auf einem Aquarium, so kann man (bei nicht zu starkem Umgebungslicht) in das Wasser hineinsehen, unabhängig davon, ob man genau senkrecht oder etwas schräg ins Wasser guckt. Versucht man es jedoch ganz schräg, also mit flachem Winkel zur Wasseroberfläche, sieht man nur Reflexionen. Flach ins Wasser hineinzuschauen, ist unmöglich. Etwas ähnliches passiert, wenn man einen Lichtstrahl in eine Glasfaser strahlt: Er trifft die Oberfläche des Glases (von innen) unter einem sehr geringen Winkel. Deshalb kann er nicht aus der Glasfaser hinaus (wie wir im Gedankenexperiment nicht hineinschauen konnten), sondern wird immer wieder ins Innere der Glasfaser zurückgeworfen.

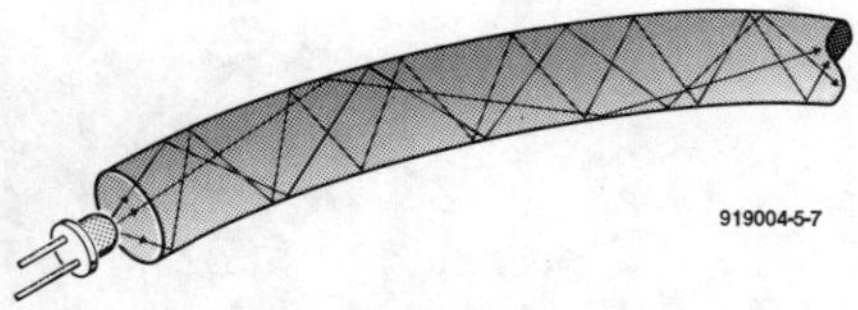

Bild 17. Die optischen Materialeigenschaften von Glasfaser und Mantel verursachen stets eine Totalreflexion des Lichts im LWL.

Dazu ist es ferner nötig, daß die Faser aus hochwertigen, speziell dämpfungsarmen Materialien besteht. Man gibt die Dämpfung des Lichtes in dB/km (Dezibel pro Kilometer) an und macht damit zugleich deutlich, daß der Lichtstrahl über eine gewisse Leitungslänge immer um den gleichen Faktor geschwächt wird. Angenommen eine Faser weist eine Dämpfung von 1 dB/km auf, das sind auf 3 km 3 dB bzw. eine Halbierung der Signal-Leistung. Nach weiteren 3 km ist diese Signalhälfte erneut halbiert, beträgt also ein Viertel des Ursprungswertes usw.

Die Sender- und Empfänger-Schaltungen zur Signalübertragung durch den freien Raum sind auch für Glasfaser-Übertragungsstrecken geeignet. Man muß lediglich dafür sorgen, daß das Licht optimal in die Glasfaser ein- und ausgekoppelt wird und daß kein Störlicht in die Faser gerät. Bei kurzen Übertragungsstrecken reichen geringere Lichtstärken aus. Man braucht keinen so hohen LED-Strom, und die Anforderungen an die Empfänger-Empfindlichkeit sind geringer.

Zum Experimentieren benutzen wir Kunststoff-Fasern. Sie sind preiswert und im Elektronik-(Versand-) Handel erhältlich. Auch Ankopplungsstücke und -stecker für 5-mm-LEDs oder -Fototransistoren werden für ein paar Mark angeboten. Einfacher und noch etwas preiswerter sind spezielle LED- und Fototransistor-Ausführungen mit einem hohlen Gehäuse, in dem man mittels eines kleinen Klemmstücks die Fasern befestigen kann. Kunststoff-Fasern weisen mit größenordnungsmäßig 400 dB/km erheblich höhere Verluste als Glasfasern auf. Auf einen oder wenige Meter wirkt sich diese Dämpfung jedoch kaum aus, es sind 0,4 dB/m. Für einfache Experimente über ein paar -zig Zentimeter reichen einfache, nicht ummantelte Fasern aus. Sie sind recht preiswert. Bei höheren Ansprüchen und längeren Strecken empfehlen sich ummantelte Faserbündel. Man kann das Licht damit verlustärmer koppeln und übertragen, und Störlicht wird besser abgeschirmt.

LWL-Technik

Lichtwellenleiter haben mehrere Vorteile gegenüber Koaxialkabeln, die vor Entwicklung der LWL-Technik das optimale Material zur Signalübertragung in großem Stil waren. Dämpfungswerte der LWL sind mit einzelnen dB/km (Minimum: 0,2 dB/km) erheblich geringer als Koax-Dämpfungen: Ein gutes Standard-Kabel (RG 58 U) weist ca. 250 dB/km auf. In der Praxis bedeutet dies, daß größere Entfernungen ohne Zwischenverstärker, sogenannte Repeater, zu überbrücken sind. Allerdings sind die Leistungsgrenzen bei LWL-Technik enger gezogen, denn selbst Laser-Dioden erzeugen allenfalls einige -zig Milliwatt Lichtleistung (im Dauerstrichbetrieb). Ein Beispiel macht die Größenordnungen deutlich, mit denen man es hier zu tun hat: Angenommen eine Laserdiode speist 20 mW Lichtleistung in ein 20 km langes Glasfaserkabel mit 2 dB/km Dämpfung, dann beträgt die Gesamtdämpfung 40 dB, was einer Senkung der Leistung um vier Zehnerpotenzen entspricht. Am Ende des Kabels stehen folglich 2 μW zur Verfügung. Dies erfordert eine gute Fotodiode und einen erstklassigen, rauscharmen Verstärker. Bei dieser Berechnung wurden die Verluste beim Ein- und Auskoppeln des Licht noch nicht berücksichtigt. Die Übergänge zwischen Sender bzw. Empfänger und LWL stellen ein besonderes Problem dar. Damit an den Faserenden minimale Verluste entstehen, müssen sie sehr exakt abgeschnitten und an die anderen Komponenten angepaßt werden. Geringe Kabeldämpfungen erreicht man durch spezielle, vor allem auf die Lichtfarbe des verwendeten Senders abgestimmte Glassorten.

Glassorte und Aufbau des LWL bestimmen auch die Bandbreite eines Kabels. Dazu muß man berücksichtigen, daß die Lichstrahlen des Senders in unterschiedlichen Winkeln eingekoppelt werden und daher unterschiedlich lange Wege im LWL zurücklegen. Je schräger die Lichtstrahlen auf den Mantel treffen, desto häufiger werden sie reflekiert und desto länger ist ihr Weg in der Faser. Lichtstrahlen, die mit unterschiedlichen Winkeln eingekoppelt wurden, erreichen zu geringfügig unterschiedlichen Zeiten das Faserende. Sendet man beispielsweise einen Recheckimpuls, "verschleifen"die Impulsflanken bei der Übertragung.

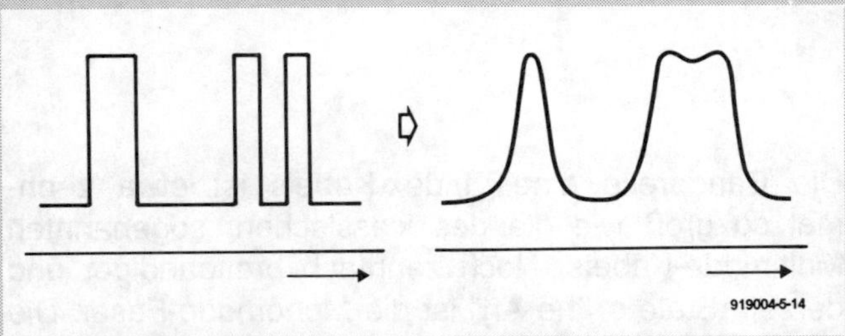

Die Flanken eines Rechteckimpulses werden bei der Übertragung durch einen LWL verschliffen.

Das Bild macht deutlich, daß mehrere Impulse nicht zu schnell folgen dürfen, damit sie nicht ineinander übergehen. Ein minimaler Abstand muß also gewahrt bleiben. Mit steigender Impulsfrequenz wird der zeitliche Abstand jedoch immer enger. Daraus folgt, daß eine maximale Frequenz — sprich Bandbreite — nicht überschritten werden kann.

Diese maximale Bandbreite ist um so höher, je geringer die Laufzeitunterschiede unterschiedlicher Strahlen sind, also je seltener Lichtstrahlen an den Faserwandungen reflektiert werden. Dies erreicht man mit einem speziellen Kabelaufbau: Bei der sogenannten Index-Faser ist das Glasmaterial nicht im gesamten Faserquerschnitt gleich, sondern die optischen Eigenschaften — genau: der Brechungsindex — ändern sich nach außen hin. Dadurch kommt es nicht mehr zu Reflexionen an der Außenwand, sondern die Lichtstrahlen werden zur Fasermitte „gebogen", bevor sie die Wand erreichen. Sie folgen einer spiralförmigen Bahn durch den LWL. Dies ist im Bild schematisch dargestellt.

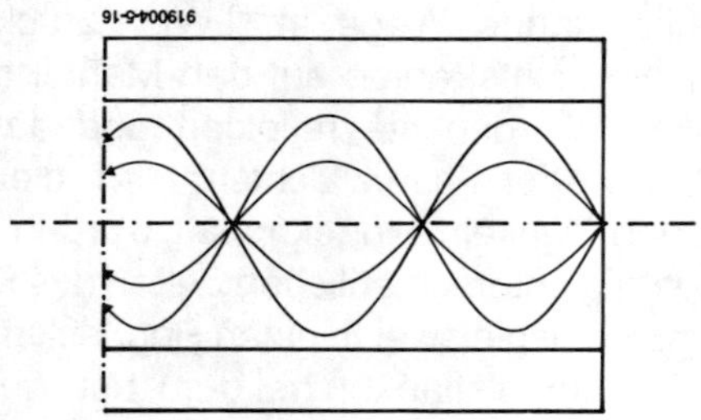

Im Index-Kabel folgt das Licht einer spiralförmigen Bahn.

Die Bandbreite eines Index-Kabels ist etwa zehnmal so groß wie die des klassischen, sogenannten Multimode-Kabels. Noch zehnfach breitbandiger und derzeit „State of the Art" ist die Monomode-Faser. Die Glaseigenschaften und der winzige Faserquerschnitt sorgen dafür, daß nur ein gerader Lichtstrahl längs durch das Kabel verläuft.

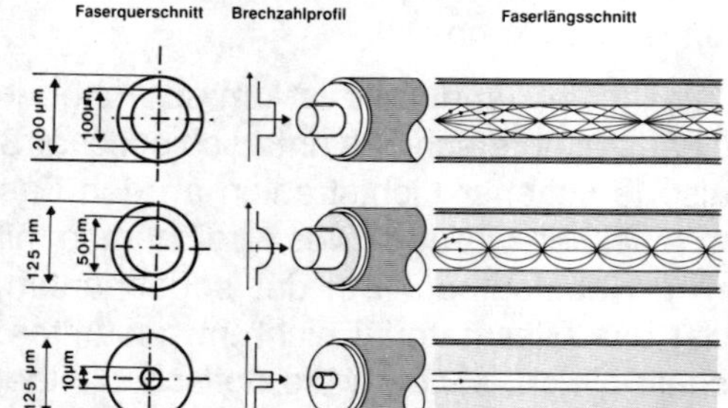

Querschnitte und Brechungsindices der verschiedenen LWL-Technologien.

Analoge Glasfaser-Übertragung

Der Aufwand der folgenden Schaltung geht etwas über das absolut Notwendigste hinaus, aber die erzielbaren Daten rechtfertigen dies: Der Signal/Rausch-Abstand liegt mit 80 dB weit über der Grenze des Hörbaren (CD: 96 dB) und die Signalverformungen sind mit 0,1 % recht klein. Sender und Empfänger passen auf eine Standard-Platine, die man natürlich mit einer Säge teilen muß.

Die Übertragung funktioniert analog, die Sende-LED wird also direkt mit dem verstärkten Eingangssignal betrieben. T1 arbeitet als Emitterfolger. Das heißt, er weist keine Spannungsverstärkung auf, sorgt jedoch dafür, daß der Schaltungseingang kaum belastet wird. Ferner wird er vom Spannungsteiler R1/R2 auf die halbe Betriebsspannung gelegt. Dies ist erforderlich, damit positive wie negative Halbwellen gleichermaßen verarbeitet werden. Die Ausgangsspannung am Emitter von T1 steuert T2, eine Stromsteuerschaltung. Wir hatten diese Schaltung im Kapitel über LEDs bereits vorgestellt. Ohne Eingangssignal liegt der Emitter von T2 auf ca. 1,2 V (halbe Betriebsspannung minus zwei Mal Basis-Emitter-Schwellspannung). Weil beide Transistoren keine Spannungsverstärkung aufweisen, wird die Eingangsspannung des Sendeteils praktisch diesen 1,2 V überlagert. Theoretisch kann man also mit 2,4 V_{SS} ansteuern, praktisch sollte man unter 1 V_{SS} bleiben, am besten unter 100 mV_{SS}. Weniger ist hier mehr, weil die Verzerrungen kleiner sind. Der mittlere Strom der LED beträgt 1,2 V dividiert durch 47 Ω, also ca. 23 mA. Damit keine Störungen über die Betriebsspannung (und Spannungsteiler R1/R2) in die Schaltung geraten, wird sie mittels eines elektronischen Spannungsreglers bei 5 V betrieben. Der Wert der Speisespannung ist daher unkritisch. Auch der Empfangsteil kann mit unterschiedlichen Spannungen gespeist werden. (Sollen Empfänger und Sender in Duplex-Betrieb, also mit zwei Fasern in beide Richtungen betrieben werden, kann man auch die 5 V des Reglers für den Empfänger nutzen — gestrichelte Linie im Schaltplan.)

Die Empfängerschaltung besteht aus zwei Opamp-Verstärkern (in einem IC). Die nichtinvertierenden

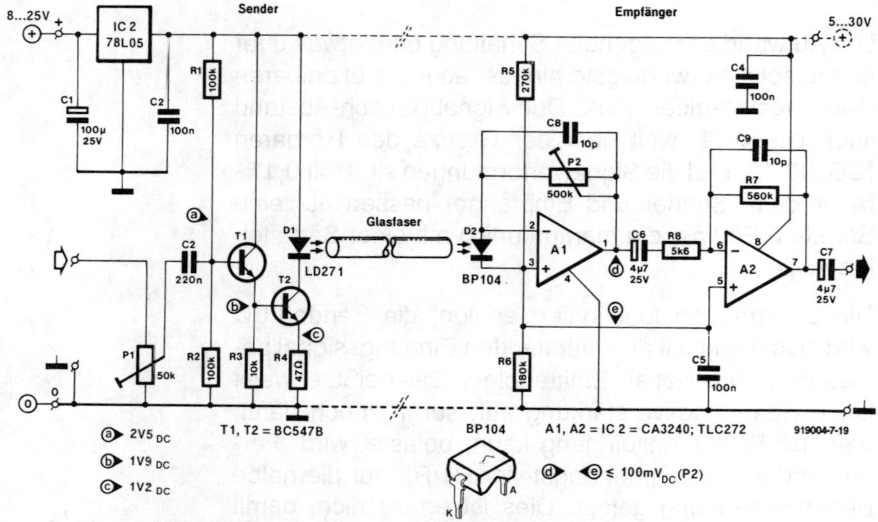

Bild 18. Schaltplan von Sender und Empfänger der Glasfaser-Übertragung.

Eingänge der beiden Opamps liegen auf ca. 40 % der Betriebsspannung (270 kΩ zu 180 kΩ). Die Eingangsschaltung mutet zunächst merkwürdig an, sieht es doch so aus, als arbeitete die Fotodiode entgegen unseren bisherigen Schaltungen im Leerlaufbetrieb. Das täuscht, denn die Ausgangsspannung des ersten Opamps liegt unter der Spannung am Teiler R6/R5, so daß die Fotodiode in Sperr-Richtung liegt. Ihr Arbeitswiderstand ist P2, an dem folglich die Empfindlichkeit eingestellt werden kann. Der Vorteil dieser Schaltung ist, daß über der Fotodiode fast keine Spannung liegt, denn die vorliegende Opamp-Schaltung stellt ihre Ausgangsspannung so ein, daß möglichst wenig Spannung über ihren Eingangsanschlüssen liegt. Die Ausgangsspannung ist also vom Fotodiodenstrom abhängig, ohne daß nennenswerte Spannung über der Diode selbst liegt. Das macht die Schaltung besonders linear und überdies schnell. Der zweite Opamp verstärkt das Signal weiter, so daß die Ausgangsspannung der Eingangsspannung etwa entspricht.

Zum Ankoppeln des LWL an die beiden Fotohalbleiter verwendet man spezielle Anschlußstücke (Halterungen und Steckverbinder), die im Versandhandel erhältlich sind. Leichter geht es mit den Siemens-Fotohalbleitern SFH 750 (LED statt LD 271) und SFH 250 (Fotodiode statt BP 104; die SFH-Typen sind derzeit im Einzelhandel schwer zu bekommen, jedoch der Versandhandel bietet sie an). Deren Kunststoffgehäuse sind mit einer Bohrung versehen, in die man LWL mit einem Außendurchmesser von 2,2 mm ohne weiteres einstekken kann. Der Durchmesser 2,2 mm hat sich als Standardwert eingebürgert. Für den vorliegenden Zweck verwendet man am besten ummanteltes LWL-Kabel und schützt die Fotohalbleiter mit lichtdichtem Klebeband vor Fremdlicht. Die Kathoden der SFH-Typen sind jeweils durch eine Gehäuseabflachung gekennzeichnet.

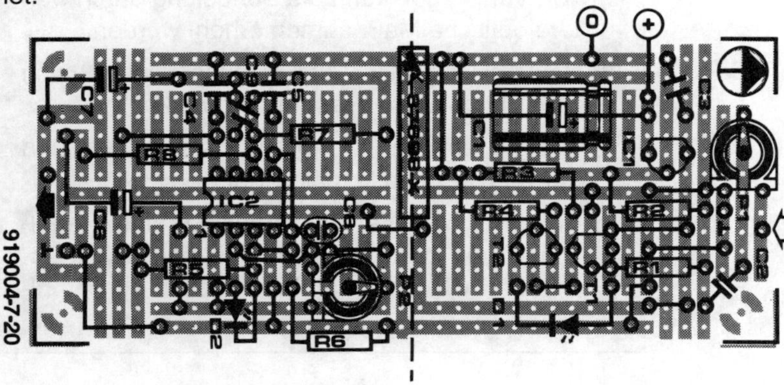

Bild 19. Sender und Empfänger passen auf eine Standard-Platine.

Für den Duplex-Betrieb benötigt man zwei Platinen, die man jedoch nicht teilt. Der Bestückungsplan ist so gehalten, daß Sender und Empfänger aus einer Spannungsquelle mit Strom versorgt werden. Benötigt man nur einen Sender und einen Empfänger — für Simplex-Betrieb —, teilt man die Standard-Platine längs der markierten Linie bzw. längs der darüberliegenden (senderseitigen) Lochreihe. Dabei geht auf der Senderseite die Verbindung zwischen den beiden äußeren Längsleiterbahnen verloren. Hier muß man noch eine weitere Drahtbrücke einsetzen.

Zusammenfassung

- Zur optoelektronischen Signalübertragung wird ein Lichtstrahl mit einer (technischen) Information beaufschlagt (moduliert).
- Es können sowohl digitale als auch analoge Signale optisch übertragen werden.
- In analogen optischen Übertragungsstrecken führt Fremdlicht oft zu Störungen (vor allem bei künstlichem Licht).
- Bei der Auswahl von LEDs zu optischen Signalübertragung ist ein geringer Ausstrahlwinkel von Vorteil, ggf. kann die Bündelung durch weitere optische Maßnahmen erhöht werden.
- Bei der digitalen Übertragung lassen sich Störlichteinflüsse besser unterdrücken.
- Digitale optische Übertragungstechniken sind aufwendiger und komplizierter.
- Eine PLL (phase lock loop) ist eine Regelschleife, in der ein spannungsgesteuerter Oszillator (VCO) mit einer Sollfrequenz synchronisiert wird.

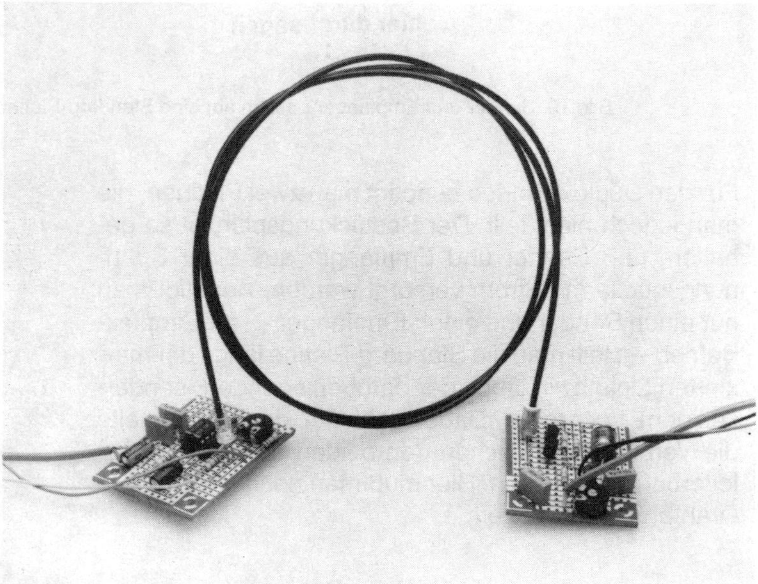

- Führt man einer PLL-Schleife eine frequenzmodulierte Sollfrequenz zu, ändert sich die Steuerspannung des VCOs gemäß der Modulation des Sollsignals, die Steuerspannung stellt also das demodulierte Signal dar.
- Der Opto-Koppler ermöglicht Signalübertragung ohne direkte Leitungs-Verbindungen (galvanische Verbindungen).
- Beim Opto-Koppler steuert der LED-Strom (vergleichbar einem Basisstrom) den Kollektorstrom des Fototransistors.
- Das Verhältnis zwischen LED- und Kollektorstrom ist der Koppelfaktor. Er ist mit dem Stromverstärkungsfaktor eines Transistors vergleichbar.
- Lichtwellenleiter (Glasfaser-Kabel) sind immun gegen Störungen.
- Die Dämpfung eines Lichtwellenleiters wird in dB/km angegeben.
- Auch ein Lichtwellenleiter weist eine bestimmte Maximalfrequenz (für das Modulationssignal) auf. Sie hängt u. a. von der Betriebsart der Faser (Mode) ab.

8. Andere Lichtquellen

Zwar sind LEDs die häufigsten Lichtquellen der Opto-Elektronik, dennoch darf man darüber andere Quellen nicht vergessen, z. B. den Laser, die Gasentladungslampe und die Glühbirne.

Laser

Obwohl Laser-Dioden in jeden CD-Player eingebaut und daher in großen Stückzahlen gefertigt werden, sind sie als Einzelbauteile derzeit zum Experimentieren noch zu teuer. Außerdem arbeiten die Laser-Dioden der CD-Geräte nur im unsichtbaren IR-Bereich. Erst in jüngster Zeit wurden Halbleiter-Laser zur Serienreife gebracht, die sichtbares Licht ausstrahlen.

Die ersten Laser waren keine Halbleiter-Laser. Sie bestanden aus einem gezielt mit Chromatomen verunreinigten Rubinstab, dessen Enden man mit höchster Präzision parallel geschliffen und verspiegelt hatte. Um diesen Stab war eine spiralförmige Elektronenblitzröhre angebracht.

Wenn die Röhre blitzt, werden die Elektronen der Chromatome mit Energie „geladen". Die für den Laser wesentliche Eigenschaft des Chroms ist, daß die Elektronen diese Energie nicht sofort wieder abgeben, sondern erst, wenn sie dazu angeregt werden. Dies passiert,

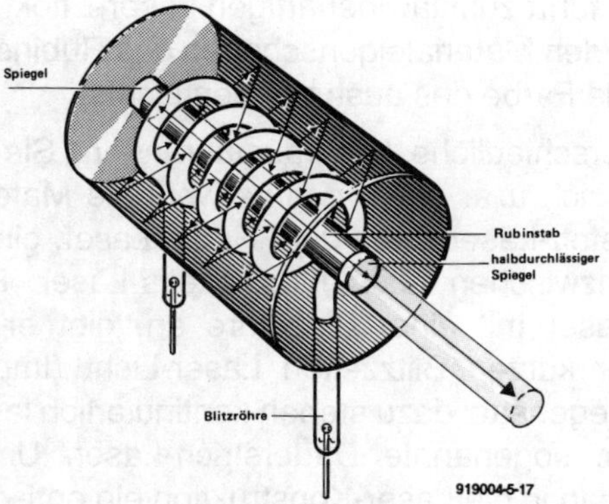

Bild 1. Die Konstruktion eines Rubin-Lasers.

wenn ein solches Elektron von einem Lichtstrahl einer bestimmten Farbe getroffen wird. Die gespeicherte Energie wird in Form eines (gleichfarbigen) Lichtstrahls frei, und dieser kann weitere Elektronen zum Freigeben ihrer Energie anregen usw.: kleine Lawinen entstehen. Viele verebben wieder, weil die Lichtstrahlen den Rubinstab seitlich verlassen. Nur Lichtstrahlen, die exakt in Richtung des Stabs verlaufen, werden immer wieder zwischen den beiden verspiegelten, parallelen Enden hin und her reflektiert. Die Energie dieser Lawine schwillt stark an, bis diese Strahlen schließlich als energiereiche Laser-Strahlen eines der Stabenden, das nur 90 %ig verspiegelt ist, durchstrahlen. So erklärt sich die extreme Bündelung der Laser-Strahlen. Bild 2 zeigt, daß ein Lichtstrahl, der nicht in Längsrichtung verläuft, aus dem Rubinstab vorzeitig austritt.

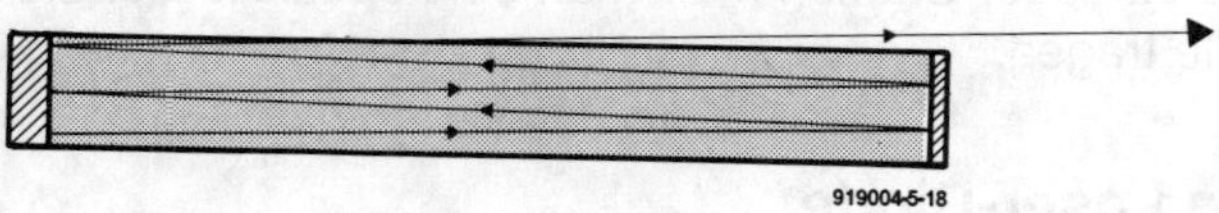

Bild 2. Ein nicht völlig in Richtung des Stabs verlaufender Strahl verläßt den Rubin vorzeitig.

Ferner ist Laserlicht typischerweise monochrom, d. h. es besitzt nur eine einzige Lichtfarbe. Dies erklärt sich aus dem Wellencharakter des Lichts. Beim Hin- und Herlaufen der Lichtstrahlen überlagern sich diese zwangsläufig. Dabei löschen sich die Lichtstrahlen vorzeitig aus, wenn sie nicht eine genau zwischen die beiden Spiegel passende Wellenlänge haben. Diese

Wellenlänge führt zum lawinenartigen Laser-Effekt, zusammen mit den Materialeigenschaften des Rubins bestimmt sie die Farbe des austretenden Lichts.

Es gibt unterschiedliche Laserausführungen. Sie unterscheiden sich u. a. durch das verwendete Material: Neben Feststoff-Lasern, wie dem Rubin-Laser, gibt es Gas- und inzwischen auch Flüssigkeits-Laser. Regt man den Laser mit einer Blitzröhre an, gibt er nur während der kurzen Blitzzeiten Laser-Licht (Impuls-Laser). Im Gegensatz dazu stehen kontinuierlich leuchtende Laser, sogenannte Dauerstrich-Laser. Umgekehrt kann man in die Laser-Konstruktion ein optisches Ventil einbauen, eine sogenannte Kerr-Zelle. Sie unterbricht den Weg zwischen den Spiegeln und verhindert so zunächst, daß die Energie der Elektronen aktiviert wird. In dieser Zeit „pumpt" man Lichtenergie in den Laserstab. Öffnet die Kerr-Zelle schließlich, setzen die Lawinen schlagartig ein und erzeugen so extrem starke Lichtimpulse von 5 ... 50 ns (Nanosekunden, d. s. milliardstel Sekunden) Dauer.

Noch ein paar Zahlen: Die Bestrahlungsstärke von Lasern beträgt $10^6 \ldots 10^{12}$ W/cm^2. Das klingt zunächst gigantisch (10^{12} W = 1TW = 1 Mio. MW; ein Terawatt). Da aber aufgrund der extremen Bündelung Durchtrittsflächen von Quadratmikrometern — d. s. hundertmillionstel Quadratzentimeter — beleuchtet werden, liegt die reale Gesamtleistung bei $10^{-2} \ldots 10^4$ W. Ebenfalls wegen der extremen Bündelung kann ein Laser-Strahl die Netzhaut des menschlichen Auges zerstören, wenn es in den Strahl gerät. Beim Umgehen mit fokussierten Laser-Stahlen muß man eine spezielle Schutzbrille tragen.

Die Laser-Diode

Nach dem prinzipiell gleichen Prinzip, aber mit ganz anderen Materialien arbeiten die Halbleiter-Laser. Dabei handelt es sich im Grunde um LEDs, deren Halbleiter-Übergang so geformt und mit verspiegelten Enden versehen ist, daß sich der Lasereffekt einstellt.

Laser-Dioden geben weniger energiereiches Licht ab, und ihre Strahlen sind auch nicht ganz so scharf gebündelt. Dafür sind sie klein und einfach zu betreiben,

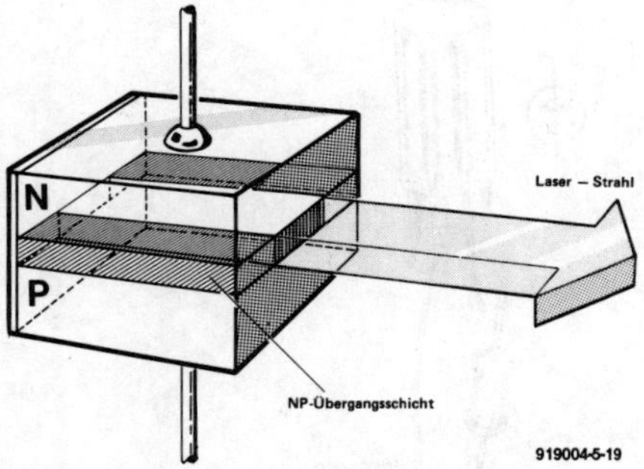

Bild 3. Die Laser-Diode. Ihr PN-Übergang ist so geformt, daß sich der Lasereffekt einstellt.

und vor allem kann man ihre Lichtintensität regulieren: Sie hängt proportional vom Laserstrom ab. Aus diesem Grund eignet sich die Laser-Diode hervorragend für die optoelektronische Signalübertragung über Lichtwellen-Leiter: Man kann sie ohne großen Aufwand modulieren und ihr Licht in die Glasfaser einleiten. Während die ersten Laser-Dioden nur im Infrarot-Bereich arbeiteten, sind heute auch Typen mit sichtbarem Licht erhältlich. Die Schwellspannung beträgt 2 . . . 3 V. Der Wirkungsgrad von Laser-Dioden ist relativ gering, d. h., das meiste der eingespeisten elektrischen Energie wird als Wärme frei. Laser-Dioden müssen gut gekühlt werden.

Gasentladungslampen

Obwohl ihre Technik schon relativ alt ist, gewinnen Gasentladungslampen in jüngster Zeit wieder an Bedeutung. Der Gattungsbegriff klingt heute reichlich veraltet, er weist aber auf das Funktionsprinzip einer großen Gruppe von Lichtquellen hin: In einem Gas entlädt sich elektrische Energie und wird in Form von Licht frei. Die einfachste Gasentladungslampe, ein Glimmbirnchen, wie es in jedem Spannungsprüfer eingesetzt ist, enthält nichts weiter als zwei Elektroden und eine Gasfüllung aus Neon und/oder Helium.

Das Edelgas ist eigentlich ein Isolator. Jedoch entstehen immer einzelne, geladene („ionisierte") Gasatome, dafür sorgen Umgebungswärme, kosmische und radioaktive Strahlungen sowie elektromagnetische Wellen. Sie lösen einzelne Elektronen aus den Gasatomen. Legt man eine Spannung an die Elektroden, bewegen sich diese ionisierten Atome und die freien Elektronen

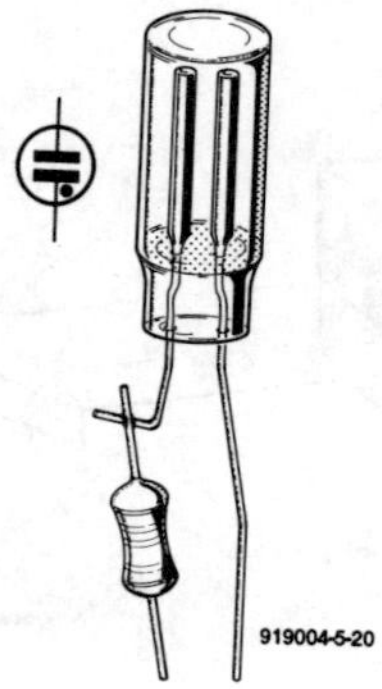

Bild 4. Ein Glimmbirnchen.

auf die jeweilige Elektrode mit der Gegenpolarität zu, also positive Gasatome zur negativen Elektrode, Elektronen zur positiven. Auf ihrem Weg stoßen sie mit anderen Atomen zusammen, die dadurch ebenfalls ionisiert werden und ebenfalls in Bewegung geraten, kurz: Es fließt Strom durch das Gas. Bei den Kollisionen wird Energie frei, die sich als Leuchten bemerkbar macht. Diese Energie ist die elektrische Energie, die aus der Spannungsquelle stammt, mit der die Elektroden verbunden sind.

Interessant ist die Strom/Spannungs-Kennlinie der Glimmentladung. Sie weist einen merkwürdigen Buckel auf, was bedeutet, daß die Glimmlampe bestimmte Stromwerte bei zwei verschiedenen Spannungen annimmt. Wie muß man sich dies vorstellen?

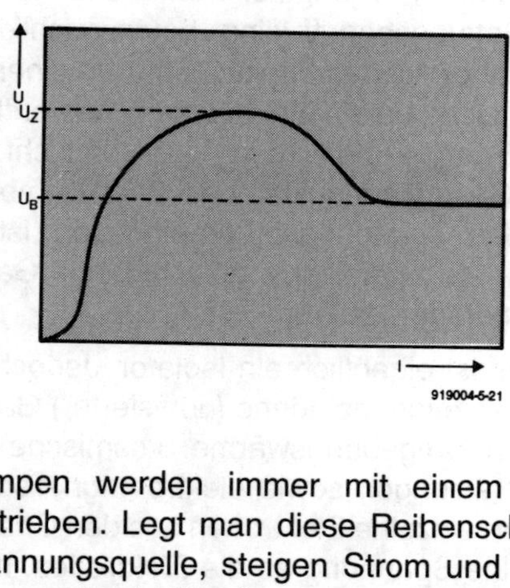

Bild 5. Die U/I-Kennlinie einer Glimmlampe. Die Zündspannung ist höher als die Brennspannung.

Glimmlampen werden immer mit einem Vorwiderstand betrieben. Legt man diese Reihenschaltung an eine Spannungsquelle, steigen Strom und Spannung zunächst an, bis die Zündspannung (Gipfel der Kurve) erreicht ist. Die Lampe hat jetzt begonnen zu leuchten. Dadurch steigt der Strom weiter, jedoch die Spannung sinkt, weil die Energie der bewegten Ladungen die Ionisation anfacht. Im Normalbetrieb steht die Brennspannung über der Glimmlampe. Interessant ist das flache Ende der Kurve. Die Spannung ist hier konstant, obwohl der Strom um zwei Zehnerpotenzen variiert. Dies ist die Funktion einer Spannungs-Konstanthalters. In der Tat ist die Glimmröhre, eine vergrößerte Glimmlampe, gewissermaßen die Zenerdiode der Röhrentechnik.

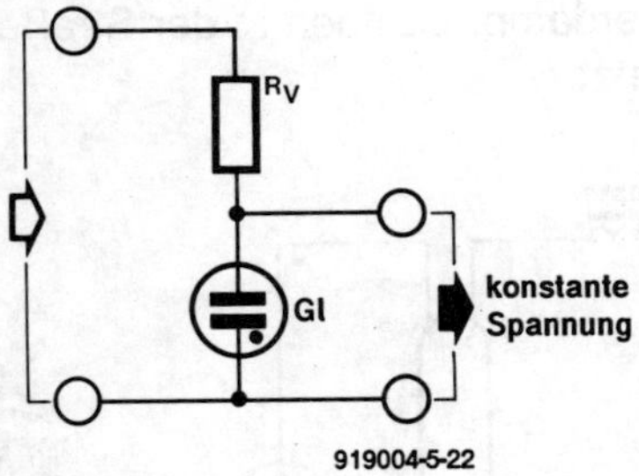

Bild 6. Zum Gewinnen einer stabilen Spannung wird die Glimmröhre über einen Widerstand gespeist. Über ihren Elektroden steht eine konstante (Brenn-) Spannung.

Der Widerstand nimmt die Spannungsdifferenz zwischen der Speisespannung und der stabilisierten Spannung auf. Er muß so dimensioniert sein, daß einerseits genügend Strom durch die Glimmröhre fließt und andererseits die Brennspannung auch bei voller Belastung durch die angeschlossenen Verbraucher nicht unterschritten wird, sonst würde die Glimmröhre verlöschen.

Auch Überspannungsschutz-Elemente werden nach Art einer Glimmröhre gebaut: Überschreitet die Spannung an ihren Elektroden einen bestimmten Wert, zündet das Gas, und die Spannung steigt nicht weiter an. Überspannungsableiter werden für eine ganze Palette von Schutzspannungen angeboten.

Die elektrischen Daten einer Glimmlampe (oder -röhre) sowie die Lichtfarbe hängen hauptsächlich von der Zusammensetzung der Gasfüllung ab. Während Neon rötlich glimmt, schimmert Helium eher gelb.

Zur Raum- und Straßenbeleuchtung steht eine ganze Palette unterschiedlicher Gasentladungslampen zur Verfügung. In Straßenlaternen befinden sich meist die monochromatisch (einfarbig) gelb leuchtenden und sehr effektiven Natriumdampf-Niederdrucklampen oder

Quecksilberdampf-Hochdrucklampen mit weiß-blauem Licht. Da diese Dämpfe nicht ohne weiteres zu zünden sind, wird ein Edelgas beigemischt, in dem nach dem Einschalten eine Glimmentladung stattfindet, die nach einer kurzen Aufheiz-Zeit auf den Metalldampf übergeht. Während dieser Zeit sieht man z. B. die Natriumdampflampen tiefrot statt gelb leuchten. Natriumdampflampen haben die höchste Lichtausbeute, und im gelben Licht sieht das menschliche Auge sehr scharf. Allerdings ist wegen der Einfarbigkeit kein Farbensehen möglich. Aus diesem Grund haben sich hierzulande die Quecksilberdampf-Lampen in der Straßenbeleuchtung durchgesetzt.

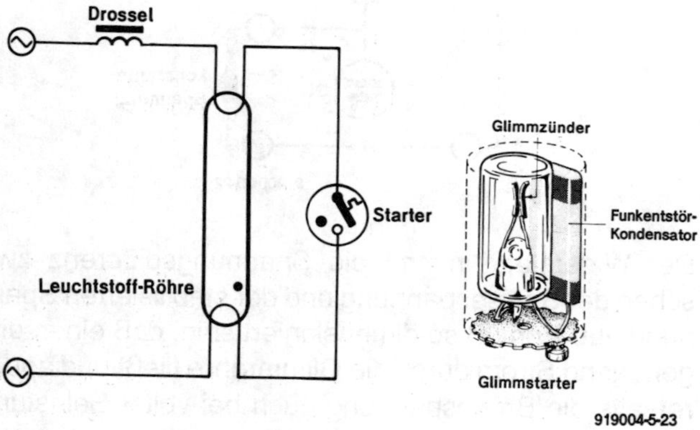

Bild 7. Ein Starter und eine Drossel erzeugen einen Spannungsimpuls, der die Zündspannung überwindet.

Bei Leuchtstoffröhren und den Energiesparlampen (offiziell: Kompakt-Leuchtstofflampen) handelt es sich um Quecksilberdampf-Niederdrucklampen. Sie verbrauchen, gemessen an Glühlampen, 80 % weniger Strom, und ihre Lebensdauer ist mit ca. 8000 Betriebsstunden etwa acht Mal so hoch. Ihr Gasgemisch strahlt ultraviolettes Licht aus, und sie wären kaum zu sehen, wenn auf die Rohrwandungen nicht ein Transmitter, also eine Substanz aufgebracht wäre, die UV-Licht in sichtbares Licht wandelt. Auch Leuchtstoffröhren haben einen Hügel in ihrer Strom/Spannungs-Charakteristik, der beim Starten überwunden werden muß. Der Gipfel des Hügels, also die Zündspannung, ist höher als die Amplitude der Netzwechselspannung.

Dieses Problem löst man mit einer Drossel und einem Starter. Der Starter ist eine Glimmlampe mit

Bimetall-Elektroden. Sie zündet nach dem Einschalten der Lampe. Die Wärme des glimmenden Gases biegt die Bimetallelektroden, bis sie kurzschließen. Dann liegt die Netzspannung über der Drossel, d.i. eine hochinduktive Spule, und über den Heizdrähten der Röhren-Elektroden. Der Strom, der jetzt fließt, lädt elektrische Energie in die Drossel und erhitzt die Elektroden. Die Bimetallelektroden des Starters öffnen nach kurzer Abkühlzeit, der Strom durch die Drossel reißt ab, und dies verursacht einen hohen Spannungsimpuls, der über der Zündspannung liegt und das Gas der Leuchtstoffröhre zündet. Im Betrieb erfüllt die Drossel die Aufgabe eines Vorwiderstands, denn ihre Induktvität weist einen Wechselstromwiderstand auf.

Die Funktion eines Starters kann man in einem kleinen Experiment, in dem der Starter mißbraucht wird, nachweisen. Die Schaltung ist eine Reihenschaltung aus einem Starter und einer Lampe mit 25 . . . 60 W. Man baut diesen Versuch mit gut isolierten Meßschnüren und Laborklemmen auf — nicht mit den preiswerten, dünnen Prüfschnüren mit Krokodilklemmen. An die Versuchsdurchführung muß man sehr vorsichtig herangehen, da hier mit voller Netzspannung gearbeitet wird; erst den Versuch stabil aufbauen, dann die Netzspannung einschalten. Nach dem Einschalten glimmt die Glimmlampe des Starters. Dessen Gasfüllung erhitzt sich, und die Kontakt-Elektroden schließen sich. Jetzt liegt die volle Netzspannung an der Birne, sie leuchtet. Kurz darauf öffnen die Starter-Kontakte wieder, und das ganze beginnt von vorne — die Lampe blinkt.

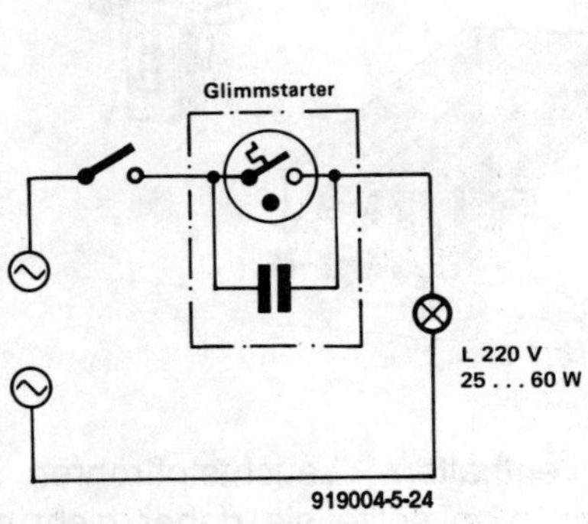

Bild 8. Ein Leuchtstoffröhren-Starter einmal anders: als Blinkgeber einer Glühlampe.

Leuchtstofflampen haben erheblich höhere Wirkungsgrade als Glühbirnen. Während eine Haushalts-Glühbirne ca. 10 lm/W — Lumen pro Watt ist der Lichstrom, den ein Watt erzeugt, kurz: die Lichtausbeute — ausstrahlt, gehen Leuchtstoffröhren mit über 50 lm/W erheblich rationeller mit der elektrischen Energie um. Die modernen Energiespar-Lampen sind ebenfalls Leuchtstoffröhren. Man hat die Röhrenlängen verkürzt und Leuchtstoff-Beschichtungen mit angenehmeren Lichtfarben entwickelt. Der Starter ist integriert, bei einigen Typen sogar die Drossel. Diese Lampen kann man anstelle einer Glühbirne in die Schraubfassung einschrauben. Freilich ist dieser Typ in ökologischer Hinsicht fragwürdig: Ist der Leuchtkörper verschlissen — und das ist trotz langer Lebensdauer einmal der Fall -, wirft man eine intakte Drossel mit fort. Wer Spaß am Basteln hat, kann aus der Not eine Tugend machen: die Drossel ausbauen und vor eine Energiesparlampe ohne eingebaute Drossel schalten. Für diesen Lampentyp wird ein spezieller Sockel benötigt, der jedoch erhältlich ist. Die Wattzahl der alten und der neuen Lampe sollten übereinstimmen.

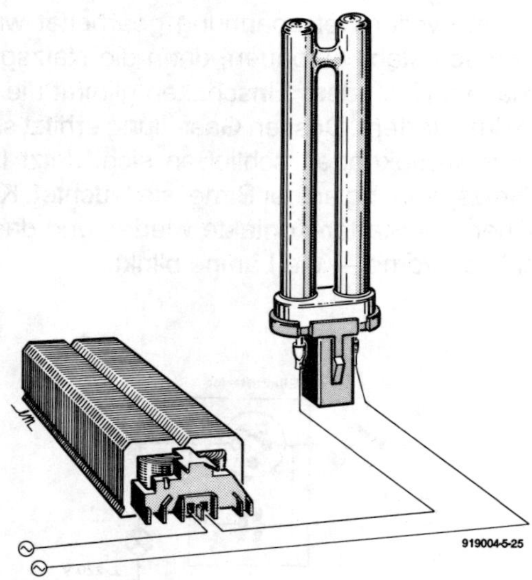

Bild 9. Eine alte Vorschaltdrossel wird einfach in Reihe zur neuen Energiesparlampe gelegt.

Übrigens enthalten Leuchtstoffröhren (flüssiges) Quecksilber, man sollte sie daher nicht einfach zerschlagen und/oder mit dem Hausmüll entsorgen, wenn sie defekt sind, sondern zum Sondermüll geben. Viele Geschäfte, die Leuchtstoffröhren führen, nehmen die alten Stücke zurück.

Foto-Blitzlichtgeräte sind mit Xenon-Blitzröhren ausgestattet, auch ein Gasentladungslampen-Typ. Das Edelgas steht unter hohem Druck. In den Geräten liegen sie parallel zu einem hochkapazitiven Elektrolytkondensator, der vor dem Blitzen auf 300 V oder mehr geladen wird. Die Röhre wird mit einem Hochspannungsimpuls an einer Zündelektrode gezündet. Dabei fließt aus dem Kondensator ein kurzer, sehr hoher Spitzenstrom. Er bewirkt, daß das Licht eine Farbverteilung aufweist, die dem Spektrum des Tageslichts sehr nahe kommt.

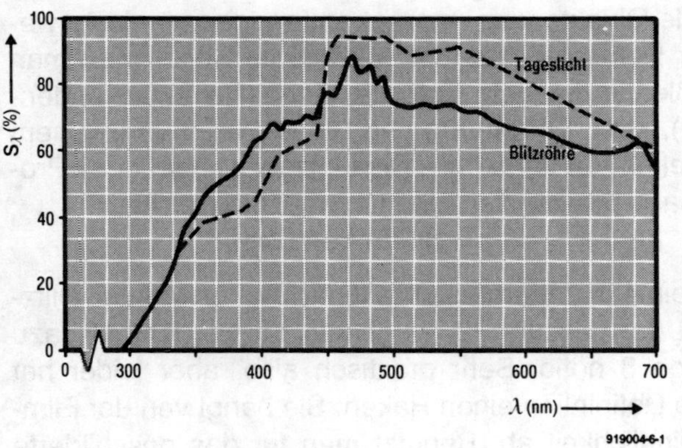

Bild 10. Die Spektren einer Xenon-Blitzröhre und des Sonnenlichts im Vergleich.

Die Schaltung eines Blitzgeräts enthält neben der Röhre und dem Stromversorgungsteil — im wesentlichen ein Satz Akkus und ein Spannungswandler — den Zündteil mit einem kleinen Hochspannungstransformator sowie eine Steuerelektronik, die während der Leuchtdauer der Röhre das vom Aufnahmegegenstand reflektierte Licht mit einer Fotodiode mißt und den Strom zur Röhre unterbricht, wenn der Film ausreichend belichtet wurde.

Die Leistung, genauer die maximale Lichtstärke eines Elektronenblitz-Geräts, wird durch die Leitzahl ausgedrückt. Die Leitzahl, z. B. „32 bei 21 DIN" ist kein physikalisch (mit SI-Einheiten) definiertes Maß, sondern

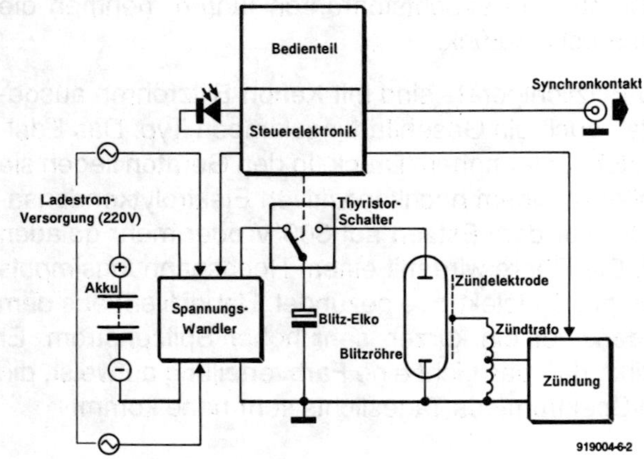

Bild 11. Prinzipschaltung eines Elektronen-Blitzgeräts.

wurde aus der fotografischen Praxis geboren: Je weiter die Objekte vom Apparat entfernt liegen, desto weniger Licht entfällt auf sie und desto weiter muß man die Blende des Fotoapparats öffnen (kleinere Blendenzahl!), kurz: Entfernung und Blenden stehen in einem umgekehrten Verhältnis. Die Leitzahl ist daher das Produkt aus Blendenzahl und Objekt-Entfernung:

$$Lz = Bl \cdot \text{Entfernung}$$

Soll ein 4 m entferntes Objekt mit dem erwähnten Blitzgerät der Leitzahl 32 ausgeleuchtet werden, ist dazu Blende 8 nötig. Sehr praktisch also, aber leider hat diese Definintion einen Haken: Sie hängt von der Filmempfindlichkeit ab. Benutzt man für das geschilderte Motiv einen 24-DIN-Film statt 21 DIN, kann man die Blende eine Stufe schließen. Blende 11 multipliziert mit 4 m ergibt jedoch Leitzahl 44! Man sieht, bei der Beurteilung eines Blitzgeräts ist die Filmempfindlichkeit ebenso wichtig wie beim Kalkulieren der Blende.

Glühlampen

Obschon sie zu den allerältesten Bauelementen der Elektrotechnik gehören, und trotz ihres mit 5 % sehr schlechten Wirkungsgrads, werden Glühlampen auch in der Elektronik eingesetzt, und zwar nicht nur als Skalenbirnchen, sondern z. B. als Sender in Lichtschranken großer Reichweite. Ein Problem der Glühbirnchen ist ihre — vor allem im Vergleich zu LEDs — kurze Lebensdauer. Wegen der hohen Temperaturen des Wolfram-Glühdrahts (2200...3000°C) ist sie in hohem Maß abhängig von der Spannung. Dies ist in Diagramm Bild 12 dargestellt. Spannung und Lebendauer sind hier auf 100 % normiert. Eine Erhöhung der Spannung um 10 %, z. B. von 220 V auf 242 V, senkt die Lebensdauer um 70 %. Statt nach nominal 1000 Stunden Brennzeit geht diese Birne nach 300 Stunden kaputt. (In der Realität ist die Lebensdauer außerdem von der Häufigkeit des Ein- und Ausschaltens abhängig.)

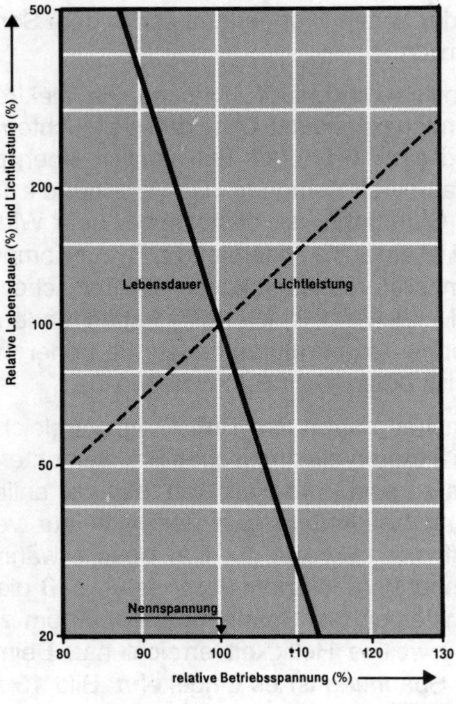

Bild 12. Lebensdauer und Lichtleistung in Abhängigkeit von der Spannung. Die Achsen sind auf % der Nennwerte normiert.

Das Diagramm enthält eine weitere Linie, und zwar für die Lichtleistung. Man erkennt, daß die Lichtleistung bei steigender Spannung überproportional steigt. Die oben erwähnte Erhöhung der Spannung um 10 % — dabei steigt die Leistungsaufnahme der Birne um ca. 20 % — führt zu einem Ansteigen der Lichtleistung um fast 50 %. Der Preis für den Zugewinn an Lichtleistung ist also die drastische Verkürzung der Lebensdauer.

Dieser Zusammenhang hat bei der Entwicklung des Halogenbrenners Pate gestanden: Durch eine Füllung des Kolbens mit einem geeigneten gasförmigen Halogen, z. B. Jod, kann man die Verkürzung der Lebensdauer des Wolframfadens bei hohen Temperaturen abwenden. Die Folge: Erhöhte Lichtleistung bei vertretbarer Lebensdauer. Wolframteilchen, die sich infolge der Brennertemperatur von der Wendel abgelöst haben, verbinden sich in der Nähe des Glaskolbens bei ca. 1400°C mit dem Halogengas. Gerät diese Verbindung in die Nähe des heißen Glühdrahts, zerfällt sie wieder in ihre Bestandteile, und die Wolframteilchen schlagen sich auf der Wendel nieder. Außerdem ist die Lichtfarbe wegen der hohen Brennertemperatur dem Sonnenlicht sehr ähnlich.

Gelegentlich werden Glühbirnchen in elektronischen Schaltungen eingesetzt, ohne daß sie leuchten. Der Widerstand einer Glühbirne hat nämlich einen positiven Temperaturkoeffizienten (PTC): Je höher die Temperatur des Glühdrahts ist, desto höher sein Widerstand. Sinnvoll ist ein PTC-Widerstand z. B. zur Kompensation von Temperaturabhängigkeiten elektronischer Bauelemente. Halbleiter beispielsweise haben tendenziell das umgekehrte Temperaturverhalten: Je höher ihre Temperatur ist, desto mehr Strom ziehen sie.

Glühbirnchen haben den Ruf, — im Vergleich zu den meisten anderen elektronischen Bauelementen — sehr langsam zu sein. Ihre Helligkeit folgt der anliegenden Spannung bei Änderungen demnach nur verzögert. Dies trifft nur teilweise zu: Der oben erwähnte positive Temperaturkoeffizient sorgt dafür, daß die Lampe beim Ansteigen der Spannung mehr Strom zieht, bis sie die jeweilige Helligkeit erreicht hat. Beim Absinken der Spannung ist es umgekehrt. Bild 13 zeigt die Frequenzcharakteristik des Glühlampenlichts am Beispiel eines Skalenbirnchens 6 V/0,3 A. Man erkennt, daß die Charakteristik bis ca. 20 Hz linear verläuft und danach mit 6 dB pro Oktave abfällt (entspricht einer Signal-Halbierung bei Frequenzverdopplung). Andere Birnchen weisen Eckfrequenzen von über 50 Hz auf.

Wer über einen Rechteckgenerator und ein einfaches Oszilloskop verfügt, kann die Charakteristik mit Hilfe der Testschaltung in Bild 14 ermitteln.

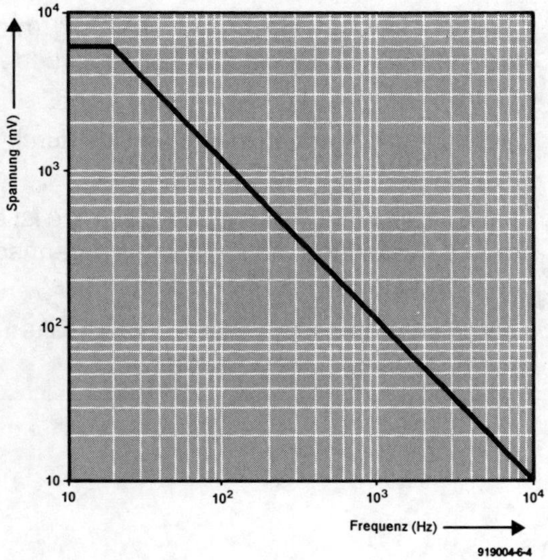

Bild 13. Die Frequenzcharakteristik eines Glühbirnchens.

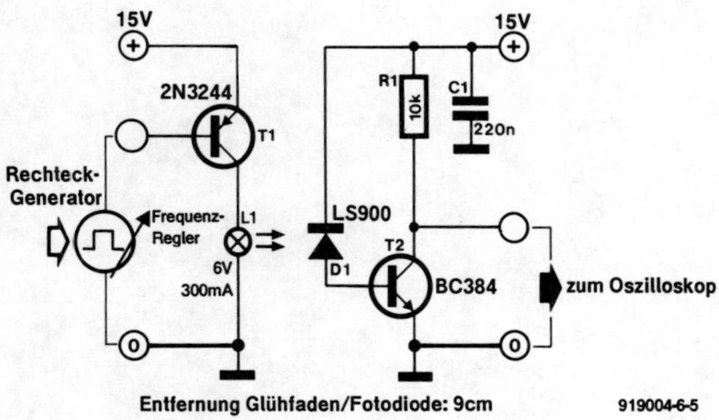

Bild 14. Testschaltung zum Ermitteln der Frequenzcharakteristik eines Glühbirnchens.

Zusammenfassung

- Laserlicht ist stark gebündelt, einfarbig (monochromatisch) mit nur einer Schwingungsebenen (polarisiert).
- Gasentladungslampen zeichnen sich durch ihre vergleichsweise hohe Effektivität aus.
- Zum Starten einer Gasentladungslampe ist eine erhöhte Spannung nötig, da ihre Brennspannung niedriger als die Zündspannung ist.
- Eine Glimmröhre kann als Konstanthalter von Spannungen eingesetzt werden.

9. Weitere Foto-Sensoren

Foto-Halbleiter

Wir hatten bereits früher erläutert, daß sich Fotohalbleiter nicht prinzipiell von ihren „normalen" Vorbildern unterscheiden, sondern wesentlich in den Materialien und daraus folgend den elektrischen Eigenschaften sowie natürlich der transparenten Gehäusegestaltung.

Folgerichtig wurden neben Fotodiode, Fototransistor (Fotodarlington) und LED auch andere Halbleiter in Fotoversion entwickelt: Foto-Feldeffekt-Transistor (Foto-FET), Foto-Thyristor, Foto-TRIAC sowie Foto-Versionen von einigen einfachen Logik-Gattern in Schmitt-Trigger-Technik. Als Einzelhalbleiter haben diese Elemente keine große Bedeutung erlangt, wohl in Koppler-Versionen zusammen mit je einer LED. Die Fotoeigenschaften werden also genutzt, um die Komponenten ohne galvanische Verbindung anzusteuern.

Diese Bauelemente werden hier nur kurz vorgestellt, denn sie sind für Privatleute recht schwer erhältlich und zum Experimentieren wohl auch zu teuer. Da in der Hobby-Elektronik die Lohnkosten beim Einlöten von mehreren Bauteilen anstelle eines einzigen keine Rolle spielen, wird man die oben genannten Foto-Bauteile durch normale Typen ersetzen und diese mit Steuerschaltungen ansteuern. Auf die lichtempfindlichen Widerstände (LDRs) werden wir jedoch tiefer eingehen.

Foto-FET

Der FET besteht aus einem Kanal zwischen Source und Drain. Der Kanal bildet zugleich eine Diode zum Gate. Durch Anlegen einer Spannung, die negativer als die der Source ist, wird die Gate-Diode in Sperr-Richtung vorgespannt. Diese Spannung schnürt den Source-Drain-Kanal zu. Je größer (negativer) sie ist, desto enger wird der Kanal, d. h. desto weniger Strom fließt zwischen Source und Drain. Fällt Licht auf die fotoempfindliche Gate-Diode, fließt Strom gegen die Sperr-Richtung. Dadurch löst sich die Einschnürung. Licht erhöht also den Drain-Strom.

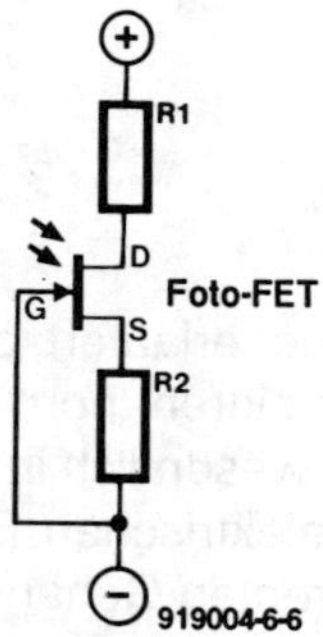

Bild 1. Lichteinfall auf das Gate wirkt genauso wie ein Ansteigen (positiv) der Gate-Spannung.

Man kann den Foto-FET in zwei Betriebsarten verwenden. Entweder arbeitet der FET als verstärkendes Bauteil. Dann kommen seine günstige Kennlinie sowie relativ gutes Rauschverhalten zum Zuge. Jedoch ist die Lichtempfindlichkeit gering. Wie den normalen FET kann man den Foto-FET bei geringer Ansteuerung auch als steuerbaren Widerstand einsetzen, gesteuert mit Licht. Mit einer Koppler-Version des Foto-FETs, z. B. dem H11F (General Electric), steht somit ein stromgesteuerter Widerstand mit galvanischer Trennung zwischen Widerstand und Steuerkreis zur Verfügung. Der Steuerstrom fließt durch die LED. Bild 2 zeigt das Prinzip-Schaltbild eines Operationsverstärkers mit stromgesteuerter Verstärkungsregelung: Hier bildet der Foto-FET-Koppler einen Widerstand des Spannungsteilers, der die Verstärkung der Schaltung bestimmt.

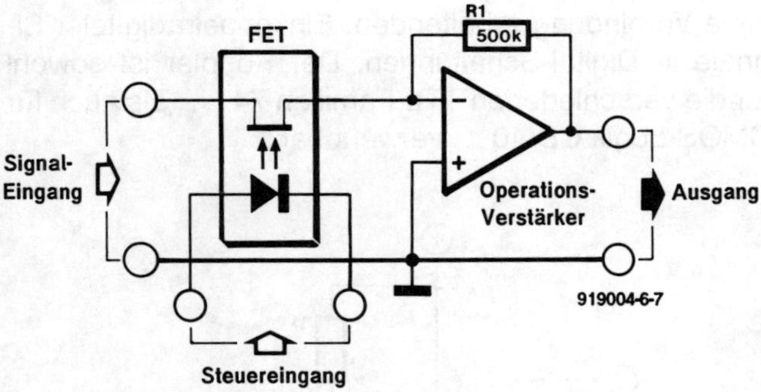

Bild 2. Mit dem LED-Strom wird die Verstärkung dieser Schaltung gesteuert.

Foto-Thyristor und Foto-TRIAC

Ein Thyristor ist eine Diode, die in beiden Richtungen sperrt. Durch einen Impuls am dritten Anschluß des Thyristors kann man die Diode in Durchlaßrichtung öffnen. Der Thyristor schließt wieder, wenn der Diodenstrom Null wird. Beim Foto-Thyristor ersetzt Lichteinfall den Zündimpuls. Dabei muß die Lichtstärke eine bestimmte Schwelle überschreiten, und zwar für eine Mindestzeit von ca. 30 ... 50 Mikrosekunden. Thyristoren werden häufig in der Leistungselektronik zum Steuern von Wechselströmen bei hohen Spannungen eingesetzt. Hier finden Foto-Thyristor-Koppler (H11C; GE) interessante Einsatzfelder, z. B. wenn man Ströme mit Hilfe von elektronischen Schaltungen, die mit geringen Spannungen arbeiten (Beispiel: Computer), schalten will. Diese Schaltungen sind jedoch nicht unproblematisch, denn die Bauteile müssen einerseits recht empfindlich sein, damit sie mit den relativ schwachen Steuerströmen auskommen, andererseits müssen sie unempfindlich sein, damit Störungen aufgrund der hohen Spannungen und Ströme nicht zu Fehlzündungen führen. Dieser Widerspruch ist schwer zu lösen.

Dies gilt auch für Foto-TRIAC-Koppler (H11J; GE). Der TRIAC kann im Gegensatz zum Thyristor in beide Stromrichtungen geöffnet werden.

Foto-ICs

Auch einige ICs werden in Foto- bzw. Koppler-Versionen gebaut. Der Schmitt-Trigger-Koppler H11L ist ein Bauteil zum potentialfreien, also ohne galvanische Verbindung arbeitenden, Einkoppeln digitaler Signale in Digital-Schaltungen. Der Koppler ist sowohl für die verschiedenen TTL-Familien 74 . . . , als auch für CMOS-Logik CD 40 . . . verwendbar.

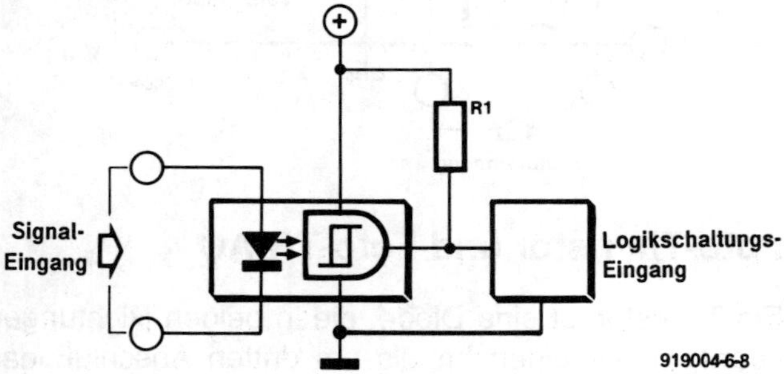

Bild 3. Eingangs-Schaltung ohne galvanische Verbindung für Digitalschaltungen mit ICs verschiedener Familien.

Logik-Familie	U	R1
TTL		
74, 74H, 74S	5 V	390 Ω
74L, 74LS, MSI, LSI	5 V	3,3 kΩ
HNIL	15 V	1,8 kΩ
CMOS	3 V	1,2 kΩ
	12 V	5,6 kΩ

Tabelle 1: Werte für den Widerstand R1 in Schaltung Bild 3.

Lichtempfindliche Widerstände (LDRs)

Lichtempfindliche Widerstände wurden anfangs als Cadmium-Sulfit-Zellen bekannt, dies deutet auf das Material, aus dem sie bestehen. Cadmium-Sulfit (CdS) ist aus physikalischer Sicht ein Halbleiter. Im Gegensatz zu Dioden, Transistoren und anderen Halbleitern ist er nicht dotiert, d. h. durch gezielte chemische Behandlung zum P- oder N-Halbleiter gemacht. So kann man zwar keine Schaltelemente (Dioden) oder Verstärkerbausteine (Transistoren) daraus fertigen, aber LDRs sind polaritäts-unabhängig, also für Gleich- und Wechselspannungen zu verwenden. Ihre Kennlinie ist — typisch für Widerstände — linear. In dieser Hinsicht sind sie also dem polaritätsgebundenen Foto-FET überlegen. Der weist zwar auch Widerstands-Charakteristik auf, aber nur in einem engen Aussteuerungs-Bereich. Jenseits vom Kennlinienknick wird der Strom nicht von der Source-Drain-Spannung, sondern vom Gate (Spannung und Licht) gesteuert (Verstärkerbetrieb), und bei negativen Spannungen funktioniert es gar nicht.

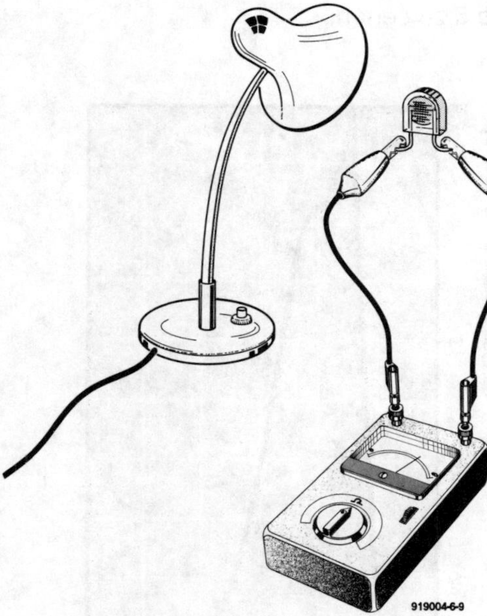

Bild 4 Die Wirkungsweise eines LDRs kann man leicht mit einem Ohmmeter nachweisen.

Im Hobby-Bereich erfreuen sich LDRs großer Beliebtheit, weil sie problemlos zu handhaben sind. Sie vertragen, je nach Ausführung, Verlustleistungen von mehreren hundert mW (FWC 9801: 300 mW) und zeichnen sich — ebenfalls typabhängig — durch Maximalspannungen bis zu 350 V aus (ORP 60-Reihe). Die meist angebotenen Standardtypen, wie LDR 03 oder LDR 05, darf man freilich nicht so hart belasten. Sie vertragen maximal 150 V, sind also für den Betrieb an Netzspannung nicht ohne weiteres geeignet. Ihr Widerstandsbereich ist sehr breit: Bei völliger Dunkelheit weist der LDR ca. 10 MΩ auf, bei 1000 lx ca. 75 ... 300 Ω. (Die Beleuchtungsstärke 1000 lx entsprechen einer Bestrahlungsstärke von knapp 5 mW/cm^2, also ca. ein Zwanzigstel der vollen Sonnenstrahlung.) Zum Ermitteln der

LDR-Funktion mißt man einfach den Widerstand des Elements mit einem Ohmmeter bei verschiedenen Beleuchtungen. Wie man den LDR dazu anschließt, ist gleichgültig.

Daß der LDR in professionellen Entwicklungen seltener zu finden ist, liegt an seinen spezifischen Nachteilen: Er ist träge und temperaturabhängig, und seine spektrale Empfindlichkeit eignet sich für viele technische Anwendungen nicht. Die spektrale Empfindlichkeit ist im Diagramm Bild 5 zu sehen.

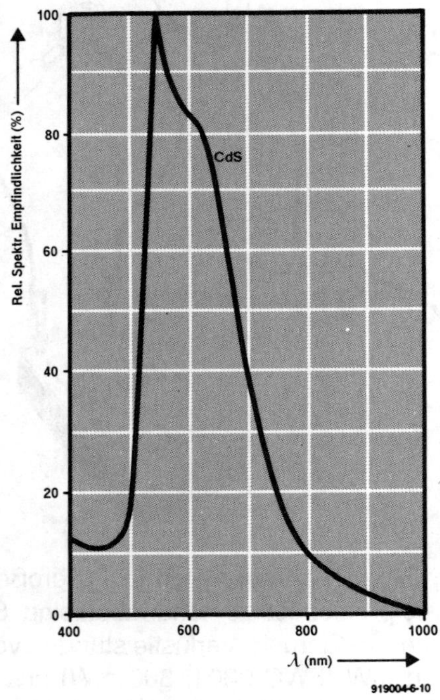

Bild 5. Spektrale Emfindlichkeit eines LDRs (auf CdS-Basis): Für Blau und Infrarot ist der LDR unempfindlich.

Die Spitzenempfindlichkeit liegt im grünen Bereich, sie fällt jedoch in beiden Richtungen schnell ab, so daß der LDR blaue Farben und den Infrarot-Bereich nicht „sieht". Besonders das Fehlen des IR-Bereichs ist für den Techniker, der diesen Bereich häufig nutzt, ein Nachteil. (Es gibt jedoch LDRs (RPY 60) aus anderen Materialien, z. B. Cadmium-Sulfoselenid (CdSe), die IR-empfindlich regieren.) Diese Empfindlichkeitsverteilung kann jedoch auch Vorteile gegenüber den sehr breitbandigen Fotodioden haben: Die Empfindlichkeitskurve des LDRs kommt der Farbempfindlichkeit des menschlichen Auges näher. Bekanntlich sieht der Mensch Grün am besten, Blau weniger gut und Infrarot gar nicht. Da auch Fotomaterialien mit vergleichbaren Empfindlichkeitsverteilungen versehen werden, hatte der LDR lange Zeit als Sensor in Belichtungsmessern große Bedeutung (CdS-Belichtungsmesser). Inzwischen werden auch dort Fotodioden mit eingebauen Filtern verwendet.

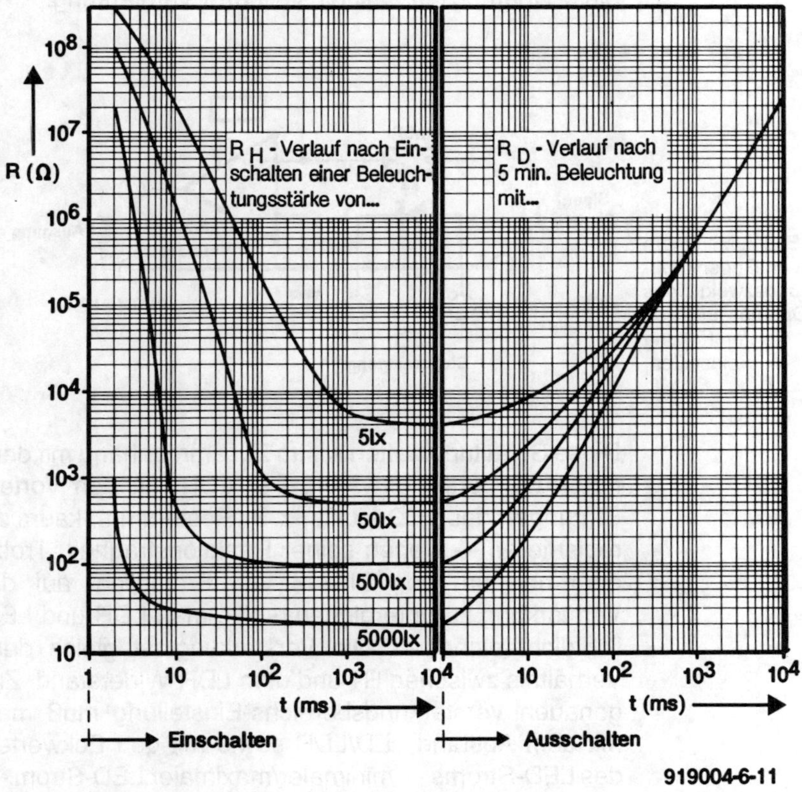

Bild 6. Das Diagramm mit dem Ein- und Ausschaltverhalten zeigt, daß der LDR ein träges Bauelement ist.

Das zweite Handicap des LDRs ist seine Trägheit: Belichtet man einen zuvor völlig verdunkelten LDR mit beispielweise 5 lx, braucht er gut 1 s bis er 150 % des dazugehörigen Widerstand erreicht hat, und 10 s bis 100 %. Bei stärkerer Beleuchtung nimmt der Widerstand zunächst schneller ab, für die letzten -zig %

braucht er aber auch dann einige Sekunden. Auch das Ausschalten braucht — für elektronische Verhältnisse — geraume Zeit. Aus gutem Grund geben die Hersteller den Dunkelwiderstand unter der Prämisse an: „Dunkelwiderstand 30 min nach Lichtsperrung." Bild 6 zeigt das Zeitverhalten beim Ein- und Ausschalten des LDRs mit verschiedenen Beleuchtungen.

Interessanterweise kann man auch diesen Nachteil vorteilhaft nutzen, z. B. in der folgenden Prinzip-Schaltung einer Opamp-Stufe mit einstellbarer Verstärkung.

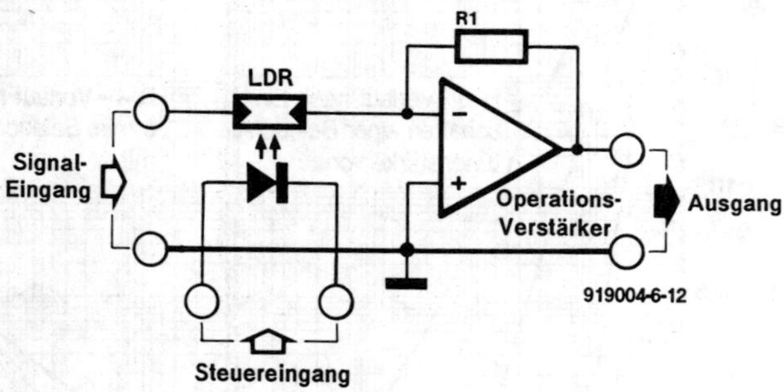

Bild 7. Mit einem LDR im Gegenkopplungszweig eines Opamps läßt sich die Verstärkung einstellen.

Diese Schaltung hatten wir im Zusammenhang mit dem Foto-FET bereits erwähnt. Der LDR hat den Vorteil, Störungen des LED-Lichts, z. B. Restbrumm, kaum zu registrieren — wegen seiner Reaktionsträgheit. Trotzdem und um den Einfluß von Fremdlicht auf die Verstärkung zu unterbinden, sollte man LDR und LED lichtdicht einbauen. Die Verstärkung ist gleich dem Verhältnis zwischen R1 und dem LDR-Widerstand. Zur genauen Verstärkungsbereichs-Einstellung muß man mit dem Abstand LED/LDR sowie mit den Eckwerten des LED-Stroms — minimaler/maximaler LED-Strom — experimentieren, es lassen sich hier keine allgemeinverbindlichen Daten angeben. Bei verloschener LED ist die Verstärkung minimal.

Die Temperaturabhängigkeit des LDRs liegt bei 0,2 . . . 0,5 %/°C. Werte in dieser Größenordnung ist man bei polaren Halbleitern gewohnt (z. B. Durchlaßspannung einer Diode: ca. 600 mV, Temperaturabweichung: 1,7 . . . 2 mV/°C). Bild 8 zeigt Genaueres über das Temperaturverhalten des LDRs. In diesem

Diagramm ist das Verhältnis zwischen dem Widerstand bei einer bestimmten Temperatur (waagerechte Achse) und dem Widerstand bei 25°C, dabei ist die Beleuchtung gleich, bzw. sie ist bei verschiedenen Kurven unterschiedlich.

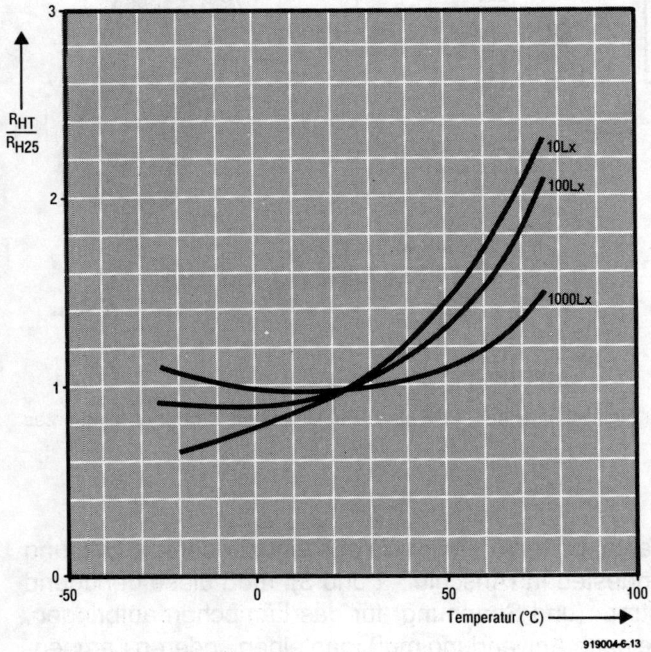

Bild 8. Temperaturverhalten eines LDRs bei verschiedenen Beleuchtungen.

Schaltungsbeispiel: Netzschalteinheit

Die „gutmütigen" technische Eigenschaften des LDRs waren sicher ein Grund, ihn in der folgenden Opto-TRIAC-Schaltung einzusetzen. Sie ist als Netzschalteinheit gedacht, die es ermöglicht, gefahrlos mit elektronischen Schaltungen Netzspannung ein- und auszuschalten, und das ohne Relais.

Gemäß Schaltbild 9 hat der LDR die Aufgabe, bei Beleuchtung mit dem Lämpchen Strom von A2 des TRIACs in das Gate fließen zu lassen. Dadurch wird der TRIAC leitend. Vorwiderstand R2 verhindert, daß der Strom durch den LDR und das Gate bei voller Beleuchtung zu hoch wird; C1 und R3 schützen den TRIAC vor Ausschaltspitzen bei induktiven Lasten. Man kann die Eingangs-Schaltung, wie gezeichnet, mit Batterie und

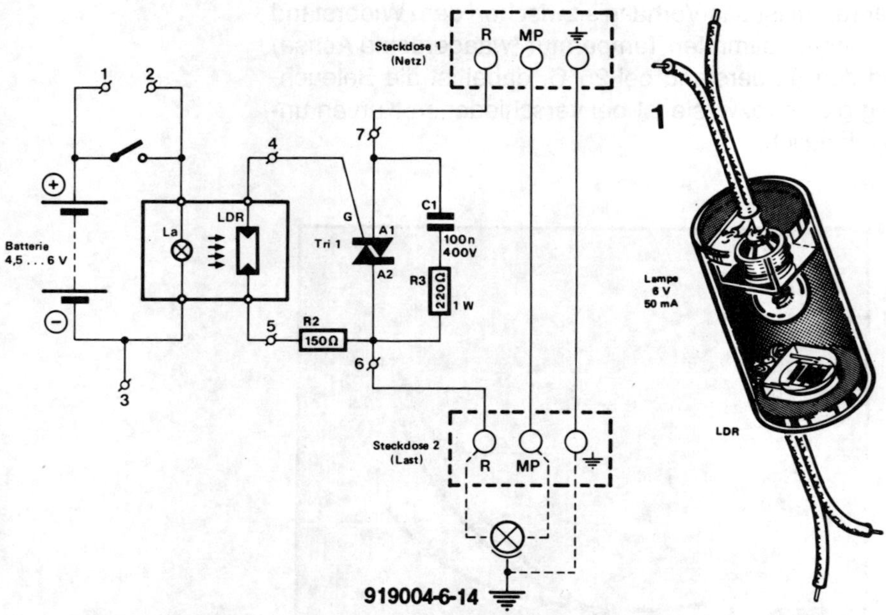

Bild 9. Der Schaltplan zur Netzschalteinheit. LDR und Glühlämpchen werden in ein kurzes Kunststoffrohr eingeklebt.

Taster betreiben. Wird sie aus einer anderen Schaltung angesteuert (Anschluß 2 und 3), muß diese genügend Strom (und Spannung) für das Lämpchen aufbringen. Je nach Anwendung muß man einen anderen Lampentyp aussuchen.

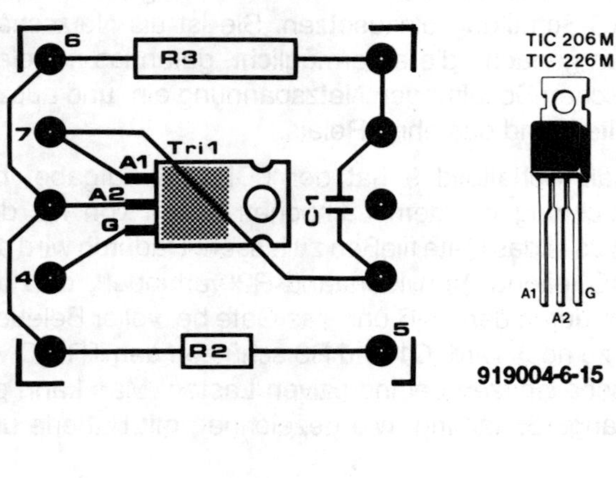

Bild 10. Weil 230 V für unsere Standard-Platinen nicht geeignet sind, baut man die Netzschalteinheit auf ein Stück Widerstandsleiste.

Die Schaltung baut man aus Sicherheitsgründen auf ein kurzes Stück doppelreihiger Lötösenleiste (sog. Widerstandsleiste). Alle Verbindungen müssen zunächst mechanisch stabil befestigt (Umschlingen der Lötösen) und dann einwandfrei gelötet werden. Beim Einkleben von LDR und Lämpchen in ein kurzes Kunststoffrohr muß man auf zuverlässige Isolation achten. Der TRIAC TIC 206 M schaltet Lasten bis 200 W, der TIC 226 M bis 300 W.

Schaltungsbeispiel: Automatischer Warnblinker

Etwas verwickelter ist die folgende Schaltung eines Warnblinkers, der sich automatisch einschaltet, wenn es dunkel wird. Eine derartige Schaltung ist in den Blinkleuchten eingebaut, die nachts Straßenbaustellen sichern sollen und sich tags zur Stromersparnis selbsttätig ausschalten.

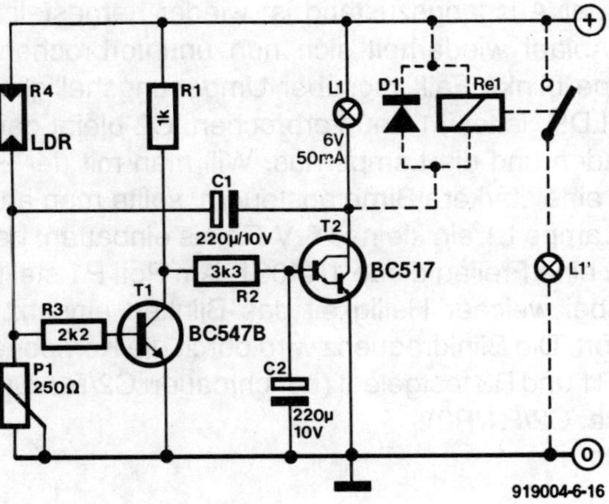

Bild 11. Schaltplan des automatischen Warnblinkers.

Die Gesamtschaltung besteht aus zwei Stufen mit je einem Transistor. T2 schaltet die Glühbirne. Wegen des relativ hohen Lampenstroms wurde ein hoch stromverstärkender Darlington-Transistor gewählt. Wenn man die Betriebsspannung einschaltet, passiert zunächst gar nichts, denn die Basisspannung von T2 ist, bedingt durch den ungeladenen Kondensator C2, Null. Der Kondensator lädt sich jedoch über R1 und R2 auf, und wenn seine Spannung ca. 0,6 V überschreitet, fließt Basisstrom im Darlingtontransistor. Die Folge: der Transistor schaltet ein.

Angenommen, die Schaltung wurde bei Dunkelheit in Betrieb gesetzt, dann hat der LDR einen hohen Widerstand. Er zieht nur geringen Strom durch das Trimmpoti P1, und folglich ist die Spannung am Poti unter 0,6 V und damit zu gering, Transistor T1 anzusteuern. In T1 fließt kein Kollektorstrom, d. h. dieser Transistor beeinflußt die Stufe um T2 nicht.

Sobald der Endtransistor einschaltet und die Lampe leuchtet, fällt auch Licht auf den LDR, der in der Nähe der Glühbirne montiert ist. Es fließt so viel Strom durch LDR und P1, daß über P1 mehr als 0,6 V abfallen. Durch R3 fließt Basisstrom in T2 und folglich auch Kollektorstrom. T1 „zieht" den Widerstand R2 „herunter". Damit wird der Ladevorgang des Kondensators beendet, dieser entlädt sich über R2 und T1 nach Masse. Nach kurzer Zeit ist die Kondensatorspannung unter 0,6 V gesunken, T2 schließt, die Lampe verlischt, und der Ausgangszustand ist wieder hergestellt. Dieser Ablauf wiederholt sich nun ununterbrochen: Die Lampe blinkt. Fällt tagsüber Umgebungshelligkeit auf den LDR, leitet T1 ununterbrochen, C2 bleibt dauernd entladen und die Lampe aus. Will man mit der Schaltung eine stärkere Birne ansteuern, sollte man anstelle der Lampe L1 ein kleines 6-V-Relais einbauen, parallel dazu eine Freilaufdiode 1N4001. Am Poti P1 stellt man ein, bei welcher Helligkeit das Blinken einsetzt bzw. aufhört. Die Blinkfrequenz wird durch die Komponenten C2, R1 und R3 festgelegt (Leuchtdauer: C2/R2, Dunkelphase: C2/R1/R2).

Der LDR als elektronisches Potentiometer

Die Widerstands-Charakteristik des LDRs bietet noch einen weiteren Vorteil: Man kann ihn anstelle eines Potentiometers in klassische Widerstandsschaltungen einsetzen, z. B. Filter-Schaltungen (Tiefpaßfilter mit veränderlicher Eckfrequenz) oder eine Brückenschaltung. Im Gegensatz zum Potentiometer, das mechanisch gestellt werden muß, kann man den LDR wie einen Koppler direkt elektronisch ansteuern. Als Beispiel hier eine Lesley-Schaltung für Musiker, die ihren Sounds einen Raumeffekt geben möchten. Das echte Lesley ist eine Lautsprecher-Installation, bei der die Abstrahlungsrichtung laufend dreht (Bild 12).

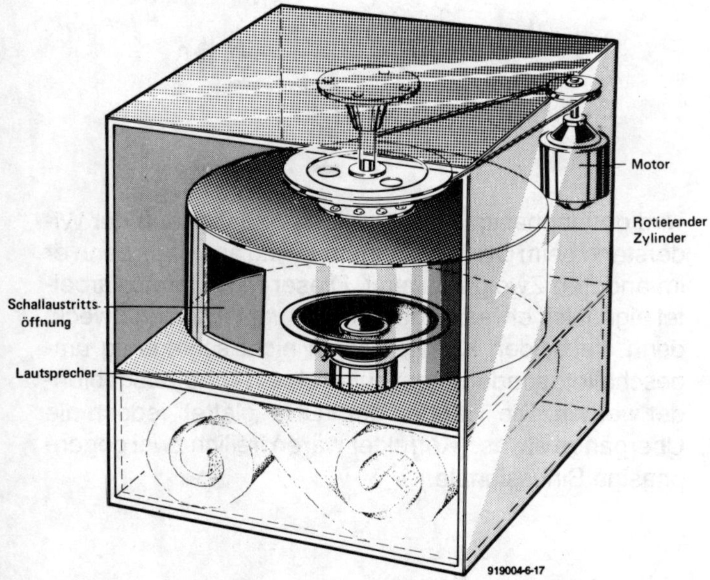

Bild 12. Beim echten Lesley rotiert ein Schallverteiler.

Diesen Effekt kann man mit einer Stereokonfiguration simulieren. Dazu wird das (einzelne) Originalsignal wechselweise auf die beiden Kanäle verteilt, z. B. mit zwei motorgetriebenen Potentiometern. Oder besser mit zwei LDRs, die abwechselnd beleuchtet werden und dadurch die Lautstärke der Kanäle abwechselnd anheben und senken. Bild 13 zeigt eine Anordnungsmöglichkeit für die LDRs.

Diese Schaltung kann man noch perfektionieren, indem man das echte Poti durch zwei weitere LDRs ersetzt. Jeder dieser neuen LDRs wird von dem Lämpchen des anderen Zweigs beleuchtet, damit die LDRs eines Zweigs immer gegenphasig arbeiten.

Zur Steuerung der LDRs dient die Schaltung in Bild 14: Ein gewöhnlicher astabiler Multivibrator mit einer einstellbaren Kippfrequenz von 1 . . . 8 Hz. Das Stereo-Poti

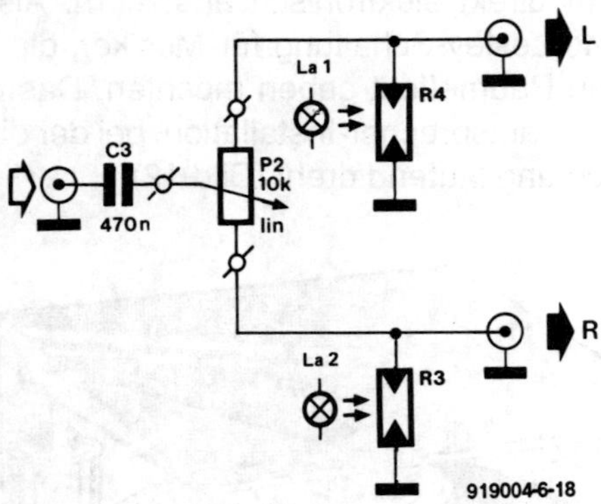

Bild 13. Jeder Teilwiderstand des (echten) Potis bildet zusammen mit je einem LDR ein elektronisch gesteuertes Potentiometer.

wird gegenphasig verdrahtet, und zwar so, daß der Widerstand beim Drehen in einem Zweig ansteigt, wenn er im anderen Zweig abnimmt. Dieser Multivibrator arbeitet eigentlich etwas zu hart für den vorliegenden Zweck, denn die beiden Kanäle sollten nicht schlagartig umgeschaltet, sondern kontinuierlich ein- und ausgeblendet werden. Die Trägheit der LDRs „glättet" jedoch die Übergänge etwas. (Korrekter wären freilich zwei gegenphasige Sinussignale.)

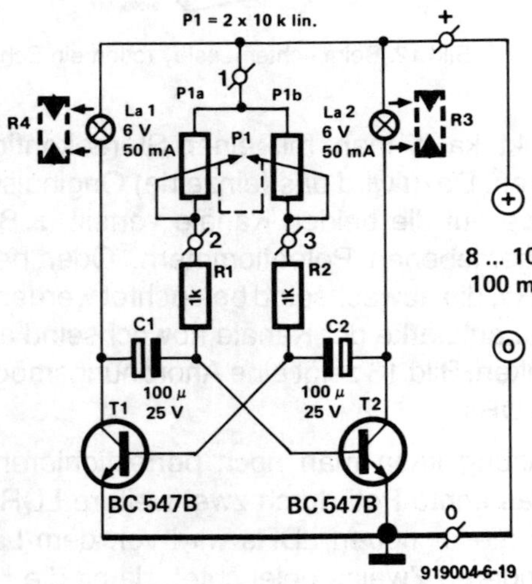

Bild 14. Steuerschaltung für das elektronische Lesley: Die beiden Glühbirnchen werden abwechselnd ein- und ausgeschaltet.

Fernauslöser

Bei der vorhergehenden Schaltung war die Möglichkeit, zwei LDRs in Reihe zu schalten — als Potentiometer-

Ersatz —, bereits angesprochen worden. In der Schaltung Bild 15 ist dies der Fall: zwei LDRs als (Halb-) Brücke. Hier dient sie als Opto-Fernsteuerung, die in der Lage ist, einen Lichtimpuls aus einer bestimmten Richtung von der Umgebungshelligkeit zu unterscheiden. Dazu werden, wie Bild 16 zeigt, die beiden LDRs in unterschiedliche Richtungen eingebaut.

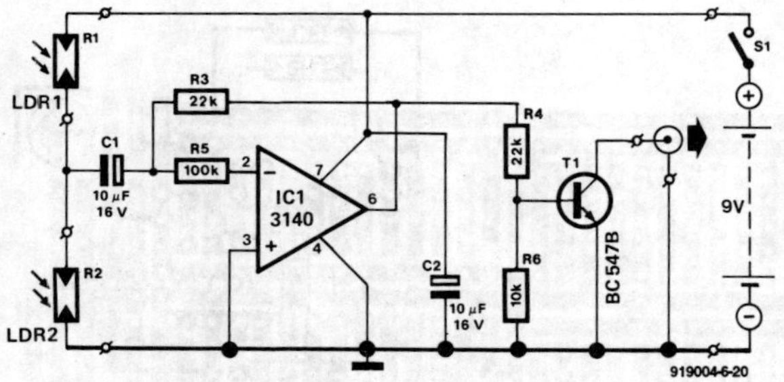

Bild 15. Die einfache Schaltung des Fernauslösers: Am Eingang liegt eine Brücke aus LDRs.

Die Umgebungshelligkeit fällt auf beide LDRs, deren Widerstände ändern sich gleichartig. Daher ändert sich die Spannung am Koppelkondensator C1 nicht. Nur wenn R2 stärker beleuchtet (oder R1 abgeschattet) wird, ändert sich die Spannung an C1. Dieser Kondensator sorgt dafür, daß langsame Spannungsänderungen, z. B. durch Änderungen des Sonnenstands, nicht an den Opamp-Eingang gelangen. Eine schnelle Änderung durch das Licht einer ausreichend starken Taschenlampe oder eines Blitzgeräts hingegen erzeugt an C1 einen Impuls, der vom Opamp verstärkt wird und T1 kurzzeitig leitend macht. Zahlreiche Steuerungsaufgaben sind für diese Schaltung denkbar. Zum Fernauslösen kann man eine Kamera mit entsprechendem Auslöseranschluß direkt anschließen. Der Stromverbrauch liegt je nach allgemeiner Helligkeit bei 1,5 ... 5 mA.

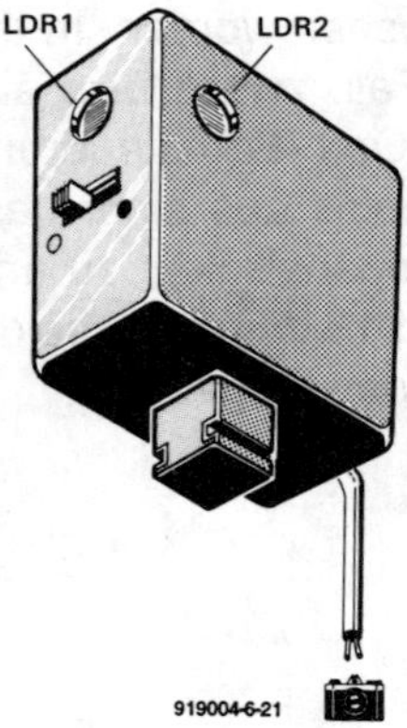

Bild 16. Die beiden LDRs müssen so montiert werden, daß man Licht auf einen LDR alleine strahlen kann.

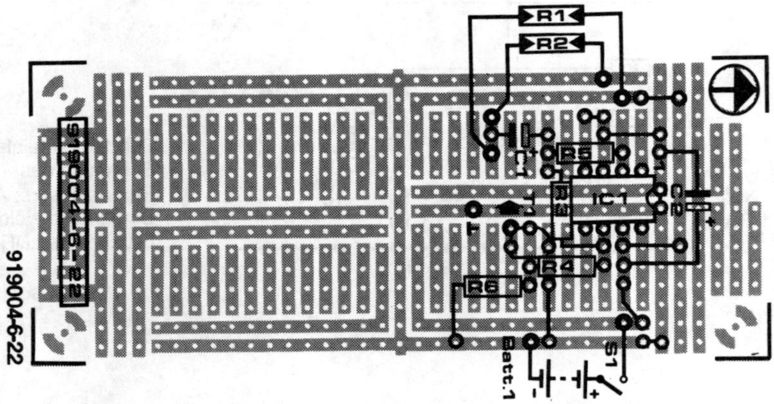

Bild 17. Die Schaltung des Fernauslösers auf einer Standard-Platine.

Zusammenfassung

- Neben Fotodiode und -transistor werden weitere Halbleiter in lichtempfindlichen Versionen gefertigt: Foto-FETs, Foto-Thyristoren und Foto-TRIACs sowie diverse Foto-ICs.
- Lichtempfindliche Widerstände (LDRs) sind nicht polar, können also auch mit Wechselspannung betrieben werden.
- LDRs haben eine mit dem menschlichen Auge vergleichbare spektrale Empfindlichkeitsverteilung. Sie sind nicht IR-empfindlich.
- LDRs sind vergleichsweise langsame Bauteile.

10. Display-Technik

Bislang hatten wir die LEDs nur als Lichtquellen betrachtet. In diesem Kapitel kommen sie als Ziffernanzeigen zur Sprache. Die moderne Display-Technik wird jedoch eher von Fluoreszenz- und Flüssigkristall-Anzeigen gekennzeichnet. Damit können nicht nur Ziffern, sondern auch Buchstaben dargestellt werden (alphanumerische Anzeigen). Die älteren Anzeigetypen, Minitron-Anzeigen mit Glühdrähten oder Nixieröhren. das sind Glimmröhren mit zehn ziffernförmigen Elektroden, spielen heute keine Rolle mehr.

LED-Displays

In den bekannten Sieben-Segment-LED-Anzeigen sind sieben bzw. meist acht LEDs integriert und mit Leuchtkörpern versehen, die das LED-Licht gleichmäßig auf den Balken verteilen. Die achte LED dient als Dezimalpunkt. Alle Kathoden oder alle Anoden der LEDs sind zusammengefaßt, so daß eine Sieben-Segment-Anzeige neun Anschlüsse nötig hat.

Je nachdem, ob die Anoden (+) zusammengefaßt sind oder die Kathoden (–), werden die Segmente mit Minus oder Plus betrieben.

Alphanumerische LED-Anzeigen sind Punktmatrizen aus beispielsweise 5 x 7 Punkten. LED-Displays sind

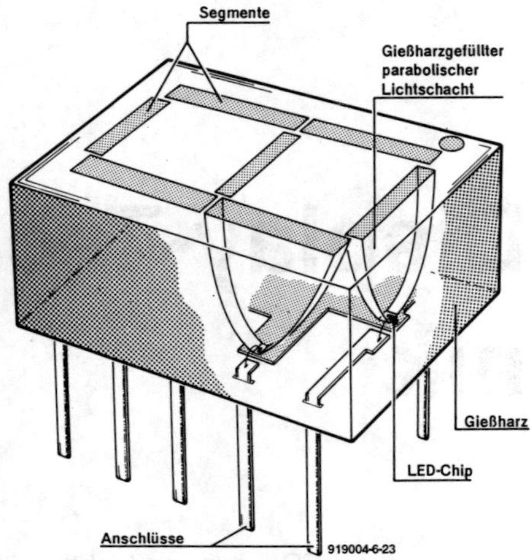

Bild 1. Aufbau einer Sieben-Segment-LED-Anzeige.

sowohl elektrisch als auch mechanisch sehr unempfindlich, ihr Preis ist niedrig, die Lebensdauer lang. Als aktive Elemente sind sie auch in der Dunkelheit gut zu erkennen. Bei großer Helligkeit hingegen sind sie schwer abzulesen. Einen weiteren Nachteil stellt jedoch der hohe Stromverbrauch — beispielsweise im Vergleich zu LCD-Anzeigen — dar.

Weil LEDs schnell ein- und ausschalten, eignen sie sich ferner hervorragend für Multiplexbetrieb. In dieser Betriebsart werden die einzelnen Segment-LEDs nicht durchgehend mit Gleichstrom betrieben, sondern mit Impulsen. Dadurch flackern die LEDs zwar, aber bei ausreichend hoher Multiplex-Frequenz bleibt dies dem Auge verborgen. Multiplex-Ansteuerung ist nur bei mehrstelligen Anzeigen sinnvoll, weil man dann zahlreiche Anschlußleitungen einsparen kann.

Bild 2 zeigt, wie die Anoden der gleichen Segmente aller Ziffern zusammengefaßt sind. Die vierstellige Anzeige mit Dezimalpunkten hat also 12 Anschlüsse (4 für die gemeinsamen Kathoden/Anoden der einzelnen Ziffern und 8 für die verbundenen Segmente), während vier einzelne Ziffern 33 Leitungen benötigen (dabei sind bereits alle gemeinsamen Kathoden/Anoden zusammengefaßt). Um ein bestimmtes Segment anzusteuern, legt die Multiplex-Steuerlogik Plus an die gemein-

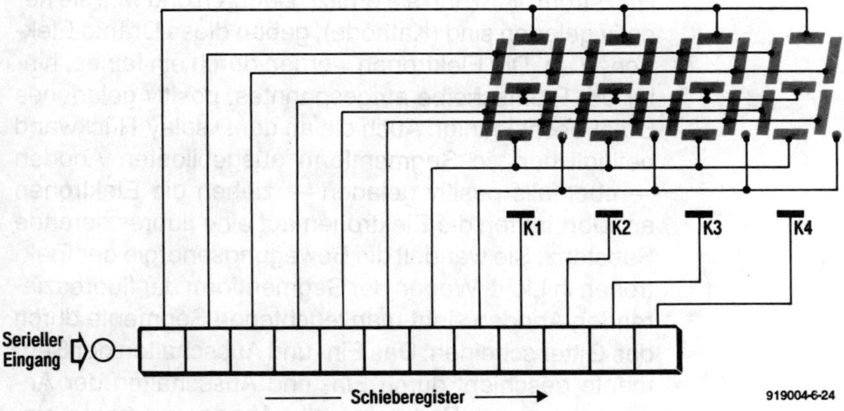

Bild 2. Ein Multiplexer mit seriellem Dateneingang.

same Leitung des betreffenden Segments und Minus an die gemeinsame Kathode der betreffenden Ziffer. So werden nacheinander alle Segmente, die leuchten sollen, angesteuert. Wie schnell der Multiplexvorgang ablaufen muß, kann man leicht nachrechnen. Da das menschliche Auge Helligkeitswechsel bis ca. 20 Hz auflösen kann (Filmtechnik!), sollten die einzelnen Elemente öfter mit Impulsen versorgt werden, z. B. 50 mal pro Sekunde. Bei einer vierstelligen Anzeige werden 32 LEDs gesteuert, also sind 50 x 32 = 1600 Impulse pro Sekunde nötig. Technisch stellt dies kein Problem dar, meist wird mit Frequenzen im -zig-kHz-Bereich gesteuert. Ein Nachteil dieser Methode ist freilich, daß sie wegen der schnellen Impulse Störungen verursacht.

In Bild 2 ist ferner zu sehen, daß man die Multiplexsteuerung mit Hilfe eines Schieberegisters leicht über einen seriellen Datenkanal betreiben kann, eine Methode, die in der Computer-Technik Anwendung findet.

Fluoreszens-Displays

Fluoreszenz-Displays erkennt man an ihren grünlich oder bläulich leuchtenden, gut lesbaren Zeichen. Technisch gleichen sie den klassischen Elektronenröhren (genauer: dem „magischen Auge"): Hinter der Glasfront des Displays befinden sich dünne Drähte, durch die ein

Heizstrom fließt und sie erhitzt. Dadurch und weil sie negativ geladen sind (Kathode), geben diese Drähte Elektronen ab. Die Elektronen werden durch ein feines, hinter der Frontscheibe aufgespanntes, positiv geladenes Gitter beschleunigt. Auch die an der Display-Rückwand befindlichen, in Segmentform ausgebildeten Anoden — ebenfalls positiv geladen — ziehen die Elektronen an. Dort treffen die Elektronen auf eine fluoreszierende Substanz. Sie wandelt die Bewegungsenergie der Elektronen in Licht. Wegen der Segmentform der fluoreszierenden Anoden sieht man leuchtende Segmente durch das Gitter scheinen. Das Ein- und Ausschalten der Segmente geschieht durch Ein- und Ausschalten der Anodenspannung. Dazu sind alle Anodensegmente einzeln herausgeführt. Die Frontscheibe trägt eine durchsichtige Leitschicht. Sie ist mit dem Heizdraht verbunden und unterstützt eine gleichmäßige Elektronenverteilung im Display-Inneren und damit ein gleichmäßiges Leuchten der Segmente.

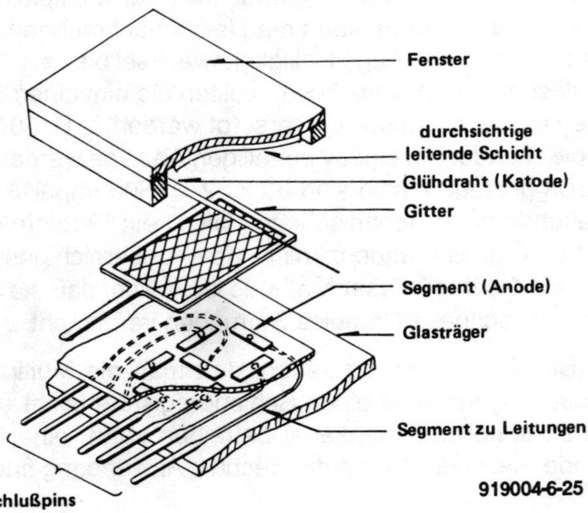

Bild 3. Aufbau eines Fluoreszenz-Displays.

Moderne Fluoreszenz-Display, sogenannte Front-Fluoreszenz-Displays, sind genau umgekehrt aufgebaut: An der Rückwand befindet sich die geheizte Kathode, und am Frontglas die Anodensegmente. Dieser Aufbau ist zwar schwieriger, aber er verbessert entscheidend die Ablesbarkeit der Anzeigen, denn man sieht die Segmente direkt und nicht hinter einem Gitter.

Auch die Fluoreszenz-Displays arbeiten wegen der geringen Trägheit der Elektronen verzögerungsarm und eignen sich für Multiplexbetrieb. Dies kommt vor allem bei Displays zur Geltung, die (mehrere) ganze Zeilen Text zeigen. Die Vorteile dieser Displaytechnik kommen bei stationären Geräten mit Netzstrom-Versorgung und großen Anzeigen gut zur Geltung. In anderen Fällen überwiegen häufig die Nachteile: aufwendige Bauweise, mechanisch empfindliche Konstruktion, mittlere Lebensdauer, zwei Versorgungspannungen sind nötig (Heizspannungen 0,7...1,7 V, Gitter- und Anodenspannungen ca. 20 V) und daher auch spezielle Treiber-Elektronik.

Flüssigkristall-Anzeigen (LCD)

Die bekannten Flüssigkristall-Anzeigen, inzwischen auch farbig, stellen derzeit das Nonplusultra der Displaytechnik dar. Mit bis zu 100.000 Stunden Lebensdauer und extrem niedrigen Energiebedarf sind sie vor allem bei batteriebetriebenen Geräten vorteilhaft. Den Nachteil, nur passiv zu sein, also eine Fremdlichtquelle zu benötigen, behebt man mit Leuchtfolien. In heller Umgebung ist dies zudem ein Vorteil gegenüber den LED- und Fluoreszenz-Displays, die dann schlecht zu lesen sind.

Eine LCD-Anzeige besteht aus zwei Glasscheiben, zwischen denen sich die mit Flüssigkristall bezeichnete Flüssigkeit befindet. „Flüssigkristall" klingt widersprüchlich, denn Kristalle sind gewöhnlich fest und meist sehr hart. Mit einem Kristall hat diese Flüssigkeit gemein, daß sich ihre langen Moleküle nach einem bestimmten Muster ausrichten. Dies ist in einer „echten" Flüssigkeit nicht der Fall: Hier bewegen sich die Moleküle regellos. Trotz der kristallähnlichen Ausrichtung der Flüssigkristall-Moleküle werden sie (bei Raumtemperaturen) nicht fest. Die LCD-Flüssigkristalle haben außerdem die optische Eigenschaft, die Polarisation von durchtretendem Licht zu verändern. Unter Polarisation versteht man die Schwingungsrichtung einer Welle. Wie man beispielsweise ein Pendel in verschiedene Richtungen schwingen lassen kann, läßt sich auch bei einer Lichtwelle eine Schwingungsebene (parallel zur Fortpflanzungsrichtung) ausmachen. Dies fällt uns normalerweise nicht auf, weil das Auge Polarisationen nicht registriert und weil die weitaus meisten Lichtquellen Strahlen mit allen möglichen Polarisationen aussenden. Mit speziellen Polarisationsfiltern (Markenname Polaroid) kann man Lichtstrahlen einer bestimmten Schwingungsebene ausfiltern, für Strahlen mit anderen Polarisationsebenen ist das Filter undurchsichtig. Läßt man so gefiltertes Licht durch eine Flüssigkristall-Substanz scheinen, wird diese Schwingungsrichtung gedreht.

Beim LCD-Element beträgt diese Drehung genau 90°. Beide Scheiben sind mit Polarisationsfiltern versehen, deren Durchlaßrichtung ebenfalls um 90° zueinander stehen. Fällt also Licht in das LCD-Element, wird es an der Vorderseite zunächst polarisiert, dann wird im FLüssigkristall die Polarisationsebene um 90° gedreht, und deshalb „paßt" das Licht durch das hintere Filter. Das LCD-Element ist also durchsichtig.

Vorder- und Rückseite der LCD sind mit einer durchsichtigen Elektrode beschichtet. Legt man eine Spannung zwischen die beiden Elektroden, drehen sich die Flüssigkristalle so, daß sie die Polarisation des durchscheinenden Lichts nicht mehr um 90° drehen. Jetzt kann das Licht das zweite Filter nicht mehr passieren, das LCD-Element wird undurchsichtig.

Die beiden Zustände — mit und ohne Spannung — sind in Bild 4 dargestellt.

Nun soll in aller Regel nicht die ganze LCD undurchsichtig werden, sondern nur ziffern- oder buchstabenförmige Zonen. Dazu werden die durchsichtigen Elektroden (aus Zinnoxid) in einem fotochemischen Verfahren entsprechend geformt. Beim Anlegen von Spannung an diese leitfähigen Bereiche des Glases werden die davor befindlichen Bereiche der Flüssigkeit undurchsichtig. So lassen sich LCDs mit beliebigen Symbolen recht einfach herstellen. Man muß beim Entwurf lediglich darauf achten, daß ein Anschlußpfad zur Kante des Glases nötig ist. Meist befindet sich hinter dem LCD-Element eine reflektierende Folie, andernfalls muß man dahinter eine Beleuchtung, z. B. in Form einer Beleuchtungsfolie anbringen. Soll eine LCD bei sehr tiefen Temperaturen arbeiten, wird zusätzlich eine Heiz-

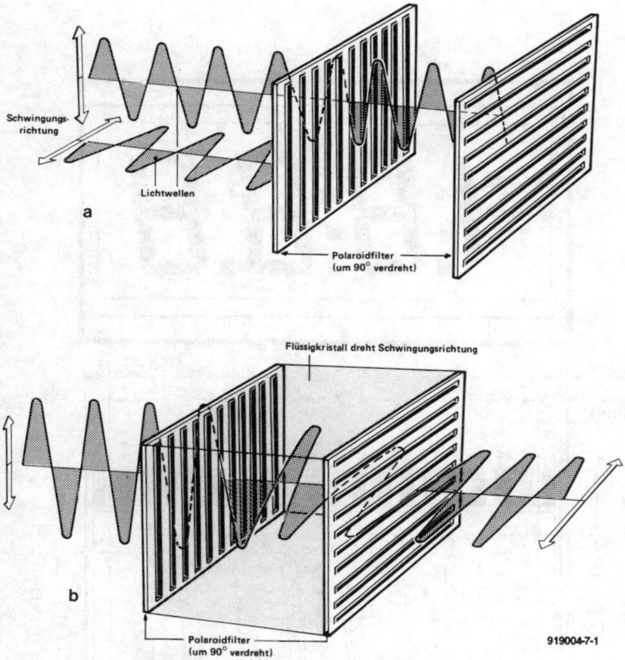

Bild 4. Zwei um 90° gedrehte Polarisationsfilter lassen kein Licht durch (a). Im Ruhezustand stimmen die Richtungen der Polarisationsfilter und die Drehung durch den Flüssigkristall überein (b): Das Element ist lichtdurchlässig.

folie aufklebt, denn die Flüssigkristalle werden bei Kälte träge, sie „frieren ein".

Gesteuert wird eine LCD mit einer Wechselspannung (!) von 1,5 . . . 8 V und einigen -zig bis mehreren hundert Hz. Wechselspannung ist nötig, da sich bei Gleichspannung die Zinnoxid-Elektroden zersetzen. Diese Wechselspannung wird von den Ansteuer-ICs erzeugt, man benötigt daher keine eigenen Stromversorgung. LCDs verbrauchen sehr wenig Strom, denn die Flüssigkristalle benötigen nur die Spannung — es muß kein Strom durch die Flüssigkeit fließen. Faktisch fließt natürlich doch ein winziger Strom, denn zwischen den Elektroden herrscht eine Kapazität, und die weist für Wechselspannung Widerstand auf. Wie empfindlich LCDs sind, erfährt man, wenn man deren Kontakte berührt: Einzelne Segmente werden nur durch die winzige Spannungen dunkel, die beim Anfassen entstehen.

Durch Verwendung farbiger Flüssigkristall-Moleküle lassen sich auch Farb-Displays anfertigen. Mehrfarbige LCD-Displays bestehen aus mehreren Schichten für die verschiedenen Farben.

Bild 5. Maße eines 3 1/2-stelligen LCD-Elements (z. B. SE 6902, FAN 31865). Die Kontakte befinden sich auf den Randstreifen der Gläser.

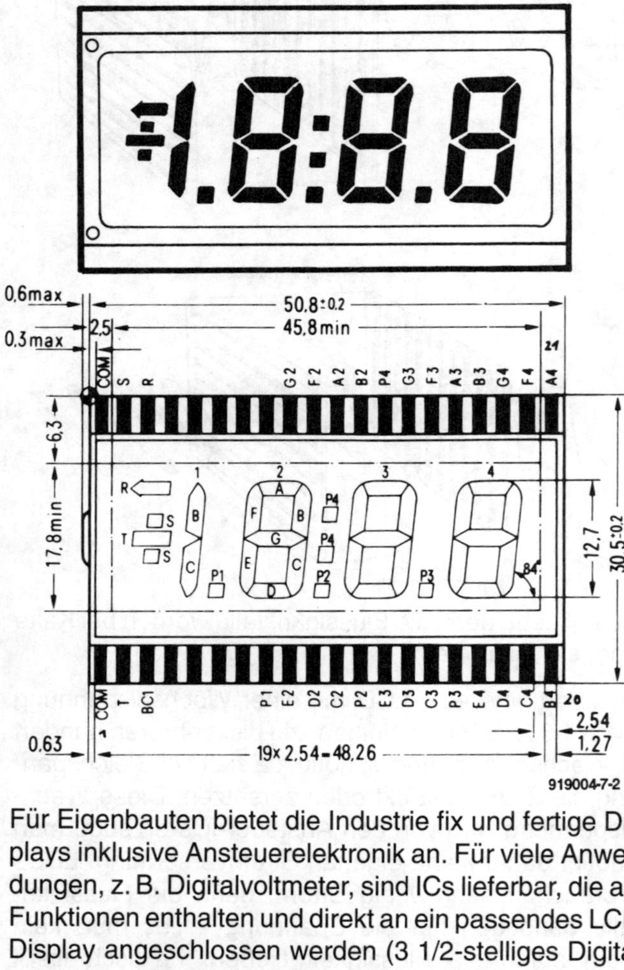

Für Eigenbauten bietet die Industrie fix und fertige Displays inklusive Ansteuerelektronik an. Für viele Anwendungen, z. B. Digitalvoltmeter, sind ICs lieferbar, die alle Funktionen enthalten und direkt an ein passendes LCD-Display angeschlossen werden (3 1/2-stelliges Digitalvoltmeter: ICL 7126, 4 1/2-stelliges DVM: ICL 7129). Auch zum Ansteuern einzelner Segmente sind ICs erhältlich, z. B. das CMOS-IC 4056, das sieben Segmente, z. B. einer Sieben-Segment-Ziffer ansteuert.

Der Selbstbau vollständiger Ansteuerschaltungen für größere LED-, LCD- oder Fluoreszenz-Displays lohnt sich kaum, denn es werden zahlreiche fertige Module mit Display und Treiberelektronik angeboten. Man kann sich das Passende aussuchen. Vor allem bei alphanumerischen Anzeigen ist die Anzeigesteuerung doch

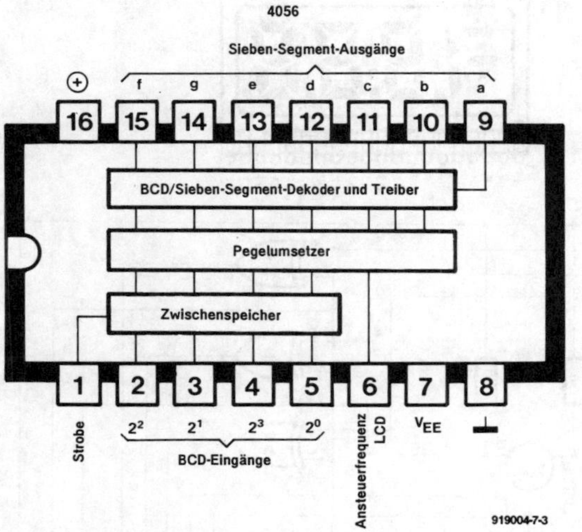

Bild 6. Das CMOS-IC 4056 steuert sieben LCD-Segmente.

recht kompliziert, denn alle Zeichen müssen von ihr als Punktmatrix generiert werden.

Universelles Digital-Voltmeter

Als Beispiel für eine vollständige Meß-, Treiber- und Anzeige-Schaltung wird ein 3 1/2-stelliges digitales Voltmeter (DVM) vorgestellt.

Die DVM-Schaltung besteht aus einem hochfunktionalen IC, ein wenig Peripherie-Elektronik und der LCD-Anzeige. Viel erläutern läßt sich an dieser „Black-box-Schaltung" nicht, denn die gesamte Meß-, Steuer- und Treiber-Elektronik befindet sich im ICL 7126. Ein paar Besonderheiten machen diese Schaltung recht universell. Der Meßbereich beträgt 200 mV. Möchte man höhere Spannungen messen, muß man einen hochohmigen Spannungsteiler vorschalten. Damit die Anzeige „richtig geht", kann man das Komma um 1 . . . 3 Stellen verschieben, indem man einen der Eingänge DP1 . . . DP3 auf 9 V legt. Normalerweise verbindet man die Eingänge COM und LO und schließt die Meßspitzen so an, wie es Bild 8 zeigt.

Justiert wird die Schaltung mittels Poti P1. Man erzeugt dazu eine Spannung von knapp 200 mV und mißt diese parallel mit einem präzisen DVM und der

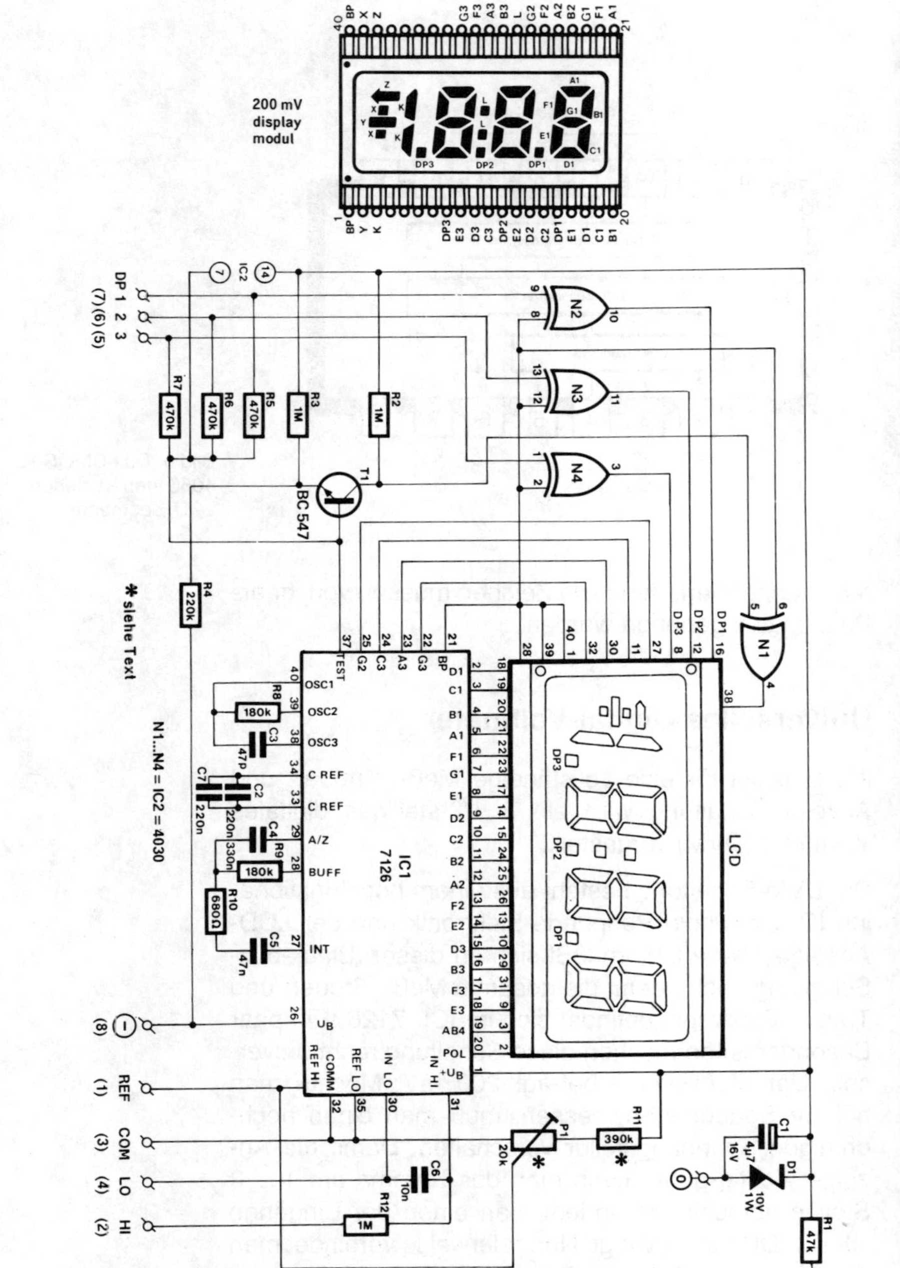

Bild 7. Die vollständige Schaltung eines DVM-Bausteins.

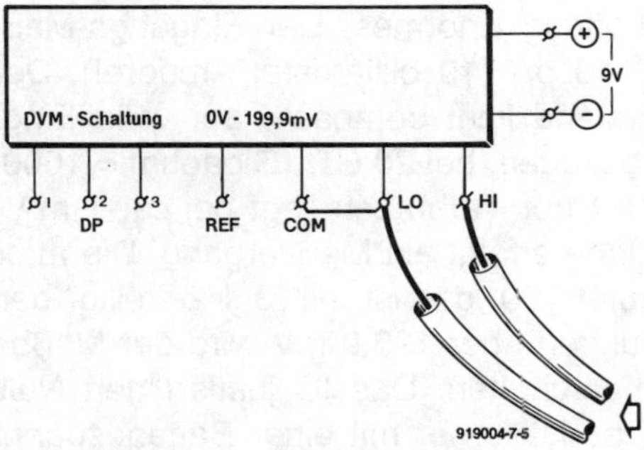

Bild 8. So werden normalerweise die Meßspitzen angeschlossen.

selbstgefertigten Schaltung. P1 wird auf gleichen Anzeigewert eingestellt. An den Justiereingang des ICs bzw. den Potiabgriff, Ausgang REF, kann man eine Referenzspannung anlegen. Eine solche Referenzspannung ist interessant, wenn der Eingangsspannungsbereich nicht 0 . . . 200 mV beträgt, aber dennoch mit den Ziffern 0 . . . 200, genauer: 0 . . . 199 angezeigt werden soll. Ferner kann man auch die Verbindung COM mit LO auftrennen. Das ist geboten, wenn der Meßeingang LO nicht mit dem Massepunkt COM der Schaltung verbunden werden darf, z. B. weil eine Spannungsdifferenz zwischen zwei unabhängig voneinander veränderlichen Spannungen gemessen werden soll (z. B. Brückenschaltung). Übrigens sind der Massepunkt COM und der Batterie-Minuspol nicht identisch!

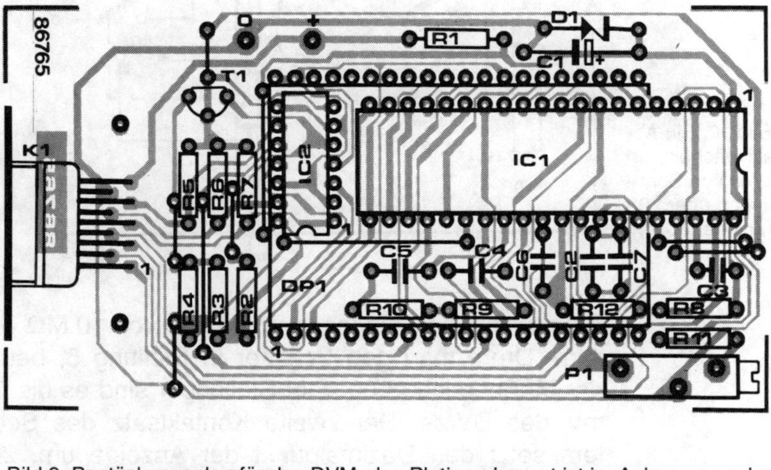

Bild 9. Bestückungsplan für das DVM; das Platinen-Layout ist im Anhang zu sehen.

Gemessen am Aufwand und am Preis der Bauteile bietet die Schaltung Enormes. Der Eingangs-Meßstrom beträgt ca. 10 pA (10 billiardstel Ampere!). Der Eingangswiderstand liegt demnach, auf volle Eingangsspannung bezogen, bei 20 GΩ (Gigaohm = 1000 MΩ). Der Batterie-Stromverbrauch liegt bei ca. 1 mA. Jede drittel Sekunde erfolgt ein Meßvorgang. Die maximale Anzeige lautet 199, das ist mit „3 1/2-stellig" gemeint. Bei Spannungen über 199,9 mV wird der Meßbereich des ICs überschritten. Das IC justiert den Nullpunkt selbsttätig, es ist ferner mit einer Batteriespannungs-Kontrolle ausgestattet, die via Display „Low Batt" meldet, wenn die Batterie zuende geht.

Bild 9 zeigt ein geeignetes und erprobtes Platinen-Layout für das DVM. Der 9-polige Sub-D-Stecker ist nicht unbedingt vonnöten, man kann die Brücke COM/LO sowie die Meßspitzen direkt einlöten. Ferner ist in Bild 10 ein einstellbarer Spannungsteiler von 1 : 1. . .1 : 10000 gezeigt, ein sogenannter Abschwächer.

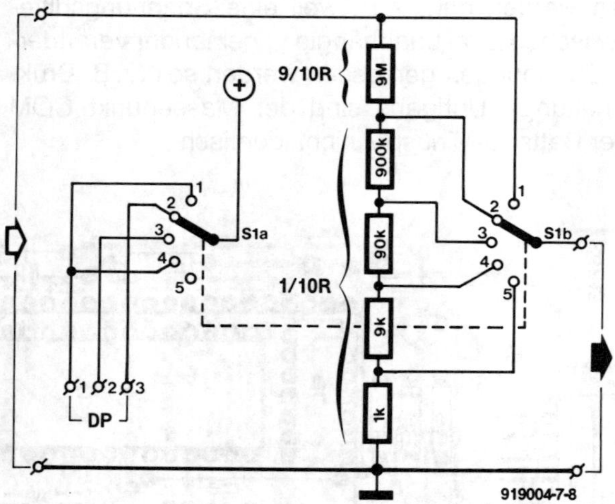

Bild 10. Ein Abschwächer zum Messen von Spannungen über 200 mV mit dem DVM.

Beim Messen ist ein Innenwiderstand von 10 MΩ wirksam. Dreht man den Schalter in Stellung 5, beträgt der Meßbereich 2000 V, in Stellung 1 sind es die 200 mV des DVMs. Der zweite Kontaktsatz des Schalters setzt den Dezimalpunkt der Anzeige um. Zum Messen von Wechselspannungen muß ein geeigneter

Bild 11. Die Meßschaltung paßt gut in ein transparentes Schiebe-Gehäuse.

Meßgleichrichter zwischen Abschwächer und DVM geschaltet werden.

Zuammenfassung

- LED-Displays sind langlebig, schnell und unempfindlich, jedoch bei Tageslicht schlecht zu erkennen, und sie verbrauchen viel Strom.
- Bei der Multiplexansteuerung werden die Elemente einer Anzeige nicht gleichzeitig, sondern nacheinander angesteuert.
- Fluoreszenzdisplays sind sehr variabel, verbrauchen jedoch viel Strom und sind mechanisch empfindlich.
- Flüssigkristallanzeigen (LCDs) sind auch bei hellem Umgebungslicht gut ablesbar, und sie verbrauchen extrem wenig Strom.
- LCDs werden mit Wechselspannung angesteuert.

Anhang

Löten

Löten erfordert ein gewisses handwerkliches Geschick, das jedoch leicht zu erlernen ist. Bei den ersten Lötversuchen sollte man sich an die folgende kurze Anleitung halten.

Lötkolben, Lötzinn

- ❒ Für den Anfang ist ein Lötkolben mit 15 . . . 30 W (bei Lötstation mehr) und einer Dauerlötspitze (gerade, ca. 2 mm breit) am günstigsten.
- ❒ Es wird ausschließlich gutes Elektronik-Lötzinn benutzt (Zusammensetzung: 60 % Zinn, 40 % Blei). Im Zentrum des Lötzinns befindet sich ein Strang aus Flußmittel, das bei Löten verdampft und Oxidationen verhindert. Empfehlenswerte Stärke: 1 mm.
- ❒ Einen Ständer für den heißen Lötkolben kann man sich selber bauen.
- ❒ Lötmittel, wie Lötpaste, Lötwasser usw. sollte man auf keinen Fall benutzen, die Lötstellen korrodieren sonst später.

Vorbereitungen

- ❒ Die Teile, die verlötet werden, müssen sauber und fettfrei sein. Eventuell vorher mit Spiritus reinigen.

- Alle Bauteile müssen zunächst mechanisch stabil befestigt werden: Die Drahtenden werden durch die entsprechenden Bohrungen gesteckt und leicht abgewinkelt bzw. umgebogen. „Stumpf” Auflöten ist nur zum Ausprobieren geeignet.
- Der Lötkolben wird aufgeheizt und die Spitze mit einem alten, sauberen Lappen (oder feuchtem Spezialschwamm) von Oxidationsresten befreit.
- Eine neue Lötspitze muß man zuerst verzinnen: Lötzinn wird an der Spitze geschmolzen und wieder abgewischt. Das wiederholt man ein paarmal, bis die Spitze einen gleichmäßigen Zinnüberzug besitzt.
- Auf keinen Fall darf eine Dauerlötspitze mit Chemikalien, Salmiakstein, Feile o. ä. bearbeitet werden.

Löten

- Beide Teile, die verlötet werden sollen, z. B. Leiterbahn und Bauteilanschluß, werden mit dem Lötkolben erhitzt (dauert 1 . . . 3 Sekunden).
- Jetzt wird das Lötzinn zugeführt. Das Zinn muß „fließen”. Die richtige Menge zu dosieren, ist Übungssache.
- 1 bis 2 Sekunden später wird der Lötkolben weggezogen. Die Lötstelle kühlt jetzt innerhalb weniger Sekunden ab. Sie darf dabei nicht bewegt werden, da sich sonst feine Risse im Zinn bilden und die Verbindung schwächen.
- Eine gelungene Lötung erkennt man daran, daß die Lötstelle die Form einer Hohlkehle hat.
- Die Bauteile und Leiterbahnen dürfen nicht zu heiß werden, da sie sonst Schaden nehmen. Man sollte die Lötstelle nicht länger als nötig mit dem Lötkolben erhitzen. Das gilt insbesondere für Halbleiter. Kritisch: LEDs. (Evtl. beim Löten mit einer Pinzette kühlen.)

Lötkolben für Hobbyelektroniker.

Abschluß

- Überstehende Drahtenden werden direkt an der Lötstelle mit einem kleinen Seitenschneider abgeknipst. Vorsicht: die Drahtenden fliegen beim Kappen wie kleine Geschosse fort. (Das Abschneiden kann auch vor dem Löten geschehen, die Lötstelle sieht dann hinterher etwas besser aus.)
- Zur Schonung der Spitze sollte der Lötkolben nach dem Löten oder bei Pausen von mehr als einer Viertelstunde ausgeschaltet werden.
- Lötmittelkleckse, die beim Löten oft entstehen, entfernt man mit Benzin oder Nagellackentferner. Das Lösungsmittel sollte sparsam angewendet werden, da es auch Kunststoffe angreift.

Entlöten

- Überschüssiges Lötzinn wird entfernt, indem man die Lötstelle erhitzt, wobei die Lötseite nach unten zeigt. Das überschüssige Lötzinn fließt auf die Lötspitze. Eventuell durch leichtes Klopfen nachhelfen.
- Zum Entfernen des übrigen Lötzinns wird spezielle Entlötlitze verwendet: Litze auf die Lötstelle legen und beides mit dem Lötkolben erhitzen. Die Litze saugt das heiße Lötzinn auf. Lötkolben und Litze gleichzeitig abheben.

Bei gedruckten Schaltungen (Platinen):

- Platinenbohrungen, die nach dem Entlöten noch verstopft sind, werden mit einem spitzen Bleistift geöffnet.
- Verbindungen zwischen zwei Leiterbahnen können mit Entlötlitze oder ebenfalls mit einem Bleistift getrennt werden. (Den Bleistiftstrich auf der Platine sollte man jedoch wegradieren, da Graphit leitfähig ist.)

Gute Lötungen gelingen selten beim allerersten Mal. Aber etwas Übung macht den Meister. Übrigens: Der Lötkolben gehört nicht in die Reichweite kleiner Kinder!

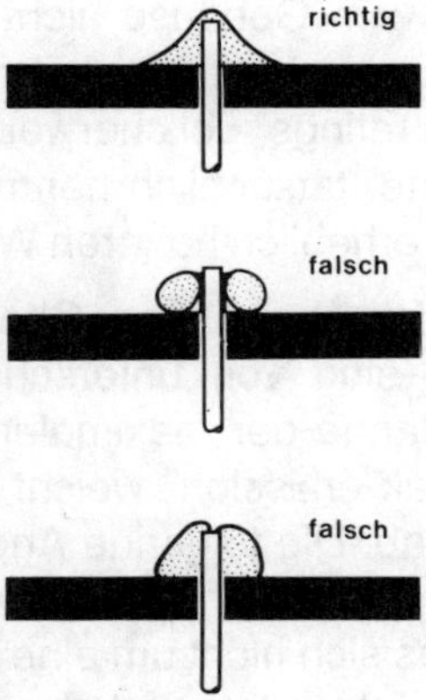

Gute Lötstellen erkennt man daran, daß sie eine Hohlkehle bilden.

Datenblätter

Wer eigene Schaltungen entwerfen will oder Bauteile auf ihre Tauglichkeit in Schaltungen hin überprüfen möchte, muß sich mit den Datenblättern der Bauteile beschäftigen. Sie enthalten alles mehr oder weniger Wesentliche in sehr komprimierter Form. An zwei Beispielen soll aufgezeigt werden, welche Informationen die Datenblätter zu Optobauelementen auf welche Weise geben. Die dazu ausgewählten Komponenten BP 103 (Fototransistor; Seite 210 ff) und LD 271 (IR-LED;Seite 219 ff) werden im Buch eingesetzt.

LD 271

Auf der ersten Seite werden einige allgemeine Daten sowie die Grenzwerte der LED aufgeführt. Daß es sich um ein 5-mm-Gehäuse handelt, erkennt man auf den ersten Blick, zur Sicherheit kann man hier auch die Anschlußbelegung nachschlagen ("Cathode Identification", Grafik). Die „Maximum ratings"-Tabelle enthält bereits einige wichtige Informationen, z. B. die maximale Sperrspannung „Reverse Voltage" von 5 V. Man sieht, die LED ist wie üblich recht empfindlich gegen Verpolen. Beim LED-Strom in Durchlaßrichtung „Forward current" ist der maximale Dauerstrom gemeint, über die Impulsbelastbarkeit gibt die Zeile „Surge current" Auskunft: Ein einzelner, 10 μs langer Impuls darf bis 3,5 A stark sein. Ein Diagramm weiter hinten erläutert Genaueres. Interessant auch die Lötanweisung „Soldering temperature":

Mit einem nicht zu heißen Kolben soll man in einem Abstand von 10 mm vom Gehäuse nicht länger als drei Sekunden löten, also nicht zu lange „braten”! Übrigens sind die „Maximum ratings” üblicherweise vom Hersteller garantierte Werte, tatsächlich nehmen die meisten Exemplare erst bei erheblich höheren Werten Schaden.

Auch die charakteristischen Daten „Characteristics” auf der zweiten Seite sind von unterschiedlicher Wichtigkeit. Die Wellenlänge der maximalen Lichtintensität „Wavelength at peak emission” weicht nur wenig vom Nennwert 950 nm ab. Die folgende Angabe enthält einen Druckfehler: I_{max} darf nicht kursiv gesetzt sein, denn hier handelt es sich nicht um eine Strom-Angabe, sondern um einen Intensitätswert des Lichts, das die LED abgibt. Wie diese Angabe dann zu interpretieren ist, wird aus dem ersten Diagramm der folgenden Datenblatt-Seite deutlich ("Relative spectral emissions versus wavelength", relative spektrale Verteilung der Intensität über der Wellenlänge). Die LED strahlt nicht nur präzise eine Lichtfarbe aus, sondern auch Anteile mit etwas abweichenden Wellenlängen. Die Kurve zeigt die Stärke dieser Anteile, wobei die Maximalstrahlung auf 100 % normiert ist. Der Zahlenwert der Tabelle beziffert die Bandbreite bei halber Intensität.

Auch die nächste Angabe, „Half angle”, das ist Strahlungswinkel halber Intensität, kurz: Öffnungswinkel, wird mit Hilfe eines Diagramms der Seite 3 deutlicher: links unten „Radiation characteristic” Strahlungscharakteristik. Dieses Diagramm zeigt die „Strahlungskeule” der LED, also in welche Richtungen sie wie stark strahlt. Um Mißverständnissen vorzubeugen: Die Grafik stellt keineswegs den „Lichtkegel” der LED dar, sondern die Lichtintensität in verschiedene Richtungen. Genau geradeaus ist die Intensität maximal (100 %, weil das Diagramm auf 100 % normiert ist). 20° neben der Hauptrichtung strahlt die LED mit 80 % ihrer Maximalintensität, 30° daneben nur noch mit 30 %. Die Tabellenangabe bezieht sich normgemäß auf den Winkel, in dem die LED mit 50 % der Maximalintensität leuchtet, hier 25°.

In den beiden folgenden Tabellenzeilen sind Maße und Lage des Halbleiterchips beziffert. Interessanter ist die nächste Zeile, die das Ein- und Ausschaltverhalten der LED chrakterisiert. Zum Messen dieser Daten wurde die LED mit einem Rechtecksignal gespeist, das schlagartig ein- und ausschaltet. Die LED konnte dem, wie man sieht, nicht ganz so schnell folgen: Sie benötigte etwas mehr als 1 μs zum Einschalten. Ein- und Ausschaltzeiten (Anstiegs- und Abfallzeiten) werden definitionsgemäß gemessen zwischen dem Zeitpunkt, zu dem 10 % des Endwerts erreicht sind und dem Zeitpunkt mit 90 % des Endwerts. Die LD 271 benötigt also für einen Impuls mindestens 2 μs. Rechnet man eine ebensolange Impulspause dazu, macht 4 μs, kommt man auf eine maximale Steuerfrequenz von 250 kHz, wahrlich nicht viel. Man fragt sich, warum diese LED so langsam ist, obwohl es doch z. B. für die Glasfaserübertragung viel schnellere LEDs gibt, die mit 100 MHz und mehr arbeiten. Die LD 271 wurde für den Betrieb in Fernsteuerungen von Geräten der Unterhaltungselektronik konstruiert, darauf weist Seite 1 des Datenblatts hin. Dabei kommt es auf möglichst große Lichtintensität an, damit die Geräte auch dann arbeiten, wenn die Fernsteuerung nicht genau auf den Empfänger-Sensor gerichtet ist. Dem Ziel der hohen Lichtausbeute mußten die Entwickler die Schnelligkeit der LED opfern, was jedoch in der gewünschten Anwendung kein Problem ist, da die Fernsteuerungen meist mit einigen -zig kHz arbeiten. Die letzte Zeile beziffert die Gesamtlichtausbeute („Radiant flux (total)") mit 12 bzw. 16 mW. Schnelle LEDs für die LWL-Technik haben hier Werte von einigen -zig nW, jedoch Ein- und Ausschaltzeiten von wenigen Nanosekunden.

Die Kapazitätsangabe der folgenden Zeile ist weniger aufschlußreich, da LEDs ein stark dynamisches Verhalten haben. Die dazu passende Kurve ist auf der vierten Seite des Datenblatts zu finden: „Capacitance versus reverse voltage". Da die LED in der Regel nicht im Sperrbetrieb arbeitet, ist dieses Diagramm auch nur selten von Bedeutung. (Es sei denn, man benötigt eine Kapazitätsdiode, und hat gerade kein passendes Stück zur Hand . . .)

Für die Spannung in Durchlaßrichtung ("Forward voltage") gibt die Tabelle zwei Werte an, einen für Dauer- und einen für Impulsbetrieb. Man sieht, daß hier erhebliche Exemplarstreuungen vorliegen. Mehr Aufschluß über das Strom-Spannungs-Verhalten gibt das Diagramm „Forward current versus forward voltage" (Durchlaßspannung über Durchlaßstrom) auf der vierten Seite. Das Aufnehmen eines solchen Diagramms hatten wir ja behandelt. Die Aufteilung der senkrechten Achse für den Strom ist allerdings logarithmisch mit den Werten 0,01 – 0,1 – 1,0 – 10 A. Die Grafik macht noch einmal deutlich, daß man eigentlich keinen festen, typischen Wert für die LED-Durchlaßspannung angeben kann (wie wir es verschiedentlich getan haben), sondern daß der aktuelle Wert immer vom Durchlaßstrom der LED abhängt.

Die „Breakdown voltage" (Durchbruchspannung) der LED dürfte wohl auch äußerst selten genutzt werden. Dies ist die Sperrspannung, bei der die LED ihre Sperrwirkung nicht mehr aufrechterhalten kann und durchbricht. Normalerweise wird sie dadurch zerstört. Begrenzt man den Strom meßtechnisch auf ein Minimum, hier 10 μA, kann man den Anfang vom Ende auch messen. Die Angaben in dieser Zeile zeigen, wie Grenzwerte zu verstehen sind: Typisch bricht die LED erst bei 30 V durch, durch Exemplarstreuungen bedingt, kann dies jedoch auch schon bei geringeren Spannungen geschehen, daher gibt der Hersteller 5 V als maximal nutzbar an.

Auch der „Reverse current" kennzeichnet das Sperrverhalten: Es ist der Sperrstrom bei maximaler Sperrspannung (hier 5 V). Ebenso wie die Durchbruchspannung unterliegt der Sperrstrom starken Exemplarstreuungen.

Das Temperaturverhalten der LED kann vor allem dann wichtig sein, wenn man sie bis an ihre Grenzen belastet. Häufig verhalten sich elektronische Bauelemente linear zur Temperatur, wenn sie erwärmt werden, so daß man einen festen Temperaturkoeffizienten angeben kann. Dies ist eine Verhältniszahl, die besagt, um wieviel sich ein bestimmter Bauteilewert pro Grad Temperaturanstieg verändert. Die Lichtstärke der LD 271 sinkt mit 0,55 % pro Grad. Daß hier Kelvin in der Dimension steht, entspricht den Gepflogenheiten in der Physik, macht aber bei einem Koeffizienten keinen Unterschied zu Grad Celsius. Das Minuszeichen vor der Ziffer gibt an, daß die Intensität sinkt, wenn die Temperatur zunimmt. Die zugehörige Kurve auf der vierten

Seite („Radiant intensity versus ambient temperature") zeigt den linearen, abfallenden Verlauf ebenso. In diesem Diagramm wurde die Intensität auf den Wert bei 25° bezogen.

Die Tabelle gibt in den letzten beiden Zeilen die Temperatur-Koeffizienten für die Durchlaßspannung und für die Wellenlänge an. Der Spannungs-Temperaturkoeffizient ist auch auf Seite 3 dargestellt („Forward voltage versus ambient temperature"). Diagramm wie Koeffzient sagen präzise das gleiche aus. Das Temperaturdiagramm für den Durchlaßstrom („Forward current versus ambient temperature") hat eine andere Bedeutung: Es gibt Grenzwerte an. Je höher die Umgebungstemperatur der LED ist, desto weniger Verlustwärme kann sie abführen. Man muß also den Strom bei hohen Temperaturen niedrig halten. Bis ca. 25° kann der Strom den Maximalwert von 130 mA annehmen, bei höheren Temperaturen kann man den Maximalwert nicht mehr nutzen, und bei 100° schließlich ist der Spielraum für den LED-Strom ausgeschöpft. Das Temperaturverhalten der Lichtfarbe ist im Diagramm auf der fünften Seite skizziert.

Der letzte Teil der Tabelle gibt über die Lichtstärke Auskunft, also wieviel mW an Strahlungsleistung in einen Raumwinkel von 1 sr (Kegel 32.7°) bzw. insgesamt abgegeben wird. Man erkennt, daß die Strahlungsleistungs-Amplitude im Impulsbetrieb erheblich gesteigert werden kann. Auch zur Strahlungsstärke gibt es ein Diagramm: „Radiant intensity versus forward current" (Strahlungsstärke über Durchlaßstrom) auf der dritten Seite. Abweichend vom theoretischen Ideal ist diese Kurve nicht linear. Allerdings machen sich die Abweichungen erst im Bereich über 100 mA bemerkbar. In ihrer Schwerpunktanwendung wird die LD 271 sowieso nur digital angesteuert, da spielt die Linearitäts-Abweichung keine Rolle.

Von großer Wichtigkeit ist das linke Diagramm auf der fünften Seite. Es behandelt den Impulsbetrieb und besagt, wie hoch der Impulsstrom in Abhängigkeit von der Impulsdauer sein darf. Als zusätzlicher Parameter geht das Verhältnis zwischen Impulsdauer und dem Zeitabstand zwischen zwei Impulsanfängen ein, dieses Verhältnis liegt den verschiedenen Kurven zugrunde.

GaAs Infrared Emitter

The GaAs infrared emitting diode LD 271, fabricated in a liquid phase epitaxy process, features high efficiency and emits radiation at a wavelength in the near infrared range. The radiation is activated by dc or pulse operation in forward direction; simultaneous modulation is possible.

Package 5 mm LED package (T 1¾), grey-colored epoxy resin, solder tabs, lead spacing 2.54 mm (1/10″)

Cathode identification Solder tab with larger diameter

Application IR remote control of hifi and TV sets, video tape recorders, dimmers, remote controls of various equipment, light-reflecting switches for steady and varying intensity

Features

- High reliability
- Long life
- High radiant intensity
- High pulse power
- Same package as of BP 103 B

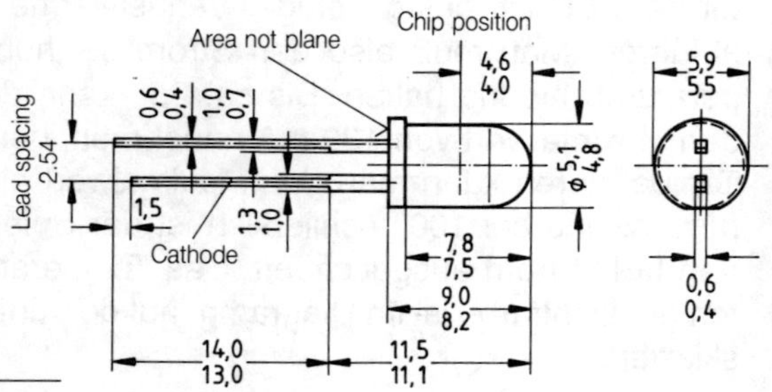

Approx. weight 0.5 g
Dimensions in mm

Type	Ordering code
LD 271	Q62703-Q148
LD 271 H	Q62703-Q256

Maximum ratings

Storage and operating temperature	T_{stg}, T_{op}	–55...+100	°C
Soldering temperature (≥10 mm distance from case bottom; soldering time t ≤3 s)	T_{sold}	260	°C
Junction temperature	T_j	100	°C
Reverse voltage	V_R	5	V
Forward current	I_F	130	mA
Surge current (τ ≤10 µs, D = 0)	i_{FS}	3.5	A
Power dissipation (T_A = 25 °C)	P_{tot}	210	mW
Thermal resistance	R_{thJA}	350	K/W

Characteristics (T_A = 25 °C)

Wavelength at peak emission (I_F = 100 mA, t_p = 20 ms)	λ_{peak}	950 ± 20	nm
Spectral bandwidth at 50% of I_{max} (I_F = 100 mA)	$\Delta\lambda$	55	nm
Half angle	φ	±25	deg.
Active chip area	A	0.25	mm^2
Dimensions of active chip area	$L \times W$	0.5 × 0.5	mm
Distance chip surface to case surface	D	4.0...4.6	mm
Switching times I_e from 10% to 90% and from 90% to 10% (I_F = 100 mA)	t_r, t_f	1	µs
Capacitance (V_R = 0 V)	C_o	40	pF
Forward voltage (I_F = 100 mA)	V_F	1.30 (≤1.5)	V
(I_F = 1 A; t_p = 100 µs)	V_F	1.9 (≤2.5)	V
Breakdown voltage (I_R = 10 µA)	V_{BR}	30 (≥5)	V
Reverse current (V_R = 5 V)	I_R	0.01 (≤10)	µA
Temperature coefficient of I_e or Φ_e	TC_I	−0.55	%/K
Temperature coefficient of V_F	TC_V	−1.5	mV/K
Temperature coefficient of λ_{peak}	TC_λ	+0.3	nm/K

Radiant intensity I_e in axial direction
at a steradian Ω = 0.01 sr, or 6.5 degrees

		LD 271	LD 271 H	
Radiant intensity (I_F = 100 mA, t_p = 20 ms)	I_e	15 (≥10)	≥16	mW/sr
(I_F = 1 A; t_p = 100 µs)	I_e	typ. 100	typ. 120	mW/sr
Radiant flux (total) (I_F = 100 mA, t_p = 20 ms)	Φ_e	typ. 12	typ. 16	mW

Relative spectral emission versus wavelength

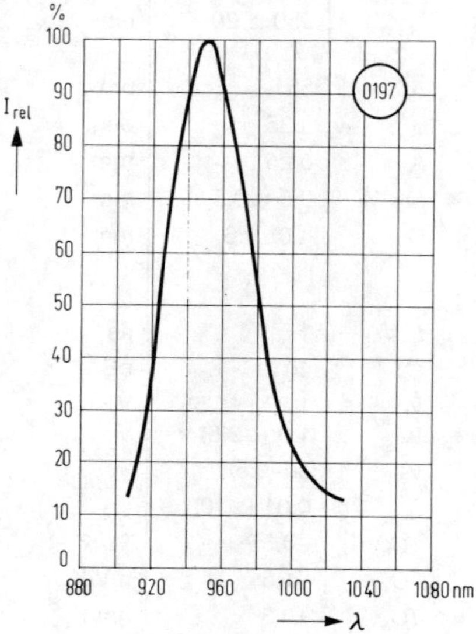

Radiant intensity versus forward current

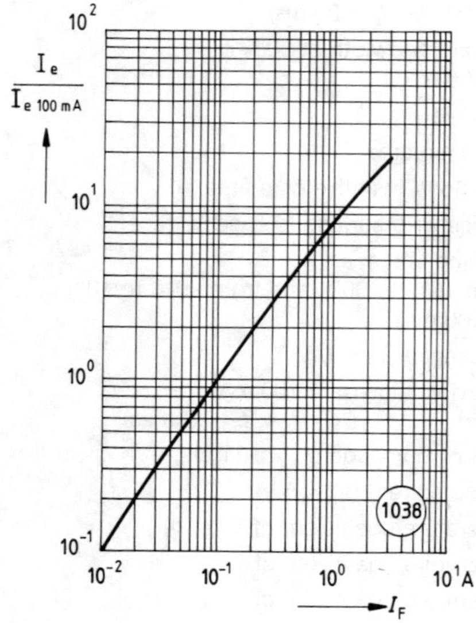

Radiation characteristic
Relative spectral emission versus half angle

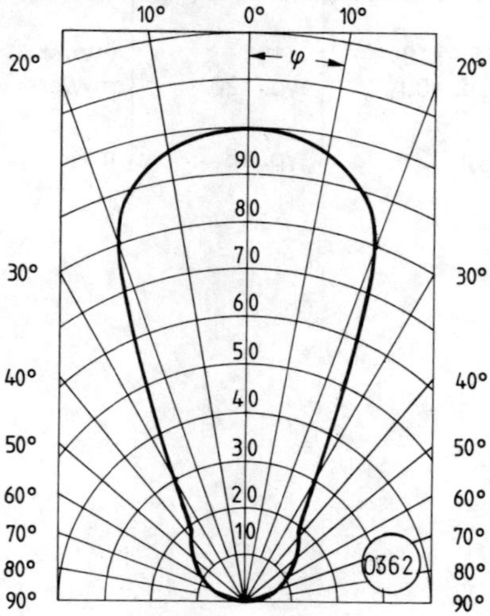

Forward current versus ambient temperature

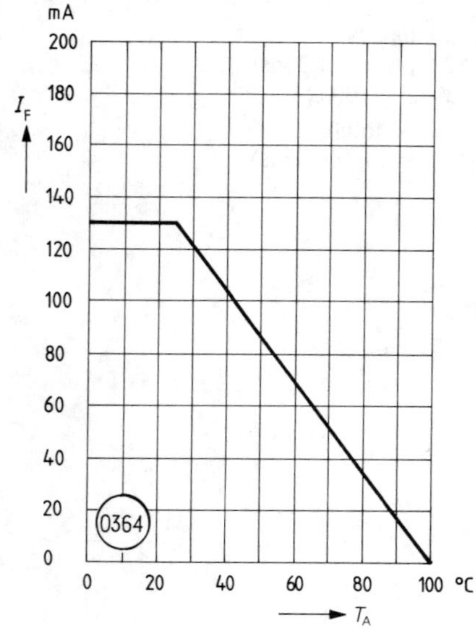

Forward current versus forward voltage

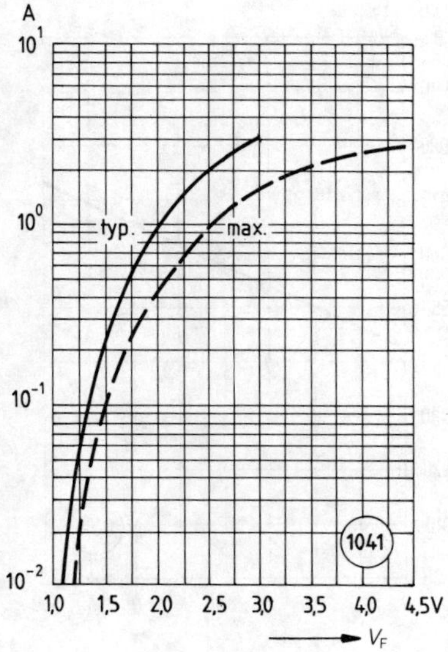

Capacitance versus reverse voltage

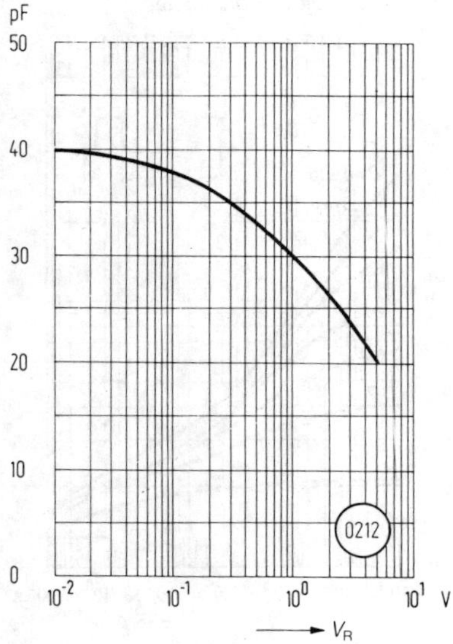

Forward voltage versus ambient temperature

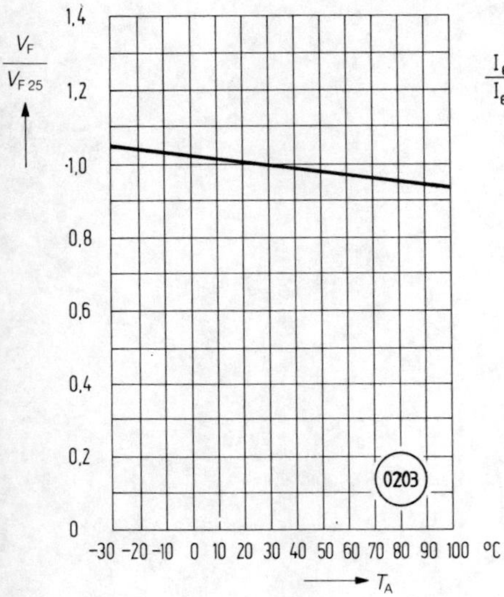

Radiant intensity versus ambient temperature

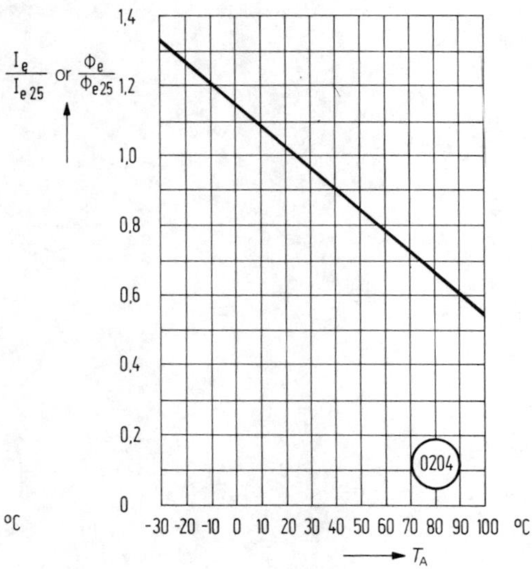

Permissible pulse handling capability
Forward current versus cycle duration
T_A = 25 °C;
duty cycle D = parameter

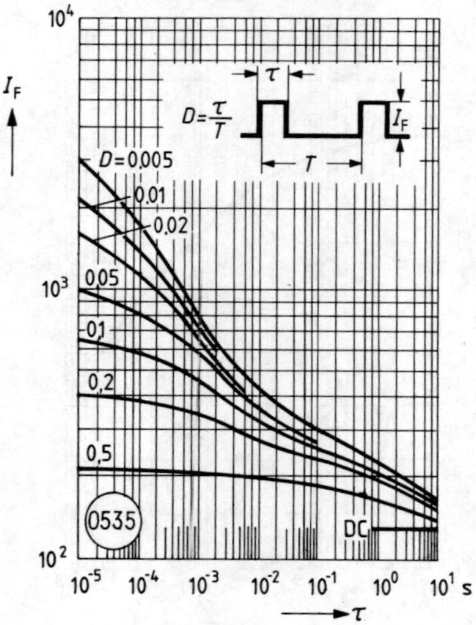

Wavelength at peak emission versus ambient temperature

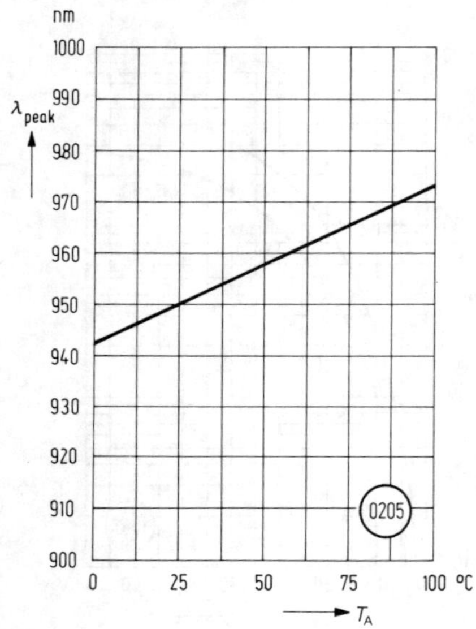

Zur Erläuterung ein Beispiel: Die LED soll mit Impulsen von 1 A gespeist werden. Welche Impulse und Impulsabstände kommen in Frage? Die 10^{-3}-Waagerechte schneidet nur die oberen drei Kurven. Aus den drei Schnittpunkten ergeben sich drei Werte für die Impulsdauer. Sie liegen zwischen ca. 200 μs (D = 0,02) und ca. 600 μs (D = 0,005). Anhand der im Diagramm angegebenen Formel für D kann man ausrechnen, in welchem kürzesten Zeitabstand T die Impulse folgen können: zwischen

$$T = \frac{200\ \mu s}{0,02} = 10000\ \ \mu s = 10\ \ ms$$

und

$$T = \frac{600\ \mu s}{0,005} = 120000\ \ \mu s = 120\ \ ms$$

Im ersten Fall müßte man die Impulsfrequenz zu 100 Hz wählen, im zweiten zu ca. 8 Hz.

BP 103

Gleich in der ersten Zeile des Blatts steht etwas Wichtiges: Daß der Kollektor dieses NPN-Fototransistors mit dem Gehäuse verbunden ist. Unter „Features" (Eigenschaften) sind die Gründe aufgezählt, die zur Auswahl dieses Typs für die Experimentier-Schaltungen maßgebend waren: Geeignet für sichtbares und für Infrarotlicht, hohe Linearität, hohe Empfindlichkeit und Schnelligkeit. Die Grenzdaten sind etwas knapper als bei den heute üblichen Kleinleistungstransistoren (z. B. BC 547). Unter Emitter-Basis-Spannung („Emitter base voltage") ist natürlich die Spannung in Sperr-Richtung gemeint. Diese Spannung ist übrigens keineswegs so belanglos, wie es auf den ersten Blick aussieht. Zwar wird man einen Transistor wohl kaum mit verkehrten Polaritäten einsetzen oder Emitter und Kollektor vertauschen, aber in Schaltungen mit Kondensatoren können beim Umschalten geladener Kapazitäten Basis-Emitter-Spannungsumkehrungen auftreten, z. B. in der AMV-Schaltung (astabiler Multivibrator).

Die „Wavelength of max. sensitivity" (Wellenlänge maximaler Empfindlichkeit) ist beim Fototransistor nicht ganz so wichtig wie bei der LED, weil die Bandbreite dieser Bauteile viel größer ist. Der Bandbreitewert „Range of spectral sensitivity" sowie das Diagramm auf der dritten Seite („Relative spectral sensitivity versus wavelength") zeigen dies. Das Diagramm hingegen ist wichtig, denn es zeigt, wie die verschiedenen Lichtfarben gewichtet werden. Bei Fototransistoren, die mit speziellen Filtern ausgestattet sind, macht es deutlich, über welche Wellenlängenbereiche sich die Empfindlichkeit ersteckt. Daß die Definition des Bandbreitewerts auch noch Bereiche mit 10 % der vollen Empfindlichkeit berücksichtigt, statt 50 % (der Intensität) wie bei der LED, ist kein Verkaufstrick, sondern entspricht der Praxis der Fototransistoren. Soll z. B. das Signal einer bestimmten Lichtquelle empfangen werden, z. B. einer LED, muß man wissen, ob und in wieweit Lichtquellen auf anderen Wellenlängen stören können.

Unter „Radiant sensitive area", „Dimension of chip area" und „Distance between chip surface and case surface" sind aktive Oberfläche, Maße und Lage des Halbleiterchips verzeichnet.

Der Öffnungswinkel „Half angle" des BP 103 ist erheblich größer wie der der LD 271: 55° gibt die Tabelle an, und das Diagramm „Directional characteristic" auf der dritten Seite macht das ebenfalls deutlich. Der unterschiedliche Öffnungswinkel beruht einerseits auf den völlig verschiedenen physikalischen Grundlagen von LED und Fototransistor und andererseits auf den optischen Eigenschaften der Gehäuse.

Der „Photocurrent of collector-base photodiode", also der Fotostrom der Basis-Kollektor-Diode ist ein wichtiges Maß des Fototransistors, denn die Basis-Kollektor-Diode ist das eigentlich lichtempfindliche Element des Fototransistors — der zweite Übergang dient ja nur der Verstärkung. Man kann die Basis-Kollektor-Diode als einfache Fotodiode nutzen, denn die Basis des BP 103 ist herausgeführt. Ergänzend zum Fotostrom der Basis-Kollektor-Strecke ist in der unteren Tabelle der Fotostrom des Transistors angegeben. Wie viele Transistoren, ist der BP 103 in drei Gruppen unterschiedlicher Stromverstärkung gegliedert. (Die Unterschiede zwischen den beiden Zeilen beruhen auf den Definitionen der Meßbedingungen, die erste Definition (lx) ist eine lichttechnische, die zweite (mW/cm^2) eine physikalische; s. u.). Feste Werte für die Fotoempfindlichkeit lassen sich nur bei festen Definitionen angeben. Aufschlußreicher ist da das Diagramm „Photocurrent versus illumination" (Fotostrom über Beleuchtungsstärke) auf der dritten Seite des Datenblatts. Die gute Linearität des Fototransistors kommt hier zu Ausdruck.

Als nächstes werden in der Tabelle die Kapazitäten zwischen den drei Anschlüssen des Fototransistors aufgeführt. Die Meß-Definitionen der Fälle lassen bereits erahnen, daß die Kapazitäten in Wirklichkeit von verschiedenen anderen Parametern abhängig sind und daß hier nur ein paar Werte als Anhaltspunkte angegeben sind. Die drei Diagramme auf der letzten Seite des Blatts zeigen die (recht krummen) Verläufe der Kapazitäten über der Spannung zwischen den jeweiligen Anschlüssen. Die Variationen sind erheblich, dabei ist hier die Abhängigkeit vom Fotostrom noch nicht mit einbezogen. Die Bedeutung dieser Daten kann nur im Zusammenhang mit der Beschaltung des Transistors erfaßt werden. Dort treten beispielsweise Widerstände auf, die sich mit den Kapazitäten zu Tiefpässen kombinieren und so das Frequenzverhalten des Bauteils stark beeinflussen.

Der „Collector-emitter leakage current" ist der Leckstrom, der zwischen Kollektor und Emitter fließt, wenn absolut kein Licht auf den Transistor fällt. Anhand dieser Angabe kann der Schaltungsentwickler abschätzen, welchen Einfluß der Leckstrom beim Messen von Licht auf die Ergebnisse hat. Dieser Leckstrom kann bei geringen Lichtmengen Einfluß gewinnen.

In der zweiten Tabelle sind, wie bereits erwähnt, die Unterschiede zwischen den drei Gruppen des Typs aufgeführt. Die Anstiegs- und Abfall-Zeiten ("Rise and fall time") zeigen ein Verhalten, daß wir ähnlich bei der LED kennengelernt haben: Mit verbesserter Empfindlichkeit wird das Bauelement langsamer. Es ist daher nicht immer angebracht, den Typ IV einzusetzen. Übrigens sind auch diese Zeiten nicht als absolut zu betrachten, sie hängen stark von der äußeren Beschaltung ab. Der Arbeitswiderstand betrug für diese Messungen 1 kΩ. Durch Erhöhen dieses Widerstands kann man die Empfindlichkeit der Schaltung erhöhen, gleichzeitig steigen auch die Zeitkonstanten der RC-Glieder, die sich mit diesem Widerstand bilden, und damit sinkt die Schnelligkeit der Schaltung bzw. die Grenzfrequenz. Andererseits kann man durch geschickte Schaltungstechnik den Arbeitswiderstand „künstlich" senken (z. B. im Gegenkopplungszweig eines Opamps) und damit die Bandbreite erweitern.

Die „Collector-emitter saturation voltage" (Sättigungsspannung) ist die minimale Spannung, die über Kollektor und Emitter bei voller Aussteuerung stehen bleibt. Die Sättigungsspannung stellt also die Aussteuerungsgrenze dar. Der Entwickler schneller Schaltungen meidet diesen Zustand jedoch, denn der Transistor braucht Zeit, um ihn wieder aufzuheben.

Schließlich führt die Tabelle noch die Stromverstärkung auf, mit der die verschiedenen BP-103-Gruppen den Foto- bzw. einen von außen zugeführten Basisstrom verstärken („Current gain").

Das Temperaturdiagramm („Total power dissipation versus ambient temperature"; zulässige Verlustleistung über Umgebungstemperatur) ist bei einem Fototransistor weniger interessant, weil man ihn wohl kaum auf Leistung „trimmt". Das Diagramm sagt aus, welche Verlustleistungen der Transistor bei unterschiedlichen Temperaturen maximal erzeugen darf. Maßgeblich ist normalerweise die untere Kurve. Kühlt man den Transistor, dürfen je nach Wirksamkeit der Kühlung auch Werte oberhalb eingenommen werden, jedoch auf keinen Fall außerhalb der oberen Kurve.

BP 103 is a Silicon NPN Phototransistor in epitaxial planar technology with base connection. The collector terminal is electrically connected to the case.

Package 18 A3 DIN 41870 (TO 18), base plate, transparent epoxy resin lens, solder tabs, lead spacing 2.54 mm (1/10″)

Collector indication Projection at case bottom

Application Computer-controlled flashes, light-reflecting switches for steady and varying intensity, "measuring and controlling"

Features

- High reliability
- No testable degradation
- Short switching time
- High spectral sensitivity
- Good linearity
- Suitable for use in the visible light and near infrared range
- Available in groups
- Same package as of LD 242

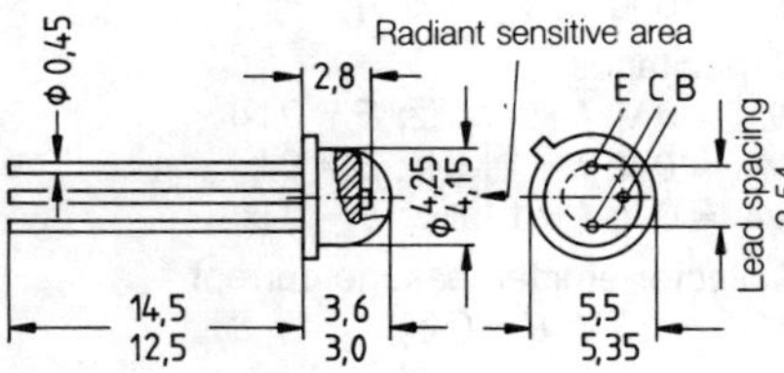

Approx. weight 0.5 g

Dimensions in mm

Type	Ordering code
BP 103 II	Q62702-P79-S1
BP 103 III	Q62702-P79-S2
BP 103 IV*	Q62702-P79-S3

Maximum ratings

Operating and storage temperature	T_{op}, T_{stg}	–40...+80	°C
Dip soldering temperature (≥2 mm distance from case bottom; soldering time $t \leq 5$ s)	T_{sold}	260	°C
Iron soldering temperature (≥2 mm distance from case bottom; soldering time $t \leq 3$ s)	T_{sold}	300	°C
Collector-emitter voltage	V_{CE}	50	V
Collector current	I_C	100	mA
Collector peak current ($\tau < 10$ µs)	I_{CM}	200	mA
Emitter base voltage	V_{EB}	7	V
Power dissipation (T_A = 25 °C)	P_{tot}	300	mW
Thermal resistance	R_{thJA}	500	K/W
	R_{thJC}	200	K/W

* Supplies out of this group cannot always be guaranteed due to unforeseeable spread of yield. In this case we will reserve us the right of delivering a substitute group.

Characteristics (T_A = 25 °C)

Wavelength of max. sensitivity	$\lambda_{S\ max}$	850	nm
Range of spectral sensitivity (S = 10% of S_{max})	λ	440...1100	nm
Radiant sensitive area	A	0.12	mm^2
Dimensions of chip area	$L \times W$	0.5 × 0.5	mm
Distance between chip surface and case surface	D	0.2...0.8	mm
Half angle	φ	±55	deg.
Photocurrent of collector-base photodiode (E_v = 1000 lx; V_{CB} = 5 V)	I_{PCB}	1.5	µA
Capacitance (V_{CE} = 0 V; f = 1 MHz; E = 0 lx)	C_{CE}	9	pF
(V_{CB} = 0 V; f = 1 MHz; E = 0 lx)	C_{CB}	13	pF
(V_{EB} = 0 V; f = 1 MHz; E = 0 lx)	C_{EB}	21	pF
Collector-emitter leakage current (V_{CEO} = 35 V; E = 0 lx)	I_{CEO}	5 (≤100)	nA

The phototransistors are grouped according to their spectral sensitivity and distinguished by roman figures

		II	III	IV	
Photocurrent (E_v = 1000 lx; V_{CE} = 5 V)	I_{PCE}	250...500	400...800	≥630	µA
(E_e = 0.5 mW/cm^2; λ = 950 nm; V_{CE} = 5 V)	I_{PCE}	63...125	100...200	160...320	µA
Rise and fall time (I_C = 1 mA; V_{CE} = 5 V; R_L = 1 kΩ)	t_r, t_f	5	7	9	µs
Collector-emitter saturation voltage ($I_C = I_{PCE\ min} \cdot 0.3$; E = 1000 lx)	$V_{CE\ sat}$	130	140	150	mV
Current gain (E_v = 1000 lx; V_{CE} = 5 V)	$\frac{I_{PCE}}{I_{PCB}}$	250	400	630	

Relative spectral sensitivity versus wavelength

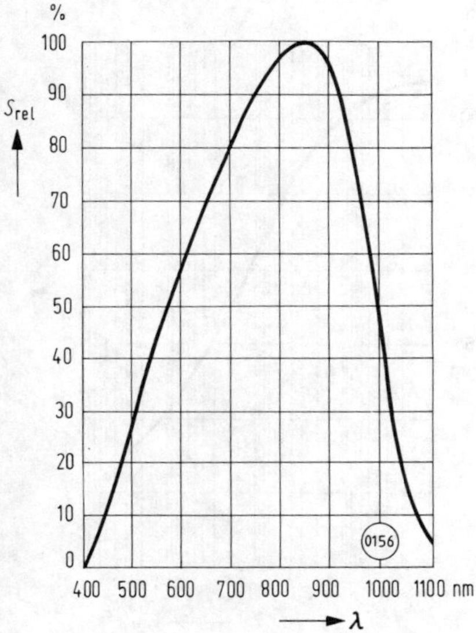

Photocurrent versus illuminance

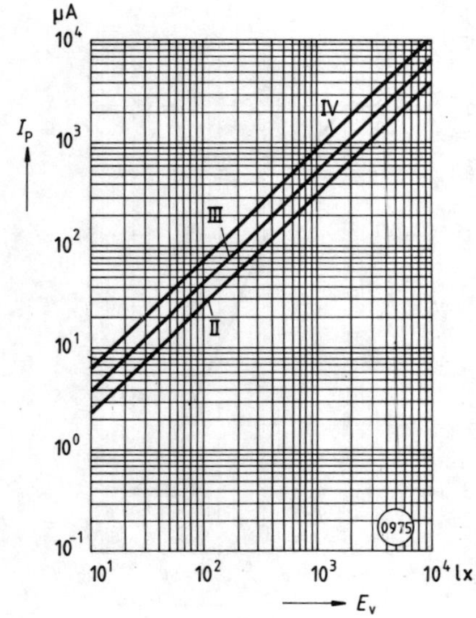

Directional characteristic
Relative spectral sensitivity versus half angle

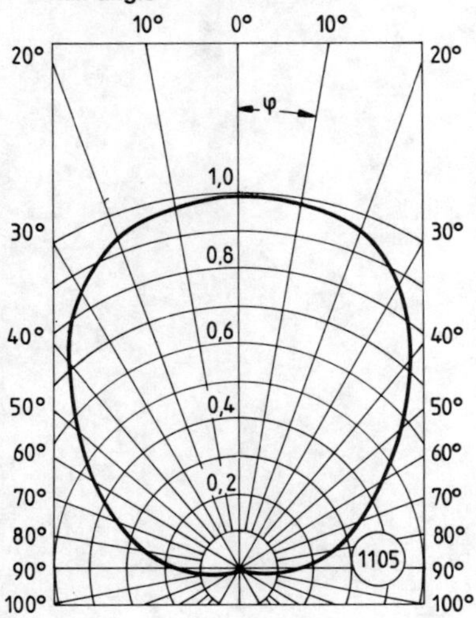

Total power dissipation versus ambient temperature

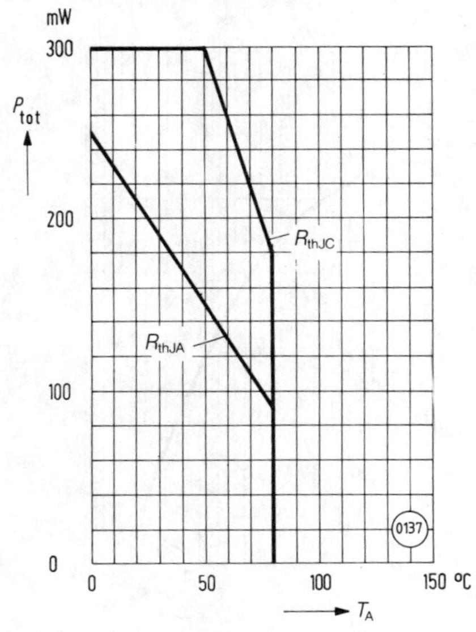

Collector-emitter capacitance versus collector-emitter voltage

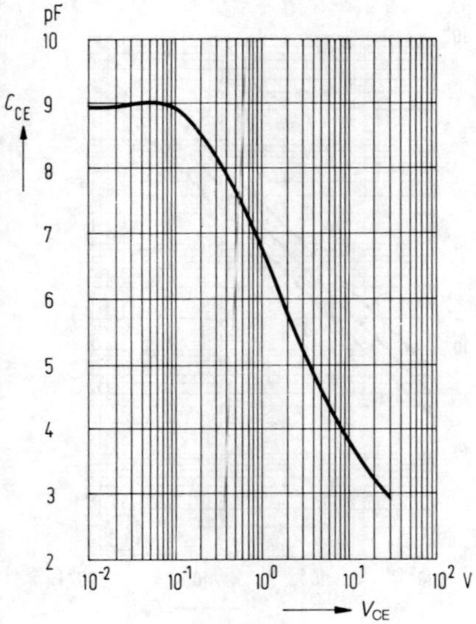

Collector-base capacitance versus collector-base voltage

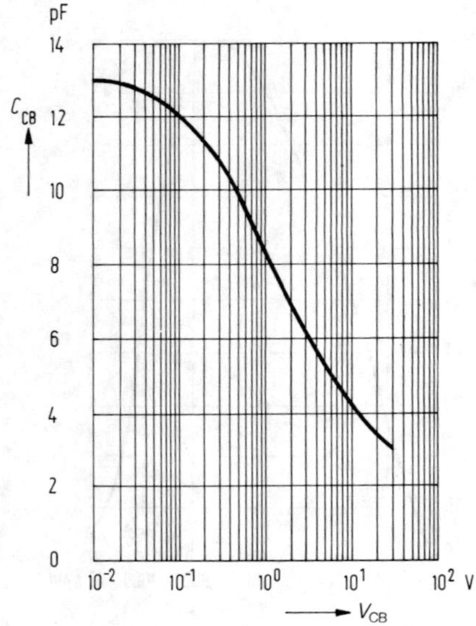

Emitter-base capacitance versus emitter-base voltage

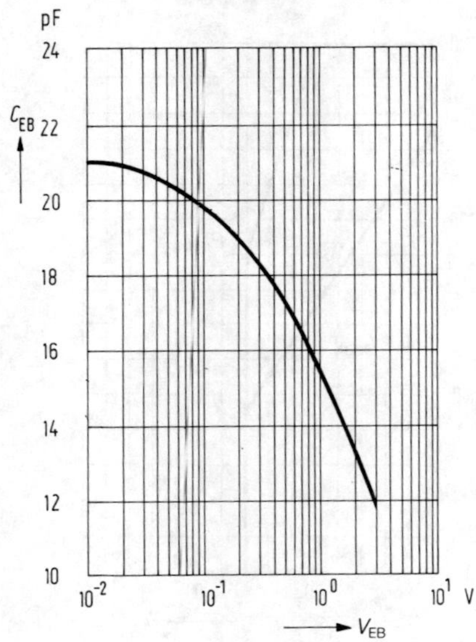

Begriffe und Definitionen

Radiometrisch/fotometrisch: Beim Ermitteln radiometrischer Größen wird das gesamte Spektrum der optischen Wellen berücksichtigt, inkl. der UV- und IR-Bereiche, die für das menschliche Auge unsichtbar sind. Fotometrische Größen berücksichtigen nur den für das menschliche Auge sichtbaren Bereich des Farbspektrums. Es können darüberhinaus weitere Einschränkungen des Spektrums getroffen werden. Dann gelten die folgenden Größen bezogen auf diesen Wellenlängen-Ausschnitt, die Dimensionen erscheinen durch nm (Nanometer) geteilt.

Bei LEDs, die sichtbares Licht ausstrahlen, wird die Lichtleistung meist als fotometrische Größe angegeben, bei Infrarot-LEDs konsequenterweise als radiometrische Größe (Strahlungsleistung).

Auf Strahlungsquellen bezogene Größen

Strahlungsfluß bzw. Strahlungsleistung: Strahlungsenergie, die pro Zeiteinheit von einer Lichtquelle ausgestrahlt wird, radiometrisch W (Watt).

Strahlungsenergie bzw. Strahlungsmenge: Strahlungsleistung multipliziert mit der Zeit (integriert über die Zeit) Ws; J (Wattsekunden; Joule).

Lichtstrom bzw. Lichtleistung: wie Strahlungfluß bzw. Strahlungleistung, jedoch fotometrisch lm (Lumen).

Lichtmenge bzw. Lichtenergie: wie Strahlungsenergie, jedoch fotometrisch lms (Lumensekunden).

Strahlstärke bzw. Intensität: Strahlungsleistung, die eine Lichtquelle in einen bestimmten Raumwinkel abstrahlt, radiometrisch W/sr (watt pro Steradiant).

Lichtstärke: wie Strahlstärke, jedoch fotometrisch lm/sr; cd (Lumen pro Steradiant; Candela).

Strahldichte: Strahlungsleistung, die eine Lichtquelle in einem bestimmten Raumwinkel abstrahlt und die dabei eine bestimmte Fläche durchtritt, radiometrisch $W/m^2 \cdot sr$ (Watt pro Quadratmeter Steradiant).

Leuchtdichte: wie Strahldichte, jedoch fotometrisch $lm/m^2 \cdot sr$; cd/m^2 (Lumen pro Quadratmeter Steradiant; Candela pro Quadratmeter).

Auf Strahlungsempfänger bezogene Größen

Bestrahlungsstärke: Strahlungsfluß, der auf eine bestimmte Fläche fällt, radiometrisch W/m^2 (Watt pro Quadratmeter).

Beleuchtungsstärke: wie Bestrahlungsstärke, jedoch fotometrisch lx; lm/m^2 (Lux; Lumen pro Quadratmeter).

Bestrahlung: Bestrahlungsstärke multipliziert mit der Zeit (Integriert über die Zeit), radiometrisch Ws/m^2 (Wattsekunden pro Quadratmeter).

Belichtung: wie Bestrahlung, jedoch fotometrisch lms/m^2; lxs (Lumensekunde pro Quadratmeter; Luxsekunde).

Technische Daten

Selbst in komprimierter Form füllen die technischen Daten der heute lieferbaren Optohalbleiter ganze Bücher. Daher sind auf den folgnenden Seiten auszugsweise die Daten einiger gängiger, meist im Einzelhandel erhältlicher Opto-Bauelemente aufgelistet.

Typ	Gehäuse, Filter *)	Grenzdaten: Sperr-spannung V	Verlust-leistung mW	Fotoempfind-lichkeit (bei)	max. Dunkel-strom nA	bei Sperr-spannung V	Wellenlänge max. Empfind-lichkeit nm	Kenndaten: Leerlauf-spannung mV	bei Beleuch-tung mW/cm²	Anstiegs-zeit µs	bei Last-widerstand kΩ	Kapazi-tät (0 V) pF	Anmerkung Vergleichstyp
BP 104	K., Tages-lichtfilter	20	150	>12,5 µA; 0,5 mW/cm²	2	10	950	327	0,5	0,125	1	48	OP 905
BPW 32	K.	7	100	10 nA/lx	0,02	1	800	450		1,3	1	100	
BPW 34	K.	32	150	80 nA/lx	30	10	880	365		0,35	1	72	BPW 61
BPW 43	K.; 5 mm LED-Geh.	32	150	>4 µA; 1 mW/cm²	10	10	900	320	1000 lx	4 ns	0,05	5	
BPW 46	K.	32	150	>30 µA; 1 mW/cm²	30	10	900	400	1000 lx	0,05	1	75	
BPX 63	M., Epoxy-linse	7	200	10 nA/lx	0,02	1	800	450	1000 lx	1,3	1	100	
SFH 205	K., Tages-lichtfilter	20	150	>15 µA; 0,5 mW/cm²	30	10	950	327	0,5	0,35	1	72	
SFH 206	K., Tages-lichtfilter	20	150	>16 µA; 0,5 mW/cm²	30	10	950	327	0,5	0,35	1	72	TPS 703
SFH 206K	K., Tages-lichtfilter	20	150	>50 µA; 0,5 mW/cm²	2	10	850	365	1000 lx	0,35	1	72	

*) K: Kunststoffgehäuse
*) M: Metallgehäuse

Fotodioden

Typ	Farbe, Gehäuse, Durchmesser/ Raster mm	Grenzdaten: Sperr-spannung V	Grenzdaten: max. Verlust-leistung mW	Grenzdaten: max. Durchlaß-strom (Dauer) mA	Grenzdaten: max. Puls-strom A	Grenzdaten: bei Puls-breite µs	Kenndaten: Durchlaß-spannung V	Kenndaten: bei Durch-laßstrom mA	Kenndaten: Licht-stärke mcd	Kenndaten: bei Durch-laßstrom mA	Kenndaten: Wellen-länge nm	Kenndaten: Öffnungs-winkel Grad	Kenndaten: Kapa-zität pF	Vergleichtypen, Anmerkungen
CQV 41-4	rot, diffus, 3	5	200	60	1	<10	2,4	20	>1,6	20	645	65	12	
CQV 43-4	gelb, diffus, 3	5	200	60	1	<10	2,4	20	>1,6	20	590	65	10	
CQV 45-4	grün, diffus, 3	5	200	60	1	<10	2,4	20	>1,6	20	560	65	45	
CQX 54	rot, klar, 5	5	90	30	1	1	1,7	10	20	10	630	20	35	
CQX 64	grün, klar, 5	5	180	60	1	1	2,1	10	>10	10	565	20	35	
CQX 74	gelb, klar, 5	5	90	30	1	1	2,1	10	20	10	590	20	35	
CQY 77-2	IR, Metall, Linse	4	350	230	4	<10	1,35	100	>12,5 mW/sr	100	950	6	40	Kühlung ab 100 mW Verlustleistung
CQY 89A	IR, 5 mm	5	215	130	1	<50	1,4	100	>9 mW/sr	100	930	40	40	
LD 121	rot, klar, 1	5	35	15	0,35	<10	2,4	20	>0,63	10	645	30	12	Mikro-LED
LD 161	gelb, klar, 1	5	35	15	0,35	<10	2,4	20	>0,63	10	590	30	10	Mikro-LED
LD 171	grün, klar, 1	5	35	15	0,35	<10	2,4	20	>0,63	10	560	30	45	Mikro-LED
LD 271H	IR, opal, 5	5	210	130	2,5	<10	1,35	100	>16 mW/sr	100	950	25	40	TIL 39, OP 291A
LD 461	rot, diffus, 2,54	5	85	35	1	<10	1,6	20	>0,6	20	665	50	40	Mini-LED, Raster
LD 471	grün, diffus, 2,54	5	85	25	0,5	<10	2,4	20	>0,6	20	560	50	45	Mini-LED, Raster
LD 481	gelb, diffus, 2,54	5	85	25	0,5	<10	2,4	20	>0,6	20	575	50	45	Mini-LED, Raster
GL 56	grün, diffus, 2	5	150	45	1	<10	2	10	>1	10	560	40	45	MV 64, axiale Mini-LED
RL 55	rot, diffus, 2	5	150	75	1,5	<10	1,6	10	>3	10	650	40	40	MV 55A, axiale Mini-LED
YL 56	gelb, diffus, 2	5	150	45	1	<10	2	10	>2	10	585	40	10	axiale Mini-LED
TIL 224-2	gelb, diffus, 5	5		50	1	1	<3,2	20	>6	20	580	60		
TIL 228-2	rot, diffus, 5	5		50	1	1	<3,2	20	>6	20	620	60		
TIL 234-2	grün, diffus, 5	5		50	1	1	<3,2	20	>2,1	20	560	60		

Fototransistoren

Typ	Gehäuse, Filter *)	Grenzdaten: max. Kollektor-Emitter-Spannung V	max. Emitter-Basis-Spannung V	max. Kollektorstrom (dauer) mA	Verlustleistung mW	Kenndaten: Fotostrom mA	bei Strahlungsleistung mW/cm^2	max. Dunkelstrom nA	bei Kollektor-Emitter-Spannung V	Wellenlänge max. Empfindlichkeit nm	Anstiegszeit µs	Abfallzeit µs	bei Lastwiderstand kΩ	Kapazität (Kollektor-Basis) pF	Vergleichstyp
BP 103-3	npn, M., Linse, Basisanschl.	50	7	100	300	>0,4	1000 lx	5	35	850	7	7	1	13	
BPW 40	npn, K., 5 mm LED Gehäuse	32		100	100	>1	1	10	20	780	1,6	1,7	0,1		OP 501
BPX 99	npn, M., Linse, Darlington	32	10	500	300	>3	100 lx	10	20	800	80	60	0,1		
BPY 62-2	npn, M., Glaslinse	32	5	50	300	>2	1000 lx	5	25	850	5	5	1	10	
SFH 309	npn, K., 3 mm LED-Gehäuse	35		15	165	1,3	0,5	60	25	880	10	10	1	5,3 (C_{CE})	
TIL 81	npn, M., Linse	30	7	50	250	>5	5	100	10		8	6	0,1		OP 803

*)K: Kunststoffgehäuse
*)M: Metallgehäuse

Fotowiderstände (LDRs)

Typ	Grenzdaten: max. Verlustleistung mW	Grenzdaten: max. Betriebsspannung V	Kenndaten: Dunkelwiderstand MΩ	Kenndaten: nach Verdunklungszeit min	Kenndaten: Hellwiderstand Ω	Kenndaten: bei Beleuchtungsstärke lx	Kenndaten: Wellenlänge max. Empfindlichkeit nm	Anmerkung, Vergleichtyp
LDR 03	200	150	>10	30	75 ... 300	1000		vergossen, ORP 12
LDR 05	200	150	>10	30	75 ... 300	1000		vergossen, RPY 30
LDR 07	200	150	>10	30	75 ... 300	1000		
RPY 60	50	100	>100		500	1000	720	
RPY 58	100	50	>0,2		750	50	540	
ORP 69	100	350	>100		30 k	50	575	

Siebesegment-LED-Displays

Typ	Farbe				gemeinsame		Ziffernhöhe	Dezimalpunkt	
	rot	gelb	grün	orange	Anode	Kathode	mm	links	rechts
DL 304/704	x					x	8		x
DL 307/707	x				x		8	x	
DL 747	x				x		16	x	
DL 750	x					x	16	x	
HD 110 . . .	. . . r	. . . y	. . . g	. . . o	. . . 5.	. . . 7.	10		x
HA 114 . . .	. . . r	. . . y	. . . g	. . . o	. . . 1.	. . . 3.	14		x
HA 118 . . .	. . . r	. . . y	. . . g	. . . o	. . . 1.	. . . 3.	18		x
HP 5082-76 . . .	. . . 1.		. . . 2.	. . . 3.	x		7,6	. . . 0	. . . 1
HP 5082-76 . . .	. . . 13		. . . 23	. . . 33		x	7,6		x
HP 5082-76 . . .	. . . 5.		. . . 6.	. . . 7.	x		11	. . . 0	. . . 1
HP 5082-76 . . .	. . . 53		. . . 63	. . . 73		x	11		x
MAN . . .	47 . . .			46 . . .	. . . 10A		10		x
MAN . . .	47 . . .			46 . . .		. . . 40A	10		x
MAN . . .	67 . . .			66 . . .	. . . 60	. . . 80	10		x
MAN 86 . . .				x	. . . 10		20		x

Optokoppler

Typ	max. Sperrspannung	max. Durchlaßstrom	max. Verlustleistung	Durchlaßspannung	bei Durchlaßstrom	max. Kollektor-Emitter-Spannung	max. Emitter-Basis-Sperrspannung	max. Kollektorstrom	max. Verlustleistung	max. Isolationsspannung	Koppelfaktor	bei Senderstrom	Einschaltzeit	Ausschaltzeit	Anstiegszeit	Abfallzeit	bei Lastwiderstand	Anm. (Prüfzeichen)
	Sender					Empfänger				Optokoppler								
	V	mA	mW	V	mA	V	V	mA	mW	V	%	mA	µs	µs	µs	µs	kΩ	
4 N 35	6	60	100	0,8	10	30	7	100	300	3550	>100	10	5	5			0,1	VDE, UR
6 N 136	5	25	45	1,5	16	15	5	8	100	3000	>19	16	0,2	0,3			4,1	UR
CNY 17-2	6	60	100	1,25	60	70	7	50	150	4400	>63	10	4,2	23	3	14	0,075	VDE, UR
CNY 74-2	6	60	100	1,25	50	70	7	50	150	5300	>50	5	7	4	4,5	3,7	0,1	VDE, UR
CNY 48	3	60	100	1,1	10	30	6	100	150	1270	>600	10	125	100			0,1	Darlington, VDE
IL 10	5	60				30		100		8000	>50	10						
SFH 601-2	6	60	100	1,25	60	70	7	50	150	5300	>63	10	4,2	23	3	14	0,075	VDE, UR
SFH 610-2	6	60	100	1,25	60	70		50	150	2800	>63	10	4,2	23	3	14		VDE, UR
TIL 111	3	100	150	1,2	16	30	7		150	1500	>12,5	16			5	5	0,1	4 N 27
TIL 113	3	100	150	<1,5	10	30	7		150	1500	>300	10			300	300	0,1	Darlington, 4 N 33
TIL 124	3	100	150	1,2	10	30	7		150	5000	>10	10			5	5	0,1	

Platinen-Layouts

Die Platinen-Layouts sind von der Rückseite gezeigt, das erhöht die Schärfe beim Übertragen der Filme auf die Fotoschicht des Platinen-Materials. Beim Anfertigen der Filme und Belichten der Platinen ist sorgfältig auf die seitenrichtige Lage zu achten.

Wie wird's gemacht?

❒ Die bedruckte Seite nach unten auf die Kupferseite einer fotobeschichteten Platine legen **und** glatt streichen.

❒ Papier mit Klarpausspray einsprühen. Das Klarpausspray ist im Fachgeschäft für Zeichenbedarf erhältlich.

❒ Belichten. Hierfür geeignete Lampen sind beispielsweise Osram Ultra-Vitalux E27 oder Osram Nitraphot S 250 W. Beispiel für eine Belichtung: 4 ... 8 Minuten mit Vitalux 333 W, bei 40 cm Abstand. Ansonsten: Ausprobieren.

❒ Entwickeln und Ätzen mit Natronlauge (etwa 9 Gramm Ätznatron in einem Liter Wasser lösen) oder mit Eisen-III-Chlorid (etwa 1 Pfund pro Liter).

❒ Fertig ist die Platine!

❒ Aus Umweltschutzgründen gehört abschließend die Entwicklungs- und Ätzflüssigkeit nicht in die Kanalisation — also nicht einfach ins Waschbecken und die Sache ist erledigt. Es handelt sich hierbei um Sonderabfall, den man bei der kommunalen Sammelstelle abzugeben hat!

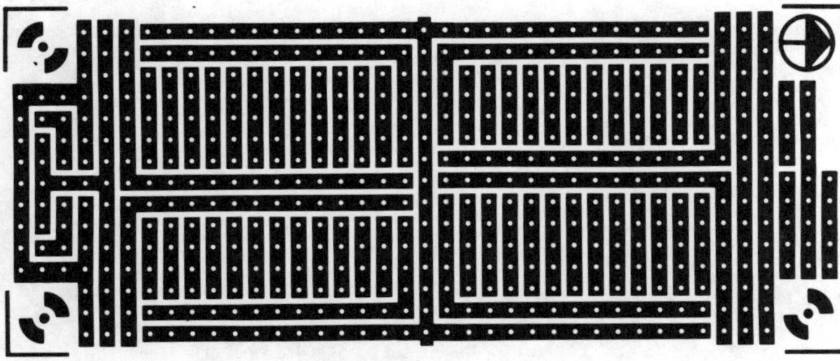

Elektor-Standard-Platine

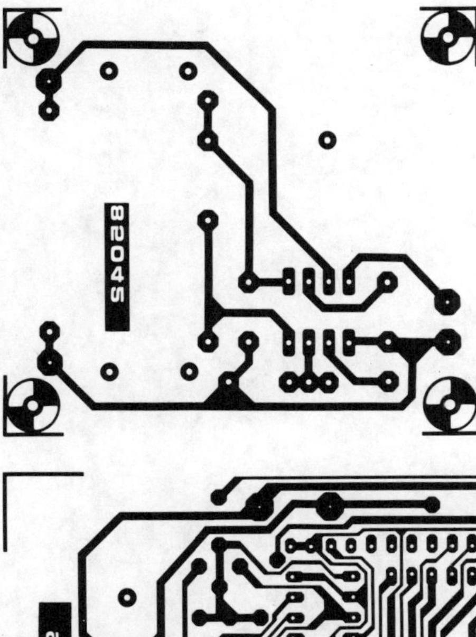

Platine für Solar-Radio, Seite 101

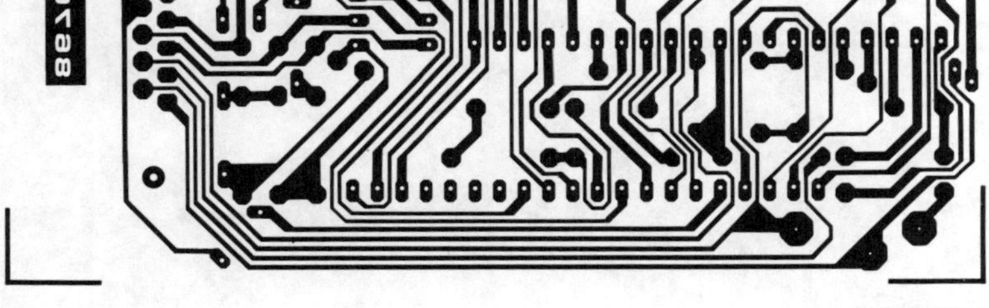

919004-7-6

Platinen-Layout DVM, Seite 199

Stichwortverzeichnis